농산물 마케팅전략

: 친환경농산물 브랜드를 중심으로

권 기 대

삼우사

머리말

최근 우리나라 농산물시장의 흐름을 살펴보면, 첫째, 세계무역기구(WTO: World Trade Organization)출범과 함께 연차별 이행계획서(country schedule)에 따른 관세인하·시장접근물량 증가, 도하개발아젠다(DDA: Doha Development Agenda)의 국내보존에 대한 협상 세부원칙(Modalities)의 마무리, 칠레·일본·멕시코 등과의 자유무역협정(FTA: Free Trade Agreement)체결 추진 등 농산물시장도 본격적인 글로벌 시장시대의 돌입으로 수입농산물과 경쟁이 갈수록 심화되고 있다. 둘째, 농산물 유통시장구조의 변화로 산지와 소비지에서 다양한 유통주체·유통경로간 경쟁체제가 형성됨에 따라 소비자들은 더욱 더 좋은 품질의 농산물을 편리하고 경제적으로 구매하기를 바라는 추세에 이르고 있으며, 셋째, 웰빙(참살이) 트렌드의 확산으로 소비자의 생활양식이 건강과 환경을 중시하는 방향으로 점차 전환되면서 친환경농산물에 대한 관심이 증가하고 있다.

이러한 동태적인 대내외의 환경에 따라 우리 농산물 생산자들은 불확실한 시장에서의 생존을 위해 치열한 경쟁으로 내몰리고 있다. 우리나라 속담에 '구슬이 서말이라도 꿰어야 보배' 라는 말이 있듯이 우리나라 산하에 흩어져 있는 농산물 경쟁의 원천이 될만한 자원들이 방치되어 있거나 심지어 농산물과 관계되는 자원들을 어떻게 소비자들의 욕구에 충족시켜줘야 할 것인지에 관한 막연한 기대만이 있을 뿐이다. 즉, 아무리 좋은 경쟁력의 원천이 될 만한 농산물 자원일지라도 그것을 우리의 차별적 농산물로 포장하고 마케팅하여 소비자에게 접근해야만 비로소 경쟁력을 발휘할 수 있을 것이다. 따라서 우리나라 각 지역에 흩어져 있는 우리 고유의 자원을 모아 시장에서 그 농산물이 보배가 될 수 있도록 마케팅해야 할 절박한 시점에 이른 것이다.

따라서 본 저서는 농업과 관계되는 분야에 일하시는 분, 농산물 생산업자, 농산물 유통업자 그리고 농산물소비자들을 위해 우리나라 농산물 브랜드의 중요성과 고객가치, 라이프스타일 그리고 소비자의 고객만족(재구매의도, 충성도, 구전효과)이 친환경농산물을 구매하는 과정에서 얼마나 중요한 것인가를 실증적 자료의 분석을 통해 이해할 수 있도록 하였다.

또한 지금까지 다양한 분야에서 마케팅전문서적들이 출간되고 있으나 친환경농산물마케팅과 관계되는 저서가 미흡한 상태에서 농산물과 관계되는 분들에게 ① 마케팅이 무엇이며, ② 마케팅이 오늘날 왜 중요하며, ③ 또한 소비자만족 시대에서 우리 농산물의 시장에서의 경쟁력을 가질 수 있는 마케팅 전략의 구상 등에 작은 길잡이 역할을 할 것으로 기대해 본다. 아울러 ④ 본 저서의 부록에 지역별 농산물 브랜드를 일목요연하게 정리하여 브랜드의 중요성과 그 지향점을 학습하는데 적지않은 도움이 될 것이다.

이 책을 집필하는데 여러 분들의 도움을 받았다. 우선 저자를 학문의 길로 인도하시고 오늘날까지 이끌어주신 연세대학교 경영대학에 계시는 여러 은사님들의 은혜에 고개 숙여 깊은 감사를 드린다. 항상 학문에 정진할 수 있도록 격려해 주시는 동양대학교 최성해 총장님, 용인대의 정락채 교수님, 공주대의 송석준 교수님, 황인극 교수님을 비롯한 산업시스템공학과 교수님들, 세민병원의 김희수 재단이사장, 계명대학교 김종우 박사, 김신애 박사께 고마움을 표한다. 본 저서의 보완을 위해 기꺼이 귀중한 자료를 제공해 주신 (사)충남농업경영지원센터 이사장이시면서 공주대학교에 재직중이신 최병익 교수님 그리고 농업 및 바이오산업의 혁신을 위해 노력하시는 산업과학대학의 모든 교수님께도 감사드린다. 아울러 바쁘신데도 불구하고 조병철 사장님의 꼼꼼한 교정작업이 출간에 큰 힘이 되었음은 부인하기 어렵다. 마지막으로 오늘날의 '나' 를 있게 해준 능금꽃 향기의 주인공이셨던 천상의 그리운 아버지, 이젠 주름으로 그득한 어머니, 나의 가족들, 그리고 오늘도 고향 농촌의 혁신을 위해 노력하는 중형 권기창 의성동부농협 조합장, 과수원에서 땀 흘릴 누님과 매형을 비롯한 나를 아는 모든 분들에게도 늘 감사한 마음에 그 고마움을 남긴다.

2006년 병술년 새해

눈 덮인 산야를 바라보면서

저자 권 기 대 씀

차 례

머리말 / 3

Ⅰ. 서 론 ······································· 17

1. 연구의 배경과 목적 / 17

2. 연구의 방법 및 구성 / 18

3. 기대효과 및 활용방안 / 22

(1) 생산자 및 소비자관점의 기대효과 / 22

1) 생산자에게의 이점　　2) 소비자에게의 공헌

(2) 활용방안 / 24

1) 학문적 · 사회적 기여도　　2) 교육현장에의 활용방안

Ⅱ. 친환경농업의 현황과 추이 ······································· 27

1. 친환경농업의 개념과 범위 / 27

(1) 친환경농업의 정의 / 27

(2) 친환경농업의 범위와 종류/ 30

2. 친환경 농업의 대두배경 / 34

(1) 화학비료의 시용과 토양변화 / 34

(2) 농약의 과용에 의한 인체 및 토양 피해 / 37

3. 친환경농업과 관행농업의 비교분석 / 40

(1) 친환경농업과 관행농업의 순환체계에 의한 비교 / 40

(2) 친환경농업과 관행농업의 비교 / 43

4. 친환경농업의 국제적 동향 / 45
(1) 개황 / 45
(2) 주요 국가별 현황 / 47
1) 미국 2) EU
3) 일본 4) 중국
5. 우리나라 친환경 농업의 발전과정 / 50
6. 친환경 농업의 선행연구 검토 / 53
(1) 생산 및 정책에 관한 연구 / 54
(2) 마케팅(유통 · 소비) 및 정책에 관한 연구 / 56
7. 친환경 농산물의 유통경로에 대한 선행연구 검토 / 60
(1) 현행 친환경 농산물의 유통경로 / 60
1) 생산자(조직)가 직접 판매장을 운영하거나 소매업체에 납품하는 경우
2) 생산자단체가 유통법인을 설립하여 운영하는 경우
3) 농협이 경영전략 차원에서 판매하는 경우
4) 생산자와 소비자가 공동으로 참여하는 경우
5) 생활협동조합이 취급하는 경우
6) 전문 유통업체에서 취급하는 경우
(2) 유통경로의 유형화 / 64

Ⅲ. 이론적 배경 ·· 69
1. 친환경농산물 마케팅의 정의와 범위 / 69
(1) 친환경농산물 마케팅의 정의 / 69
(2) 친환경농산물마케팅의 범위 / 70

2. 브랜드 / 72
(1) 브랜드 자산 및 구성요소 / 72
1) 브랜드 인지도 2)브랜드 연상이미지
3) 지각된 품질 4) 브랜드 충성도
(2) 브랜드의 특성과 전략 / 83
1) 브랜드명 2) 로고와 심벌
3) 브랜드의 유형과 전략
(3) 농산물브랜드에 관한 선행연구 / 96
3. 고객가치 / 98
(1) 가치의 개념 / 98
(2) 고객가치의 개념 / 101
(3) 고객가치의 선행연구 검토 / 102
1) Hirschman과 Holbrook의 연구 2) Zeithaml의 연구
3) Dodds 등의 연구 4) Kerin 등의 연구
5) Holbrook의 연구 6) Chang와 Wildt의 연구
7) Naumann의 연구 8) Woodruff와 Gardial의 연구
9) Lee와 Ulgado의 연구 10) Cronin 등의 연구
11) Anderson과 Narus의 연구 12) 고객가치에 대한 국내연구
4. 라이프스타일 / 113
(1) 라이프스타일의 개념 / 113
(2) 라이프스타일의 측정 / 116
1) 사이코그래픽스와 AIO 조사목록 2) VALS 프로그램
3) LOV 접근방법
(3) 라이프스타일의 선행연구 검토 / 122

5. 마케팅능력 / 126
(1) 신뢰 / 129
(2) 커뮤니케이션 / 133
(3) PR / 134
(4) 명성 / 137
6. 고객만족 / 139
(1) 고객만족의 개념 / 139
(2) 고객만족의 중요성 / 141
(3) 고객만족의 선행연구 검토 / 143
1) 재구매의도 2) 브랜드충성도
3) 구전효과

Ⅳ. 연구모형과 가설설정 ······ 157
1. 연구모형의 설계 / 157
2. 연구가설의 설정 / 163
(1) 농산물브랜드 유형 선택에 따른 고객가치 / 163
(2) 농산물브랜드유형 선택 및 라이프스타일에 따른 고객가치 / 165
(3) 고객가치에 따른 고객만족 / 169
(4) 고객가치 및 마케팅능력에 따른 소비자만족 / 171

Ⅴ. 연구조사방법 ······ 179
1. 변수의 조작적 정의와 측정 / 179
(1) 친환경농산물브랜드유형 / 180
(2) 고객가치 / 181

(3) 라이프스타일
(4) 마케팅능력
(5) 고객만족
2. 표본설계, 자료수집 및 분석방법 / 186
(1) 표본설계 및 설문지 구성
(2) 자료수집 및 분석방법

VI. 자료분석 및 가설검정 ······ 189
1. 표본의 특징 / 189
2. 변수의 신뢰성과 타당성분석 / 190
(1) 신뢰성 검정 / 190
(2) 타당성 검정 / 192
1) 고객가치의 타당성 검정 2) 라이프스타일의 타당성 검정
3) 마케팅능력의 타당성 검정 4) 고객만족의 타당성 검정
3. 가설의 검정 / 199
(1) 농산물브랜드 유형 선택과 고객가치에 관한 가설 / 199
(2) 농산물브랜드 유형 선택 및 라이프스타일에 따른 고객가치 / 200
(3) 고객가치와 고객만족에 관한 가설 / 205
(4) 고객가치 및 마케팅능력에 따른 고객만족 / 208

VII. 결 론 ······ 221
1. 요약 및 전략적 시사점 / 221
2. 한계점 및 미래연구방향 / 223

부록 1 : 설문지 ······ 229
부록 2 : 지역별 농산물브랜드 ······ 239
부록 3 : 친환경농업육성법 ······ 323
참고문헌 ······ 337
찾아보기 ······ 347

표 · 그림 목록

• 표

〈표 2-1〉 친환경농산물의 종류 및 기준 / 33
〈표 2-2〉 연도별 화학비료 소비율 / 35
〈표 2-3〉 작물별 시설재배지 토양비옥도 성분 평균함량 / 36
〈표 2-4〉 농약 및 화학비료 사용량 변동 추이 / 37
〈표 2-5〉 관행농업과 친환경농업의 비교분석 / 44
〈표 2-6〉 세계 유기농업의 실천 현황 / 46
〈표 2-7〉 친환경농업단체 현황 / 52
〈표 2-8〉 청과물 유통경로의 기본형태 분류 / 66
〈표 3-1〉 서비스 특성에 따른 문제점과 해결전략 / 71
〈표 3-2〉 브랜드의 범주 / 73

〈표 3-3〉 브랜드 자산의 구성요소에 관한 선행연구 / 81
〈표 3-4〉 브랜드전략별 장 · 단점 비교 / 95
〈표 3-5〉 농산물브랜드 총괄 현황 / 96
〈표 3-6〉 고객가치의 차원 / 111
〈표 3-7〉 라이프스타일의 제 차원 / 117
〈표 3-8〉 라이프스타일 특성과 행동특징 / 120
〈표 3-9〉 라이프스타일에 관한 기존의 문헌연구 / 124
〈표 3-10〉 고객만족의 정의 / 140
〈표 3-11〉 '재구매의도' 에 관한 국내의 선행연구 / 147
〈표 3-12〉 '브랜드충성도' 에 관한 국내의 선행연구 / 151
〈표 3-13〉 '구전효과' 에 관한 국내의 선행연구 / 154
〈표 5-1〉 연구의 구성개념 / 180
〈표 5-2〉 설문지 구성 / 187
〈표 6-1〉 응답자의 인구통계적 특성 / 190
〈표 6-2〉 변수의 내적일관성 측정 결과 / 191
〈표 6-3〉 고객가치 측정항목 요인분석 결과 / 193
〈표 6-4〉 라이프스타일 측정항목 요인분석 결과 / 194
〈표 6-5〉 마케팅능력 측정항목 요인분석 / 197
〈표 6-6〉 고객만족의 측정항목 요인분석 / 198
〈표 6-7〉 농산물브랜드 유형에 따른 고객가치 차이 분석 / 200
〈표 6-8〉 농산물브랜드 유형과 라이프스타일에 따른 상호작용효과 검정 / 201

〈표 6-9〉 농산물브랜드 유형과 라이프스타일에 따른 상호작용효과 검정 / 203
〈표 6-10〉 농산물브랜드 유형과 라이프스타일에 따른 상호작용효과 검정 / 204
〈표 6-11〉 고객가치와 재구매의도의 관계에 관한 다중회귀분석 결과 / 206
〈표 6-12〉 고객가치와 고객충성도의 관계에 관한 다중회귀분석 결과 / 207
〈표 6-13〉 고객가치와 구전효과의 관계에 관한 다중회귀분석 결과 / 208
〈표 6-14〉 편리성과 재구매의도에 대한 마케팅능력의 조절효과(조절회귀분석) / 209
〈표 6-15〉 편리성과 고객충성도에 대한 마케팅능력의 조절효과(조절회귀분석) / 210
〈표 6-16〉 편리성과 구전효과에 대한 마케팅능력의 조절효과(조절회귀분석) / 211
〈표 6-17〉 경제적 가치와 재구매의도에 대한 마케팅능력의 조절효과(조절회귀분석) / 212
〈표 6-18〉 경제적 가치와 고객충성도에 대한 마케팅능력의 조절효과(조절회귀분석) / 214
〈표 6-19〉 경제적 가치와 구전효과에 대한 마케팅능력의 조절효과(조절회귀분석) / 215
〈표 6-20〉 우수성과 재구매의도에 대한 마케팅능력의 조절효과(조절회귀분석) / 216
〈표 6-21〉 우수성과 고객충성도에 대한 마케팅능력의 조절효과(조절회귀분석) / 217
〈표 6-22〉 우수성과 구전효과에 대한 마케팅능력의 조절효과(조절회귀분석) / 218

• 그림

[그림 1-1] 친환경농산물 마케팅 연구의 프로세스 / 21
[그림 2-1] 친환경농업의 범위 / 31
[그림 2-2] 친환경농산물의 인증표시 / 32
[그림 2-3] 친환경농산물의 종류별 표시방법 / 32
[그림 2-4] 관행농업 체계 / 41

[그림 2-5] 친환경농업 체계 / 41

[그림 2-6] 현행 친환경농산물 유통경로 / 64

[그림 2-7] 친환경농산물 유통경로의 유형구분 / 67

[그림 3-1] 브랜드자산의 원천과 유용성 / 74

[그림 3-2] 본 연구에서 정의한 브랜드의 유형 / 92

[그림 3-3] 가격, 지각된 품질, 가치를 연결하는 수단 - 목적모형 / 104

[그림 3-4] 고객만족의 등식 / 139

[그림 3-5] 구매 후 행동과정 / 141

[그림 4-1] 연구의 모형 / 162

Ⅰ. 서 론

1. 연구의 배경과 목적

우리나라 농업은 1970년에 29.2%의 경제규모를 차지하였으나, 산업화가 진전됨에 따라 국민경제에서 차지하는 비중이 2004년도에는 3.7%까지 낮아졌다. 주지하다시피 농업은 우리의 식생활을 책임지는 고유의 기능 이외에도 식량안보, 고용의 창출, 지역사회의 보전, 자연경관 및 환경·생태의 보호와 기타 사회·문화·경제적 측면과 관련된 여러 부수적 기능을 가지고 있다. 이 때문에 선진국일수록 농업을 중요한 기초산업으로 육성하고 있다.

이와 같은 다원적인 순기능과 육성책에도 불구하고 과도한 농약이나 비료의 사용 및 축산폐기물 등에 의하여 환경이 파괴되거나, 자연경관이 훼손될 뿐만 아니라, 우리의 식생활까지도 오염되는 역기능이 나타날 수 있다. 특히 우리나라와 같이 농업환경조건이 열악한 곳에서 집약농업을 수행할 때 위에서 언급한 현안들은 더욱 심화될 수 있을 것이다.

또한, 농산물 유통환경시장의 변화로 먼저 소비자들은 더욱더 좋은 품질의 농산물을 편리하고 경제적으로 구매하기를 바라는 추세 – 기능성 농산물이나 품질인증 농산물과 같은 상품의 차별성·신뢰성 중시, 친환경농산물·건강식품 소비의 증가, 구매의 편리성 차원에서 소포장 농산물, 브랜드 상품구매 선호[1], 외식과 전처리(前處理) 농산물 소비[2]의 증가, 중산층 구매력 확대에 따른 소비의 양극화 현상과 니치(niche)시장을 겨냥한 틈새상품과 고품질 상품을 고가에 판매하는 고급품·명품의 등장 – 와 다음으로 시장 구조의 변화로 산지와 소비지에서 다양한 유통주체·유통경로간 경쟁체제가 형성[3]되었다. 즉, 국내외 대기업이 경쟁적으로 소비지의 대형유통업에 침입함으로써 유통의 지각변동이 시작된 것과 같이 농산물 유통도 예외없이 산지직거래, 중앙집중구매, 고급화 추세를 보임에 따라 전반적인 농산물 유통의 변화를 촉발시킬 것이다. 그 다음으로 세계무역기구(WTO: World

1) 'I love 米'. 2002년 10월 첫선 보인 새로운 브랜드 쌀의 이름이다. 그동안 '임금님표'나 '철원 오대쌀' 등 쌀의 브랜드화 움직임이 없었던 것은 아니다. 그러나 'I love 米'가 이러한 브랜드 쌀과 다른 가장 큰 특징은 단순히 이 브랜드로 쌀만 생산하는 것이 아니라, 약주와 민속주 등 쌀 가공식품과 브랜드 연계전략을 사용해 관련 제품들도 함께 시장에 내놓는다는 것이다. 이런 브랜드 연계전략을 준비하고 있는 민속주업체 '가야곡 왕주'(可也谷 王酒)는 이를 위해 'I love mee', '미애'(米愛) 등 유사상표 등록을 모두 마쳤을 뿐 아니라, 각각의 브랜드에 대한 라벨 디자인을 완성해 시제품까지 내놓았다. '가야곡 왕주'는 지난 2000년 '타임 오브 킹'(TIME OF KING)이라는 민속주를, 당시 아시아·유럽 정상회의(ASEM) 만찬장에 공식 건배주로 선보여 화제를 불러일으켰던 기업. 이 회사는 '5℃ 이온쌀'로 유명한 풍년농산과 협력해 'I love 米'라는 고급 브랜드 쌀을 출시하면서 동시에 이 쌀로 빚은 고급 민속주를 함께 내놓는다는 계획이다(주간동아, 통권 335호, 2002, 05.23, pp.34-36).

2) 국내 농산물 전처리 시장이 4조원에 달하는 것으로 추정되며, CJ푸드, 현대백화점, 농협유통 등에서 전처리 시설을 신설·확대하고 있다. 앞으로 짧은 조리시간에 간편하게 먹을 수 있는 가정식 대체상품(home meal replacement) 소비가 늘어날 것으로 전문가들은 예상하고 있다.

3) 과거 10년간 유통부문 투자가 4조 5천억원이며, 그 중 2조 3천억원이 하드웨어에 투자되었다. 이의 결과로 산지유통센터(205개소), 공영도매시장(29개소), 종합유통센터(10개소) 등 정부투자에 의한 유통인프라가 최근 몇 년간 크게 늘어났다.

Trade Organization) 출범과 함께 연차별 이행계획서(country schedule)에 따라 관세인하·시장접근물량 증가, 도하개발아젠다(DDA: Doha Development Agenda)의 국내보존에 대한 협상 세부원칙(Modalities)의 마무리, 칠레·일본·멕시코 등과의 자유무역협정(FTA: Free Trade Agreement) 체결 추진 검토 등, 농산물시장도 본격적으로 글로벌 시장시대의 돌입으로 수입농산물과 경쟁이 갈수록 심화될 것이 명약관화하다.

이에 친환경농산물 마케팅 연구의 필요성은 앞에서 거론하였듯이 농산물시장의 급변에 따른 우리 농산물의 경쟁력 제고와 생산자에게 친환경적 농산물[4]의 마케팅 과정을 통해 보다 체계적인 시장접근 전략을 제공하는 동시에, 소비자에게는 건강한 먹거리를 제공함으로써 건강유지와 삶의 질을 제고시키는 데 있다.

또한, 그 의의는 첫째, 지금까지 농산물 마케팅 연구에 대한 무관심의 사각지대에서 농산물이 결코 경쟁력이 없지 않다는 것을 일깨워 주는 시장조사(market survey)에 기반한 선구자적이며 분수령적 역할을 할 것이라는 상징적 의미이다. 둘째, 농산물 생산자에게 급변하는 글로벌 시장에 대한 유연성과 전략적 경영 마인드를 싹트게 하고, 소비자에게는 우리의 먹거리를 애용함으로써 건강과 삶의 질을 향상시키는 데 기여한다는 것이다. 셋째, 더욱이 땅이 모든 생명의 근원으로 우리 인간 또한 흙에서 나서 결국은 한줌의 흙으로 돌아가는 자연의 섭리와 법칙을 학습하게 하고, 넷째, 21세기 최후의 보루(堡壘)인 환경과 조화를 이룬 생명산업(Bio Technology)으로의 관심을 확대하는 분기점으로 작용할 것이다. 다섯째, 생산자(새로운 농업, 새로운

4) 1997년 12월13일 친환경농업육성법에 따르면, 친환경농업이란 "농업의 환경보전 기능을 증대시키고 농업으로 인한 환경오염을 줄이며, 환경농업을 실천하는 농업인을 육성함으로써 지속가능하고 환경친화적인 농업을 추구함"을 뜻한다.

작물, 새 유통구조의 개발) - 소비자(신선하고 무공해 및 유기농법에 의한 신뢰의 먹거리)의 완전 직거래 실현을 통한 쌍방 만족의 윈윈전략(win - win strategy)으로서 이른바 유통혁명을 달성케 할 것이다. 그밖에 환경농업의 발전을 위한 각종 기술개발 방안을 모색하고, 농업의 공익적 기능의 증대에도 관심이 배가될 것이다(권기대 · 허무열, 2003).

2. 연구의 방법 및 구성

앞 절에서 언급한 연구목적을 달성하기 위해 다음과 같이 연구범위를 설정하고자 하며, 「농산물 마케팅전략-친환경농산물 브랜드를 중심으로」에 대해 알아보고자 한다. 이러한 목적을 달성하기 위해서 문헌연구와 실증연구를 병행하였다. 또한, 선행 연구를 고찰하여 연구모형과 이론을 정립하고, 연구모형을 구성하여 실증적 분석을 하는 방식으로 전개하였다.

본 저서는 전체 6개의 장으로 구성되어 있으며, 각 장의 연구내용은 다음과 같다.

제 I 장은 서론으로서 문제제기와 더불어 연구목적, 연구범위와 구성에 대해 간략하게 언급하였다. 제 II 장은 친환경농산물에 대한 전반적인 현황과 특성에 대해 정리하였다. 제 III장은 이론적 배경으로 문헌고찰을 통해 소비자의 친환경적 농산물 브랜드 유형 선택의 선행변수와 결과변수에 관한 연구를 자세히 기술하였다. 제 IV장에서는 III장에서 기술한 문헌연구와 이론적 배경을 바탕으로 실증조사를 위한 연구의 모형과 가설을 설정하였다. 그리고 친환경농산물 마케팅 연구에서 채택한 구성개념의 정의와 측정방법에 대해 상세히 기술하였다. 제 V 장에서는 앞서 제시한 연구모형의 적합성을 확인하고, 실증분석에 대해서 기술하였다. 또한, 자료분석을 통해 측정결과를 보여 주고 가설을 검정하였다. 마지막 제VI장은 결론으로서 연구결과를 요약하고 본 연구의 시사점과 한계점 및 향후 연구 방향에 관하여 언급하였다.

전체 구성내용은 [그림 1-1]과 같다

[그림 1-1] 친환경농산물 마케팅 연구의 프로세스

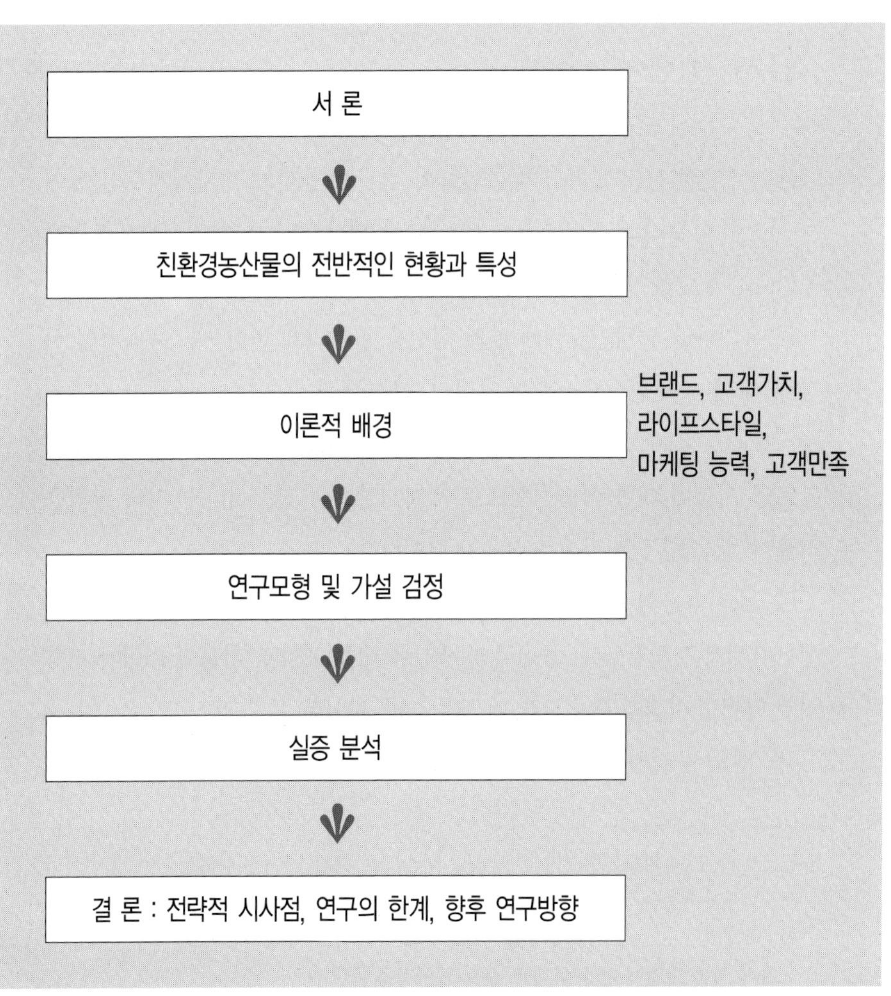

3. 기대효과 및 활용방안

(1) 생산자 및 소비자 관점의 기대효과

더욱이 친환경농산물 마케팅 연구과제의 분석결과를 통한 농산물 생산자와 소비자 관점에서 기대효과를 세밀하게 논의하면 다음과 같다.

1) 생산자에게의 이점

㉮ 친환경적인 고부가가치 농산물의 생산을 통한 소비자에게로의 판매는 시장이 아무리 글로벌화(globalization)[5]가 되더라도 곧 선진시장으로부터 우리나라 농산물시장을 유지 및 보호할 수 있는 원리를 체득케 한다.

㉯ 우리나라 농업인들에게 벤처 정신을 함양하게 한다. 즉, 동태적인 시장에 대한 유연한 사고와 창의적인 신농산물 개발(development of new agricultural product), 로지스틱스(logistics) 그리고 도전정신을 싹트게 함으로써 글로벌 시장에 대한 학습경험으로 세계시장에의 진출이라는 지역 장벽을 허물 수 있는 상징적 기회로 작용할 것이다.

㉰ 소비자들의 친환경적 먹거리에 대한 브랜드 유형의 선호 파악은 곧 생산자에게 신뢰할 만한 농산물의 생산에 대한 애착과 더불어 소비자 지향적인 마케팅 사고를 확립하는 데 도움을 줄 것이다.

㉱ 설문 응답자를 대상으로 인구통계적 분석의 활용을 통한 세대별 친

---

5) 글로벌화 또는 세계화는 기업이 국가단위로 각기 다른 전략을 취하는 것에서 벗어나서 전 세계시장을 하나의 시장으로 보고 동일한 전략을 수행하는 것을 의미한다. 반면, 국제화(internationalization)는 종전의 국가단위로 구성되었던 경제상황에서 한 국가에 있는 기업이 다른 국가로 진출하는 것을 뜻한다.

환경농산물의 표적마케팅(target marketing) 전략을 수립케 하여 보다 장기적·체계적 시장접근 방법을 얻을 수 있게 할 것이다.

㉮ 생산자에게 소비자가 단순히 농산물을 소비하는 것이 아니라, 친환경적인 농산물의 '가치'를 소비한다는 인식과 아울러 지속적인 고객관계관리(CRM : Customer Relationship Management) 방법과 경영에 대한 전략적 사고를 터득하게 할 것이다.

2) 소비자에게의 공헌

㉮ 친환경적인 농산물을 구매함으로써 양질의 먹거리를 생산하는 생산자에게 동기부여를 제공함과 동시에, 유해농산물 또는 소비자에게 혼동을 불러일으키는 소위 천연, 자연, 무공해, 내추럴(natural) 등을 내세우는 신뢰할 수 없는 농산물을 조기에 퇴출하는 기준점으로 활용될 것이다.

㉯ 다양한 친환경적이고 건강지향적인 우리 농산물의 구매는 소비자로 하여금 수입 농산물에 대한 선호도를 낮게 하고 친환경농산물 재배농법의 경쟁력을 높게할 것이다.

㉰ 소비자의 친환경농산물의 지속적인 구매는 농촌경제의 안정과 소외된 농촌에 대해 젊은이들의 친환경적 농업에 관심을 증가시켜 주며, 현재의 노령 위주의 농촌사회를 대체할 수 있는 동기로 확산될 것이다.

친환경농산물 마케팅 의의를 요약하면, 이러한 농산물 시장환경의 급변에 따른 능동적 대응의 하나로 우리나라 농산물 생산자에게 농산물의 고부가가치화로 농촌경제의 안정, 균형 및 발전을 도모할 것이다. 농산물 소비자 입장에서는 생산자의 소비자 지향적인 농식품 생산·관리, 농산물의 신선도·안전성(표시제, 인증제) 등 품질관리를 통해 상품적 가치를 높이고 신속·안전하게 소비자에 전달하는 수확 후 관리체계의 구축 맥락에서 양자간에 생산가치와 소비가치라는 윈윈전략(win-win strategy)을 지향할 수 있을 것이다.

(2) 활용방안

1) 학문적·사회적 기여도

본 저서에 대한 학문적·사회적 기여도를 살펴보면 다음과 같다.

첫째, 선행연구들을 검토해 본 결과 주로 2차 자료에 의한 기술적 분석에 초점을 둠으로써, 연구의 제안들이 피상적이거나 지나치게 이상적인 제안(ideal suggestion)의 요건을 내걸고 있다. 따라서 이러한 것은 오히려 친환경농업발전의 장애요인이므로, 소비자의 시장욕구에 기반을 둔 실증적 연구분석 결과는 보다 시장에 대한 리스크를 최소화하고, 정보의 공유를 극대화할 수 있다는 맥락에서 친환경농산물 생산자들에게 이론적이며 실천에 기반한 지침서(guidebook)로써 활용될 것이다.

둘째, 연구의 결과는 친환경 농산물에 대한 수요와 생산의 증대를 동반한다. 따라서 자원의 제한성을 극복하고 친환경지향적인 농업벤처를 자유로이 할 수 있는 시장이 존재하는 세계 어느 곳이라도 찾아가 친환경농업을 창업하고, 시장에 포지셔닝(positioning)할 수 있도록 하는 시장접근 정보자료로 활용될 수 있으며, 또한 세계적인 시각을 키우는 데 일조할 것이다.

셋째, 본 저서는 친환경농산물 생산자로 하여금 우리나라 및 글로벌 시장에서의 경쟁우위를 획득하는데 축적된 친환경 농법을 지렛대로 활용할 수 있다. 뿐만 아니라 농촌경제의 활성화로 신규 고용창출과 친환경농업 관련 인프라의 구축, 사회친화적인 스폰서링 마케팅 전개 등 긍정적인 사회·

경제적인 기여를 크게 확산시키게 될 것이다. 더욱이 성공적인 친환경농업의 노하우(know-how)를 가진 생산자는 국내뿐만 아니라, 해외에 친환경농산물을 재배하고자 하는 농가 및 집단에게 앞선 농업기술 및 경영 마인드 방식의 전수를 통한 공생적 발전을 도모할 수 있을 것이다.

넷째, 이러한 분석결과는 친환경농산물 생산자에게는 시장논리에 의한 마케팅 전략적 사고를, 소비자에게는 대량고객화(customization)된 양질의 농산물을 용이하게 구입할 수 있도록 할 것이며, 아울러 생명기술(BT: Bio Technology) 산업 및 환경보호에 대한 관심을 점화시키는 계기로 작용할 것이다.

다섯째, 경영학·농학·통계학 간의 학제적 연구(interdisciplinary research)이다. 지금까지 우리나라 친환경농산물에 대한 농학 관점에서의 근시안적 해석을 극복하는 동시에, 경영학의 설문기법에 의한 시장지향적 마케팅 연구방법의 도입과 과학적인 통계분석을 통한 해석은 보다 내실 있는 연구결과를 가져오는 동시에 새로운 학제간 연구의 기틀을 마련하는 기폭제로 작용할 것이다.

2) 교육현장에의 활용방안

친환경농산물 마케팅 연구의 결과는 다음과 같이 교육현장의 자라나는 신세대들에게 3D(Difficult-Dirty-Dangerous) 업종으로 간주한 친환경농업에 대한 관심을 불러일으키고, 농업 역시 사양산업이 아니라 벤처산업으로서 성장비전을 제공함으로써 고급 인적자원들에게 농업경쟁력의 회생을 위한 자발적 동기부여로 작용할 것이다.

첫째, 친환경농업 교육의 학습은 핵가족화와 정보기술(IT: Information Technology) 산업화는 한 개인을 사회에서 격리되거나 개별화함으로써 집단

보다는 자기이익에 집착하는 경향을 현저하게 증가시키는 한편, 친환경농업 운동의 전개와 확산은 학습세대들에게 협력의 자세, 자연 및 농업의 중요성을 배우는 데 도움이 될 뿐만 아니라, 최근 확산되고 있는 '환경보호운동' 의 밑거름으로 작용할 것이다.

둘째, 친환경농산물의 생산 및 유통은 글로벌화 혹은 세계화, 무한경쟁시대에서 강대국들의 저원가 농산물에 대한 우리나라시장에의 집중공략을 극복할 수 있는 지혜로운 비밀병기이다. 즉, 우리 고유의 먹거리를 지키는 동시에 우리 먹거리를 글로벌화하여 곧 세계의 먹거리문화와 경쟁하고 또한 전쟁, 질병 그리고 굶주림에서 벗어날 수 있다는 큰 저력을 학습하게 할 것이다.

셋째, 친환경농산물의 생산 및 판매에 있어서 최첨단 경영기법의 접목과 응용으로 농업 전반에 대한 경영 마인드를 심어 줄 것이다.

넷째, 친환경농산물의 시장출하에 따른 성공 비결은 곧 시장에 대한 다양성을 이해하고, 유연하게 대응할 수 있는 기반인 철저한 사전준비인 지속적이고 일관된 연구개발(R&D) 투자에 기인한다는 것을 학습케 할 것이다.

Ⅱ. 친환경농업의 현황과 추이

1. 친환경농업의 개념과 범위

(1) 친환경농업의 정의

우리나라의 농업은 그 동안 다수확 및 소득증대에 초점이 맞추어짐으로써 농약·화학비료 등의 과다사용과 축산분뇨 등의 과다발생으로 농경지, 농업용수 등의 오염문제가 대두되고, 일부 농경지에서는 특정 양분함량이 증가하고 유기물 함량이 저하되는 등 지력이 약화되어 농업생산의 지속성이 우려되어 왔다. 이러한 상황에서 우리 농업을 지속적으로 발전시켜 나감과 동시에 농업환경 기반을 유지·보전하고 국민들에게 안전농산물 공급요구에 부응하며, UR(Uruguay Round) 이후 Green Round에 대비해 나가기 위해서는 친환경농업에 대한 발상의 전환이 필요하게 되었다. 이에 농업의 환경보전 기능 증대와 친환경농업의 적극적인 육성을 제도적으로 뒷받침하기 위하여 1997년 12월 13일에 「친환경농업육성법」을 제정·공포하였다.

친환경농업육성법에 따르면 친환경농업의 개념은 "농업과 환경을 조화시켜 농업의 생산을 지속가능하게 하는 농업형태로서 농업생산의 경제성 확보, 환경보전 및 농산물의 안전성 등을 동시에 추구하는 농업"을 의미한다. 즉, 농업을 통하여 생산, 소득, 농산물 안전성 등을 가장 효과적으로 얻으면서 그 과정 중에서 발생할 수 있는 생태계 파괴, 지력저하 등 환경에 바람직하지 않은 영향을 최대한 줄이고자 하는 농업으로 환경보전형 농업, 환경친화적 농업, 환경조화형 농업, 유기농업 등의 의미를 포함하고 있다. 다시 말해서, 친환경농업이란 "농약의 안전사용기준 준수, 작물별 시비기준령 준수, 적절한 가축사료 첨가제 사용 등 화학자재 사용을 적정수준으로 유지하고, 가축분뇨의 적절한 처리 및 재활용 등을 통하여 환경을 보전하고 안전한 농·축·임산물을 생산하는 농업"을 뜻한다.

마찬가지로 친환경농산물이라 함은 '친환경농업을 영위하는 과정에서 생산된 농산물'을 뜻한다. 역시 유기농업도 동일한 맥락에서 "토양을 이용한 순수한 자연농업[1])으로서 농약을 사용하지 않고 자연퇴비나 효소, 토양광물, 토양 미생물과 같은 자연재료만을 이용하여 작물을 재배하는 자연적인 농법이며, 토양의 지력을 증대시킬 수 있고 환경의 파괴를 지연시킬 수 있으므로 환경친화적인 농법이라고 볼 수 있으며 즉, 관행농업과 달리 화학비료, 유기합성농약, 가축사료 첨가제 등 일체의 합성화학물질을 사용하지 않고, 유기물과 자연광성 미생물 등 자연적인 자재만을 사용하는 농법으로 친환경적 농산물에 해당된다. 뿐만 아니라, 수경재배 농법[2])

---

1) 환경농업의 생산방식은 3년 이상의 무농약, 무화학비료, 무제초제 기간을 지난 유기농업과 유기농으로의 이행을 위해 1년 이상의 유기농법으로 재배하고 있는 전환기농업, 농약은 사용하지 않되 최소한의 화학비료를 사용하는 무농약 재배, 그리고 농약과 화학비료를 농촌진흥청 기준 이하로 사용하는 저농약, 저비료 재배로 나눌 수 있다(오호성, 1998, p.168).

또한 친환경농산물에 포함된다.

한편, 외국이나 국제기구에서는 친환경농업의 개념규정과 관련하여 통일된 규정이 없이 다양한 견해가 제시되고 있다. 친환경농업과 유사한 개념으로는 저투입지속형 농업(low input sustainable agriculture)[3], 지속가능한 농업(sustainable agriculture), 균형투입지속 농업(balanced inputs sustainable agriculture), 대체농업(alternative agriculture), 유기농업, 정밀농업(precision farming) 등이 해당된다.

친환경농업의 개념규정과 관련 경제개발협력기구(OECD : Organization for Economic Cooperation and Development)는 "농업 생산력을 확보하면서 환경상의 목적도 달성할 수 있는 농업기술과 농법체계"로 규정하며, 그 네 가지 조건으로 ① 경제적으로 성립하는 농업 생산체계라는 것, ② 생산수단으로서 자연자원의 기반을 유지·향상시키는 것, ③ 농업 이외의 생태계를 유지·향상시키는 것, ④ 농촌의 쾌적한 환경과 수려한 경관을 창출하는 것 등을 제시하고 있다. 국제연합식량농업기구(FAO : Food and Agriculture Organization)는 "자연자원의 손실과 파괴를 방지하고 생태계를 건전하게 유지하면서 농업 생산성 상승을 유지하는 농업"이라고 정의하고 있다. 미

---

2) 수경재배 농업은 무토양 재배라고도 일컬어지는 것으로, 토양을 이용하지 않고 깨끗한 지하수나 인공배양토 등을 이용하여 위생적으로 작물을 재배하는 차세대 농법이며, 깨끗하고 쾌적한 환경에서 재배가 이루어지고 첨단과학기술에 의하여 생산환경이 조절되므로 연중내내 언제나 똑같은 품질의 우수한 농산물을 생산해 내는 기술이다. 가까운 미래에 현실로 다가올 식물공장의 기본 형태로서 반드시 필요한 최첨단 농업기술이다. 수경재배 농업의 단점은 설비투자비가 많이 들어가므로 채소의 가격이 다소 타 채소에 비하여 높다는 것이다.

3) 저투입지속형 농업은 "농업자재의 투입을 줄이면서 식량의 양과 질을 확보하며, 환경 측면에서도 안전하며 생산도 지속될 수 있는 경제성있는 농업"으로 정의하고 있음(USDA, 1990).

국은 지속가능한 농업의 개념으로 "생산력과 경쟁력을 가지며 수익성이 있고, 자연자원 유지와 환경보전 및 국민의 건강과 안전성을 증진시키는 농업"으로 규정하고 있다. 이웃 일본은 "물질순환 기능을 살리고, 생산성과의 조화를 유지하면서 적절한 토양관리를 통하여 화학비료와 농약의 사용에 따르는 환경부하를 경감시키는 지속적 농업"으로 정의하고 있다.

따라서 국내외의 이러한 개념을 만족하기 위한 친환경농업은 화학물질인 유기합성 농약이나 화학재료의 사용을 최소화 내지 일체 사용하지 않으면서 병해충 종합방비, 작물양분 종합관리, 첨단공학과 생물학적 기술의 통합비용 등 최첨단 농업기술을 이용하고, 윤작·간작 등 흙의 생명력을 배양하는 동시에 친환경농업을 보전하는 모든 형태의 영농방법을 포함하는 포괄적인 개념으로 정의하고, 농업생산성의 경제성 확보, 환경보전 및 농산물의 안전성 등을 동시에 추구하는 농업으로 추진하고자 하는 의미가 포함되어 있다. 따라서 친환경농업의 목표는 토양 및 수질오염을 줄임과 동시에 국민의 건강증진, 농업생산의 안정성·지속성 및 환경보전 등에 있다고 생각한다.

(2) 친환경농업의 범위와 종류

친환경농업육성법 제16조에 따르면 친환경농산물의 종류를 통해 친환경농업의 범위를 이해할 수 있다. 즉, 다음 [그림 2-1]에서와 같이 "친환경농산물은 그 생산방법과 사용자재 등에 따라 일반 친환경농산물, 유기농산물, 전환기 유기농산물, 무농약 농산물 및 저농약 농산물로 분류한다"라는 규정에 따르고 있다. 또한 친환경농산물의 범위는 화학적 투입재를 전혀 사용하지 않는 유기농산물로부터 투입재를 적절하게 사용하는 일반 친환경농산물에 이르기까지 포괄적으로 되어 있다.

[그림 2-1] 친환경농업의 범위

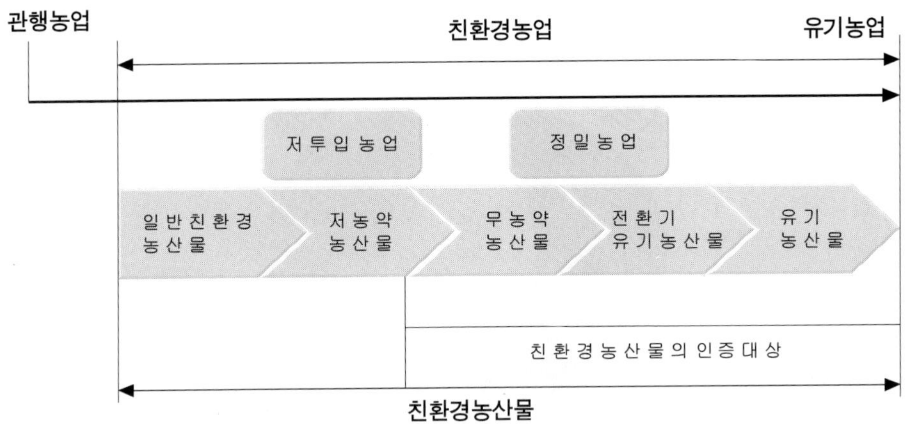

한편, 친환경농산물 인증표시의 목적은 첫째, 농업의 환경보전 기능을 증대시키고, 농업으로 인한 환경오염을 줄이고, 둘째, 일반농산물을 친환경농산물로 허위 또는 둔갑 표시하는 것으로부터 생산자·소비자를 보호하며, 셋째, 유통과정에서의 신뢰구축으로 친환경농산물 생산·공급체계를 확립하는데 있다. 추진 배경은 그동안 증산 위주의 고투입농법에 의존해 온 결과 농업환경이 악화되어 지속가능한 농업생산을 위협하고, 지나친 농약 사용은 토양미생물·천적 감소 등 생태계 교란, 수질오염 및 농산물의 농약잔류 문제를 야기하며, 관련 국제규범이 제정됨으로써 국내농업에 미치는 영향이 점차 커질 전망이며, 환경보전 및 식품안전에 대한 국민의 관심제고에 적극적인 대응의 필요성 때문이다.

다음 [그림 2-2]에서와 같이 친환경농산물 인증표시는 자연과 인간의 조화를 상징하는 동시에 새로운 친환경농산물 인증마크는 친환경농산물의 주 구매자인 주부를 대상으로 밝고 건강함을 상징할 수 있는 표시를 의미

[그림 2-2] 친환경농산물의 인증표시

한다. 보다 구체적으로 친환경농산물 인증표시의 상징 의미는 중첩된 원의 기본 형태가 인간과 자연의 조화를 의미하고, 왼쪽 원의 청색은 소비자, 오른쪽 원의 녹색은 생산자, 맨 위 잎사귀 모양의 연두색은 자연을 상징한다. 또한, 겹쳐진 백색 바탕은 생명의 모태인 씨앗을 상징하고 있으며, 전체적인 형태는 우리 삶의 근간인 건강한 토지 위에서 환경친화적 농업을 통하여 생산된 농산물을 나타낸다(http://www.enviagro.go.kr).

[그림 2-3] 친환경농산물의 종류별 표시방법

[그림 2-3]에서처럼 친환경농산물 종류별 표시방법에서 ①은 유기농산물이다. 이는 유기농산물, 유기축산물 또는 유기○○ (○○은 농산물의 일반적 명칭으로 한다), 유기재배 농산물, 유기재배 ○○ 또는 유기축산물 ○○로 표시한다. ②는 전환기 유기농산물로서, 전환기 유기농산물, 전환기 유기축산물 또는 전환기 유기○○, 전환기 유기재배농산물, 전환기 유기재배 ○○ 또는 전환기 유기축산물 ○○로 표기한다. ③은 무농약 농산물로 무농약 농산물 또는 무농약 ○○, 무농약 재배 농산물 또는 무농약 재배 ○○로 표시한다. ④는 저농약 농산물로 저농약 농산물 또는 저농약 ○○, 저농약 재배 농산물 또는 저농약 재배 ○○로 표기한다. 이러한 친환경농산물의 종류별 표시방법에 대한 구체적인 기준은 〈표 2-1〉과 같다.

〈표 2-1〉 친환경농산물의 종류 및 기준

종류	기 준
유기농산물	• 전환기간 이상을 유기합성농약과 화학비료를 일체 사용하지 않고 재배(전환기간 : 다년생 작물은 3년, 그 외 작물은 2년)
전환기 유기농산물	• 1년 이상 유기합성농약과 화학비료를 일체 사용하지 않고 재배
무농약농산물	• 유기합성농약은 일체 사용하지 않고, 화학비료는 가급적 권장 시비량의 1/3 이내 사용
저농약농산물	• 화학비료는 가급적 권장시비량의 1/2 이내 사용 • 농약 살포 횟수는 "농약안전사용기준"의 1/2 이하, 사용 시기는 안전사용기준 시기의 2배수 적용 • 제초제는 사용하지 않아야 함 • 잔류농약 : 식품의약품안전청장이 고시한 "농산물의 농약잔류 허용기준"의 1/2 이하

＊ 자료 : 친환경농산물 정보시스템(http://www.enviagro.go.kr)

2. 친환경농업의 대두배경

(1) 화학비료의 시용과 토양변화

화학비료는 1866년 독일의 화학자 리비히(Liebig, 1803~1873)가 식물을 분석하여 질소(N)[4], 인산(P)[5] 및 칼륨(K)[6]을 발견한 후 이 3요소를 인공제조한 비료를 작물에 사용하면서 시작되었다. 화학비료는 퇴비를 만들어 사용하는 것보다 구입도 쉽고 작물에 사용하기도 편리해짐에 따라 소비량이 증가하고 있으나, 우리나라의 작물별 식부면적은 해마다 감소하는 추세에 있다. 연도별 화학비료 소비율을 〈표 2-2〉에서 보면 1965년에 총 393,098톤이었던 것이 1990년에는 1,103,983톤으로 281% 증가하였다가, 2003년에는 678,200톤(172%)으로 다소 감소하는 추세를 보이고 있다. 즉, 농업생산성 증대를 위한 고투입·고산출의 집약적 농업생산으로 인하여 화학비료 사용량은 증가해 왔으나 1990년대 중반을 정점으로 저농도 복합비료, 맞춤비료, 축분비료 등의 확대로 전반적인 감소추세를 보이는 것은 친환경농산물 재배에 관한 관심의 증가로도 해석해 볼 수 있다.

우리나라의 2002년도 기준 비료 총생산량은 68만 9천톤(세계 32위, 중국〉

---

4) 질소질(N)을 주성분으로 하는 비료로서 뿌리 및 잎과 줄기의 생육을 촉진. 우리나라에서 주로 사용하는 질소질 비료는 요소, 황산암모늄임.

5) 인산(P_2O_5)을 주성분으로 하는 비료로서 세포 원형질을 구성하는 주체로서 줄기와 뿌리를 튼튼히 함. 우리나라에서 주로 사용하는 인산질 비료는 용성인비, 과석, 용과린임.

6) 가리(K_2O)를 주성분으로 하는 비료로서 열매를 튼튼히 하고 근채류에서는 뿌리를 튼튼히 함. 우리나라에서 주로 사용하는 가리질 비료는 황산가리, 염화가리, 황산가리고토임.

미국〉인도 순)이며, 질소 소비량은 36만 3천톤으로(세계 32위, 중국〉미국〉인도 순), 인산 소비량은 14만 6천톤(세계 28위, 중국〉인도〉미국 순)을 보이고 있다. 그리고 농촌진흥청의 추천시비량을 기준으로 볼 때 우리나라의 적정시비량은 약 70만톤이다. 그러나 실제 사용량은 90만톤 이상으로 30% 이상이나 초과 시용하고 있어 그 결과 시용한 비료의 33~50%는 유실되는 실정이다. 화학비료를 토양에 시용하면 작물은 처음 얼마간은 생육도 좋고, 수량도 증가하나 점점 토양이 산성화되고 유기질 토양성분이 감소되면서 딱딱하게 굳어지고, 통기성·보수성도 상실하게 되어 그 작물의 맛, 향, 그리고 저장성이 떨어지게 된다.

그리고 비가 오면 유실되기 쉽고, 화학적으로 토양이 산성화되어 화학성분이 유실되거나 흡수 불가능한 화합물로 변하여 토양은 화학적으로 황폐해 버린다.

〈표 2-2〉 연도별 화학비료 소비율

(단위: M/T)

구분	계	질소질	인산질	가리질	증가율(%)
1965	393,098	217,925	123,489	51,684	100
1970	562,902	355,550	124,354	82,998	143
1975	886,208	481,524	237,637	167,047	213
1980	828,039	448,434	195,532	184,073	210
1985	811,989	419,117	186,176	206,696	206
1990	1,104,104	562,341	256,297	285,466	281
1995	954,170	471,595	224,697	266,049	243
2000	800,251	422,570	170,631	207,050	204
2001	716,603	374,555	153,357	188,691	182
2002	689,901	363,412	146,349	180,140	175
2003	678,200	358,886	143,457	175,857	172

* 자료: www.fert-kfia.or.kr(한국비료공업협회)

〈표 2-3〉 작물별 시설재배지 토양비옥도 성분 평균함량

작물	구분	pH 1:5	OM (g/kg)	P_2O_5 (mg/kg)	EC (dS/m)	NO_3-N (mg/kg)	K	Ca	Mg	Na	평균 연작연수	시료수
							(cmol/kg)					
가지	표토	6.4	41	1588	1.83	77	1.10	9.2	2.0	0.44	11.2	25
	심토	6.2	32	1682	1.78	80	0.95	6.9	1.7	0.40		
감귤	표토	5.3	82	606	1.38	515	1.63	7.0	2.5	0.31	10.3	40
	심토	5.3	75	200	1.24	426	1.28	5.3	2.1	0.26		
고추	표토	6.5	33	807	3.31	181	1.65	5.5	3.2	1.51	5.9	231
	심토	6.6	30	706	2.33	103	1.48	5.5	3.0	1.13		
깻잎	표토	6.5	36	922	2.40	134	0.81	5.8	3.2	0.92	2.3	16
	심토	6.8	30	829	1.28	68	0.80	5.0	2.6	0.71		
딸기	표토	6.3	32	932	1.66	98	1.27	6.7	2.6	0.49	8.6	317
	심토	6.4	28	764	1.16	69	1.04	5.9	2.2	0.40		
메론	표토	6.7	31	1061	2.46	99	2.18	9.5	6.2	0.81	13.7	25
	심토	6.9	24	872	1.57	73	1.55	6.5	3.8	0.49		
무	표토	5.9	27	987	1.98	122	0.78	6.8	2.7	0.48	13.8	67
	심토	6.0	20	729	1.29	73	0.55	5.8	2.4	0.44		
방울토마토	표토	6.4	40	909	1.70	123	2.30	6.9	4.3	0.81	8.8	138
	심토	6.4	31	722	1.39	92	1.78	5.7	3.5	0.73		
배추	표토	6.2	33	1175	2.18	122	1.42	8.3	2.9	0.49	12.0	105
	심토	6.2	28	962	1.68	104	1.01	7.2	2.4	0.41		
부추	표토	6.6	32	1328	2.23	82	1.43	9.0	2.8	0.40	7.6	36
	심토	6.7	26	1278	1.38	42	1.15	8.1	2.5	0.33		
상추	표토	6.5	38	1248	2.17	114	1.47	8.9	3.1	0.51	8.6	115
	심토	6.4	30	1117	1.72	87	1.17	7.7	2.3	0.43		
수박	표토	6.0	30	853	3.51	179	1.67	6.5	3.3	0.73	10.0	354
	심토	6.1	26	665	2.55	119	1.30	5.8	2.7	0.56		
시금치	표토	6.4	33	1318	3.18	112	1.43	9.2	3.1	0.53	8.1	40
	심토	6.4	33	1235	2.44	93	1.17	8.5	2.6	0.43		
오이	표토	6.2	40	1107	3.45	230	2.33	8.0	3.9	0.79	8.7	419
	심토	6.2	35	865	2.34	140	1.79	7.0	3.1	0.58		
참외	표토	6.5	25	658	4.01	148	1.45	7.6	3.9	0.67	7.6	238
	심토	6.6	21	516	2.36	82	1.06	6.7	3.3	0.52		
토마토	표토	6.4	37	1043	3.24	186	1.74	8.8	3.6	0.76	8.7	281
	심토	6.4	32	897	2.42	143	1.46	7.9	3.0	0.59		
호박	표토	6.2	42	1199	3.56	199	1.90	7.8	3.5	0.69	10.2	97
	심토	6.2	34	983	2.40	115	1.50	7.1	2.8	0.57		
화훼류	표토	6.4	27	1024	2.98	191	1.61	8.9	3.1	0.57	8.0	49
	심토	6.5	23	891	1.81	113	1.33	7.8	2.5	0.45		

* 자료: 농업과학기술원 환경생태과(2000), 일반농경지 토양조사.

〈표 2-3〉에서 보는 바와 같이, 작물별 시설재배지의 토양 비옥도는 오랜 기간 연작으로 인하여 염류집적 현상이 높게 나타나고 연작 장애, 병해충 증가, 단위수확량 감소 등 문제점이 야기되고 있어 그 대책이 강구되어야 할 것으로 생각된다. 더욱이 토양 중의 미생물이나 소종물 등 생태계가 파괴되어 생태학적으로 순환이 단절되어 버리는 것이다. 또 화학비료를 사용하면 일부는 식물의 뿌리에서 흡수되지만, 일부는 물에 녹아서 하천과 호수에 유입되어 수질오염의 원인이 되기도 한다. 특히 질소질은 유실되는 양이 많아 평균 70% 정도 유실되며 인산, 가리 성분도 거의 90%가 불용해성으로 흡수되지 못하고 있는 실정이다.

(2) 농약의 과용에 의한 인체 및 토양 피해

농약 발달은 일반적으로 천연산물 이용 시대(기원후~1850년), 무기농약 시대(1850~1945), 유기합성농약 시대(1945~현재)로 대별할 수 있다. 농작물의 병충해를 방지하기 위하여 농약이 쓰이기 시작한 것은 17세기경 이후부터라고 할 수 있다.

현재 농약 및 화학비료 사용량 변동 추이를 〈표 2-4〉에서 보면 해마다

〈표 2-4〉 농약 및 화학비료 사용량 변동 추이

(단위 : 천톤)

	농약사용량			화학비료 소비량(성분량 기준)			
	수도용	원예 · 기타	계	질소질	인산질	가리질	계
1990	8.4	16.7	25.1	562	256	286	1,104
1995	4.9	21.0	25.8	472	223	259	954
2000	6.3	19.8	26.1	423	171	207	801
2002	5.8	20.1	25.8	364	146	180	690
2003	4.9	19.7	24.6	359	143	176	678

* 자료: 농촌경제연구원(2005), 『농업전망 2005(1)』, p.117

계속 증가해 왔으나 최근에는 약간 둔화하고 있는 추세이다.

단위면적당 농약 사용량은 일본 20.0kg, 이탈리아 13.8kg보다는 적으나 미국 3.1kg, 독일 2.6kg보다는 4~5배 많은 수준이다.[7] 일단 농작물에 살포되는 농약의 30~60%는 유실되는 것으로 추정된다. 따라서 우리나라의 경우 해마다 7,500~12,500톤의 농약이 자연환경에 유입되는 셈이다. 1985년 7월 30일 국립보건원에서 조사한 바에 따르면, 경기지역의 토마토, 양배추에서 '다이아지논' 살충제를 사용한 재배량이 각각 0.267ppm 및 0.284ppm으로 정부의 허용치인 0.1ppm을 3배 이상 초과하고 있다. 경북지방의 복숭아, 사과에서도 EPN[8] 살충제의 잔유량이 0.289ppm 및 0.3444ppm이나 검출되어 이것도 허용치의 3배 이상을 초과하고 있다.[9] 특히 농약은 인체에도 치명적인 영향을 주는데, 통계에 의하면 지난 '86년부터 '90년까지 5년 동안 농약을 살포하다가 중독되거나 피해를 입은 농민의 수는 매년 평균 1,346명에 이르렀고, 1992년 1월 1일에는 쌀을 비롯한 곡물류, 고추, 배추, 당근, 상추, 오이, 멜론 등 채소류와 사과, 감귤 등 과실류 등을 망라한 56개 주요 농산물에 대하여 알드란, 디엘드린, 다이아지논 등 32개 고독성 농약 등 종류를 확대하여 잔류성분이 기준치 이상인

---

7) 농촌진흥청(1997), 『환경농업 실천 사례집』.

8) Ethyl Paranitropheny의 약자이며 살충제 농약을 말한다. 담황색 분상결정체로서 녹는점은 36℃이며, 물에는 녹지 않으나 대부분의 유기용매에는 잘 녹는다. 중성 및 산성에서는 안정하나 알칼리에서는 가수분해되므로 알칼리성 농약과 혼용할 수 없다. 본제는 접촉 및 소화중독제로서 비침투 이행성의 살충·살응애 작용을 보이므로 한국에서는 사과잎말이나방, 배 및 감귤의 깍지벌레, 감귤·사과·배의 진딧물, 담배의 담배나방 방제약제로 사용되고 있으나, 사과의 욱계통 품종에는 약해가 있으므로 주의해야 한다. 쥐에 대한 급성 경구독성 LD50은 14mg/kg(♀)~42mg/kg(♂)이며 급성 경피독성 LD50은 110~230mg/kg으로서 고독성 농약이다.

9) 정진영(1998), 『무농약농업은 불가능한가?-생명의 농업을 연구하며』, 한국농축수산유통연구원.

것은 해당 농산물을 모두 몰수·폐기처분하는 정책을 시도하였다.[10] 2000년도 농약 안정성조사 결과, 전체 부적합 525건 중 채소류가 488건(93%)으로 대부분을 차지하였으며, 과실류는 31건(6%), 채소는 부적합품이 전혀 없었다. 품목별로는 깻잎이 75건(24%)으로 가장 많았고 쑥갓, 상추 등 엽채류에서 농약 잔류허용기준을 초과한 부적합품 발생이 많았다. 농산물에서 검출된 전체 99개 농약성분 중 잔류허용기준을 초과한 성분은 38개 성분이었으며, 그 중 클로르피리포스, 카보후란, EPN, 카벤다짐, 클로로타로닐, 다이아지논, 에토프로포스, 싸이퍼메스린, 엔도설판, 메치다치온, 펜토에이트의 11개 성분이 전체 부적합 525건의 82%(430건)로 나타났다. 특히 유기인계 살충제인 클로르피리포스 성분은 깻잎, 상추, 쑥갓 등에서 전체 부적합 건수의 39.2%(206건), 카보후란은 8.8%(46건), EPN은 8.4%(44건)을 차지했다.

이렇게 채소류에서 부적합품 발생이 많은 것은 깻잎, 취나물 등 일부 소면적 작물에 사용할 수 있는 농약이 부족하여 다른 작물에 사용하는 농약을 농업인들이 관행적으로 사용할 뿐만 아니라, 채소류는 살포된 농약의 부착량이 단위면적당 다른 작물에 비하여 많기 때문이다. 분석결과 당해 품목에 잔류허용기준이 없는 농약성분이 검출될 경우 식품의약품안전청(KFDA : Korea Food and Drug Administration)의 농약잔류 허용지침에 따라 채소류의 경우 과채류, 근채류로 구분된 소분류 중 가장 낮은 품목의 기준을 적용하는 데도 원인이 있는 것으로 분석된다. 이에 따라 농약안전사용기준 설정기관인 농업진흥청에서는 판매량이 적어 농약회사가 농약개발을 기피하는 깻잎, 취나물 등 소면적 작물에 대한 농약안전 사용기준 설정을 위해 1998년부터 약효·약해 및 잔류성 시험을 실시하여 사용할 수 있는

10) 류달영(1998), 『유기농업사전』, 한국유기농업협회, p. 22.

농약을 등록하고, 농약잔류 허용기준 설정기관인 식품의약품안전청에서도 기준이 설정되지 아니한 농산물에 대해서는 우리 식생활 습관에 맞는 합리적인 잔류허용기준을 설정하여야 할 것으로 생각된다.[11]

3. 친환경농업과 관행농업의 비교분석

(1) 친환경농업과 관행농업의 순환체계에 의한 비교

농업이란 자연생태계의 일부를 변형해서 인간적인 자연으로 개조하여 인간의 생명유지에 절대 불가결한 식량을 생산하려고 하는 사회적인 영위이다. 인간은 자연생태계 속에서 대기, 물, 태양, 에너지 등을 끊임없이 교환하면서 비로소 생명을 유지할 수가 있다. 또한 자연생태계에 있어서 여러 가지 생물과 공존함으로써 보다 풍성한 삶을 누리게 된다. 작물이나 가축도 인간과 마찬가지로 자연생태계와의 교섭으로 생존을 이어간다. 농업에 있어서 토지는 암석이 풍화된 것으로서 작물의 생장을 뒷받침하는 토대가 된다. 흙 속에는 많은 미생물, 소종물이 생존할 때 비로소 토지는 비옥화되며, 또한 그들 생물과 작물이 공존공영함으로써 작물의 생장도 보다 확실해진다. 즉 농업에 있어서 토지는 무기물질로 취급되는 것이 아니라 생명복합체로 보아야 한다. 따라서 흙도 역시 대기, 물, 에너지 등의 자연생태계와 끊임없는 교환을 거듭하고 있다. 이리하여 흙으로부터 작물 등을 이용하여 축산물, 그리고 식량을 되풀이 생산하는 가운데 거듭 생산된다는 '식량재생산 과정', 이러한 순환의 원리에 입각해서 농업이 진행된

11) 국립농산물품질관리원(2001), 『농산물 안정성관리』.

[그림 2-4] 관행농업 체계

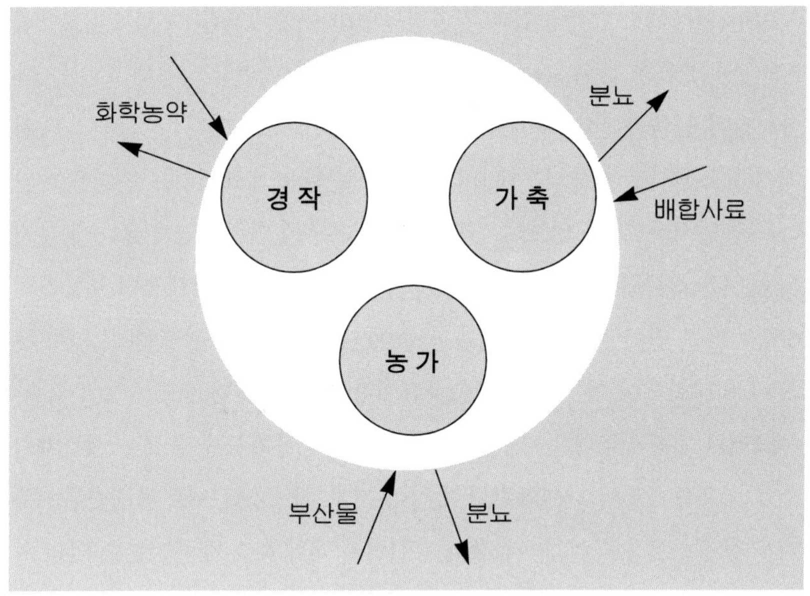

[그림 2-5] 친환경농업 체계

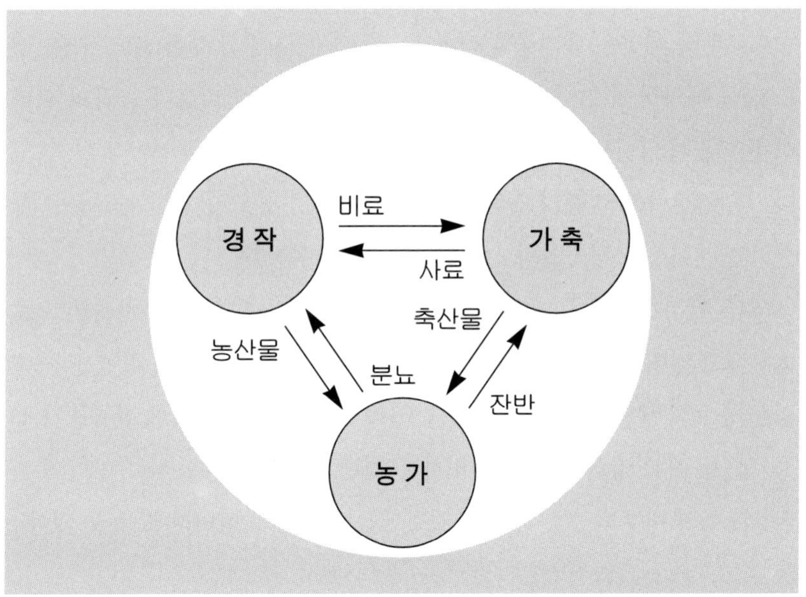

다고 볼 수 있다.

이런 의미에서 관행농업과 친환경농업의 순환체계를 [그림 2-4], [그림 2-5]에서 비교해 보면, 관행농업은 생산성 증대를 위해 사용하고 있는 화학비료나 농약과 같은 자재를 주로 외부에 의존하고 있다. 부산물은 태워지거나 쓰레기로 배출되는데, 이것은 물질순환을 폐쇄시키고 환경을 파괴하는 농업이라 할 수 있으며, 투입부문을 외부에 의존하면서 국내에 남게 되는 것은 화학합성물질로 인한 오염물질이다. 따라서 관행농업은 물질의 순환이라는 면에서 볼 때 투입과 산출이 단절되어 내부적 순환이 되지 못하고, 외부화되어 있는 폐쇄적 순환관계라고 볼 수 있다.

그러나 친환경농업은 생산과 생활의 모든 이용가능한 물질을 생산자원으로 이용함으로써 자연환원의 법칙이 지켜지는 농법으로, 물질순환→유기물 환원→건강한 인간→건강한 자연의 법칙에 따라 행해지는 농업의 원리라 할 수 있다. 다시 말하면, 자연의 법칙을 준수하고 자연의 섭리에 따라 지력을 생산력으로 바꾸는 농법이다. 따라서 수확을 거듭함에 따라 지중으로부터 빼앗은 유기물을 작물과 공존하는 지중의 생물(혼충, 미생물, 원류 등)을 배양하여 지력을 높이고, 부자연스러운 화학비료나 농약의 과다 사용을 줄여 나가면서 지력에 의해 수확을 얻는 순환적 농업이라 할 수 있다. 즉, 건강하고 병충의 침해가 없고, 영양가가 높고 안전한 농산물을 생산하는 것이 친환경농업의 진정한 취지라 할 수 있다.

최근 환경호르몬 문제와 유통중인 농산물에 농약이 기준치 이상으로 검출되고 있어 우리의 건강을 해칠 염려가 있으며, 식문화에 위협을 줄 수 있는 중요한 문제로 제기되고 있다. 그래서 식품 및 농산물에 잔류농약 허용기준을 대폭 강화하였다. 이러한 문제는 화학비료 사용이나 농약의 과다살포에서 비롯되었는데, 이것은 관행농업의 큰 단점이라고 볼 수 있다.

(2) 친환경농업과 관행농업의 비교

친환경농업에 대한 개념 및 정의는 세계적으로 합성화학물질을 최대한 줄이거나 투입하지 않는 농업으로 농사를 짓는 것이 공통적인 내용으로 되어 있다. 뿐만 아니라, 화학물질을 점차 줄이거나 투입하지 않고 농사를 짓기 위해서는 기술체계 자체가 관행농업과 다른 기술체계를 갖는다. 즉 경운(耕耘 : 논밭을 갈고 김을 맴), 작부(作付 : 농작물을 심음), 경영규모, 유통방식에 있어서 내용을 달리한다. 우리나라의 경우에도 친환경농업에 대한 개념정의는 국제적인 기준에 부합되는 수준에서 일단 정해져 있으나, 투입물에 대해서는 화학합성물질을 제한하는 것에 그치고 있다. 작부체계나 경운방식, 품종에 대해서는 농업지대의 특성상, 그리고 실천하는 농가의 성격상 규정을 만족하지 못하는 실정이다. 또한 투입물의 제한수준에 있어서도 대부분의 생산농가가 친환경농업의 최종목표인 유기농법으로 이행하는 과정에서 기술상의 어려움과 경영상의 이유로 인하여 화학물질의 투입량을 점진적으로 감축하는 방법을 채택하고 있는 실정이다. 외국의 경우 전환기간중에도 엄밀한 유기농법을 실천하여 3년 이상의 경과기간을 거친 후에야 그 포장에서 생산된 농산물을 유기농산물로 인증받을 수 있으며, 전환기간중의 농산물은 별도로 전환기간중의 농산물로 표시하도록 되어 있기 때문에 전환기간중에도 유기농법을 준수해야 한다. 이와는 달리 우리나라에서는 유기농법의 전환기라는 개념이 별로 없으며 완전한 유기농법과 저농약, 무농약재배 등의 저투입농법으로 되어 있었는데, 이번에 시행되는 친환경농업육성법령에는 전환기 유기재배도 포함시키고 있다.

따라서 친환경농업을 확대발전시키기 위해서는 저투입에 대한 생산기준을 작물별로 마련할 필요가 있다. 관행농업과 친환경농업의 경영방식

〈표 2-5〉 관행농업과 친환경농업의 비교분석

구분		관행농업	친환경농업(유기농업)
목 적		생산성증대를 위해 사용하는 화학비료나 농약은 주로 외부 의존, 부산물은 태워지거나 쓰레기로 배출: 물질순환 폐쇄, 환경파괴 농법	물질순환→유기물환원→건강한 작물→건강한 인간→건강한 자연의 법칙에 따라 행해지는 자연환원의 법칙이 지켜지는 농법
생산량		대체로 유기농법에 비해 생산량이 높은 편임	유기농법에 의한 생산량 수준은 대체로 5년 이내에 관행농업과 비슷한 수준이거나 점증 추세
소비자가격		대체로 대량생산으로 농산물가격이 저렴한 편임	생산비가 높기 때문에 20~30%에서 많게는 150%~200% 비쌈
작물	경작 방법	경운원칙	무경운, 경운
	비료	화학비료 의존	발효퇴·구비, 미생물제, 청초액비, 천혜녹즙, 미네랄, 아미노산
	제초	제초제 사용	인력제초, 초생재배, 생물학적 제초
	병충해 방제	농약(살균제, 살충제) 사용	미생물제, 유산균, 아미노산 살포, 천혜녹즙 등으로 유인, 기피제, 생물농약, 천적
	토양 조건	불용성비료 토양미생물 감소 단립구조 형성 산성화 촉진 연작장해 발생 토양오염, 환경오염	토양성분 거의 분해 토양미생물 증가 입단구조 형성 산성화 방지 연작장해 해결 환경보존
	공통 과제	지력 증진	지력 증진

및 활용자재에 따라 비교·분석하면 〈표 2-5〉에서 보는 바와 같이 먼저 주 영양소의 공급을 관행농업에서는 화학비료에 의존하는 것에 비하여, 친환경농업에서는 공히 발효를 주된 영양공급원으로 하고 있다는 점에서 크게 다르다. 유기농업에서 유기물 부숙을 위해서 퇴비제조시 투입하는 미생물은 일본에서 배양된 수입 미생물과 토착 미생물을 주로 사용하고 있으며, 토양개량제로는 맥반석, 지오라이트, 활성탄 등을 사용하고 있다. 병충해 방지는 관행농업에서는 살충제를 사용하고 있는 반면, 친환경농업에서는 효소제와 흑설탕을 사용하여 식물성 및 동물성 유기물을 발효시킨 액을

엽면 살포하고 있다.

초(草 : 풀)는 관행농업에서는 초제를 사용하고 있는 반면 친환경농업에서는 공히 인력으로 풀을 하거나 잡초를 뽑아 없애는 기구(제초기)를 사용하고 있다. 윤작이나 혼작방식을 활용하는 작부체계를 이용한 잡초 방지에 대해서는 극히 일부 농가에서만 관심을 가지고 실행하고 있으며, 전반적으로 작부체계를 활용한 경종적 방제는 이루어지지 않고 있다. 유기물 함량이 적고 공극이 적어 지력이 저하되어 있는 토양에서 친환경농업을 하기 위해서는 우선 흙을 살려서 지력을 높임으로써 생태계에 가까운 환경을 조성해야만 병충해도 감소될 수도 있고, 쓸모없는 잡풀(난초)도 억제시킬 수 있기 때문이다.

4. 친환경농업의 국제적 동향

(1) 개 황

1992년 6월, 리우선언에 따라 온실가스 배출업체를 위한「기후변화협약」, 생물종의 다양성과 유전자원의 보호를 위한「생물다양성협약」, 산림보호 및 개발에 관한 기본원칙인「산림원칙성명」등이 채택된 이후 국제적으로도 지구환경문제에 대한 관심과 우려가 심각하게 대두되고 있다. 세계무역기구(WTO)에서는 1995년 1월, 무역환경위원회를 설치하여 환경조치가 무역에 미치는 영향 등을 논의하였고, 농업분야에서도 경제협력개발기구(OECD: Organization for Economic Co-operation and Development)의 농업 및 환경위원회는 농업활동이 환경에 미치는 영향을 개량화하기 위하여 농장관리지표, 양분이용 지표 등 13개 분야에 대한 농업환경지표개발을 추진

〈표2-6〉 세계 유기농업의 실천 현황[12)]

국가	조사연도	유기농업면적 (ha)	경지면적 대비 비중(%)	농가수 (호)
호주	2002	10,000,000	2.20	1,380
아르헨티나	2002	2,960,000	1.7	1,779
이탈리아	2002	1,168,212	8.00	49,489
미국	2001	950,000	0.23	6,949
브라질	2002	841,769	0.24	19,003
영국	2002	724,523	4.22	4,057
독일	2002	696,978	4.10	15,628
스페인	2002	665,055	2.28	17,751
프랑스	2002	509,000	1.70	11,177
캐나다	2002	478,700	1.30	3,510
중국	2001	301,295	0.06	2,910
오스트리아	2002	297,000	11.60	18,576
칠레	2002	285,268	1.50	300
멕시코	2002	215,843	0.20	53,577
스웨덴	2002	187,000	6.09	3,530
덴마크	2002	178,360	6.65	3,714
핀란드	2002	156,692	7.00	5,071
스위스	2002	107,000	10.00	6,466
헝가리	2002	103,672	1.70	1116
포르투갈	2002	95,912	2.20	1,059
뉴질랜드	2002	46,000	0.33	800
네덜란드	2002	42,610	2.19	1,560
인도네시아	2001	40,000	0.09	45,000
노르웨이	2002	32,546	3.13	2,303
그리스	2002	28,944	0.86	6,047
벨기에	2002	20,241	1.45	700
쿠바	2002	10,445	0.16	5,222
일본	2003	8,471	0.15	3,993
이스라엘	2002	5,030	0.90	420
태국	2002	3,993	0.02	1,154
한국[13)]	2003	3,326	0.17	2,748

하였다. 국제식품규격위원회(CODEX)에서는 1999년 7월 유기농산물의 생산·가공·표시·판매에 관한 가이드라인을 제정하여 친환경 농산물인 유기식품의 교역확대에 구체적으로 대비하고 있다.

한편, 세계 유기농산물 생산은 100여개 이상의 국가에서 이루어지고 있으나 친환경농산물 거래의 활성화지역은 북미와 서부유럽이다. 〈표 2-6〉에서와 같이 2002년 기준 세계 유기농산물 시장에서의 거래액은 약 230억 달러(약 23조원)로 추정되고 있다(김창길 외, 2005).

유기농산물 무역은 식품시장에서 보기 드문 성장률을 보이고 있으며, 유기농산물 시장의 빠른 성장은 소비자의 건강과 환경문제에 대한 인식의 증가에서 비롯된 것이다. 따라서 많은 국가에서 정부의 지원정책과 함께 주요 소매업자들이 유기농산물에 대한 적극적인 마케팅 및 홍보전략을 수행하고 있다.

(2) 주요 국가별 현황

1) 미 국

농업의 환경보전기능을 강화하는 수단으로 경제적 인센티브 제공과 규제를 병행하고 있으며, 1994년도에 연방정부가 환경농업 프로그램에 65억달러를 지출하였다. 유기농산물 판매액은 1990년 이후 평균적으로 20% 성장하고 있으며, 1995년 전체 농산물 판매액의 1%를 점하고 있다. 미국은 2002년 10월에 국가적인 유기 프로그램이 시행된 이후 국내시장 육성

---

12) 자료 : IFOAM. *The World of Organic Agriculture: Statistics and Emerging Trends*. 2004.

13) 한국의 유기농업 현황에는 전환기 유기재배 농가가 포함되었음.

은 물론 수출시장 개척에 심혈을 기울이고 있으며, 2002년 시장거래 규모는 약 118억 달러(약 12조원)로 추정되고 있다. 장기적으로 유기농산물의 시장점유율은 평균 10%까지 전망된다.

2) E U

서부유럽은 1990년대 중반부터 매년 10%대의 성장세를 보이며 빠르게 성장하여, 2002년 거래액은 약 105억 달러(약 11조원)로 추정되고 있다.

독일을 시작으로 1970년대부터 친환경농업 정책을 수행하고 있으며, 독일은 농산물 과잉생산의 대책으로 유기농업 전환을 원칙으로 하는 조방화농업을 본격 추진하고 있고, 실천농가에는 장려금을 지급하고 있다. 영국은 유기농업 전환 농가에 재정적 지원을 함으로써 유기농업을 권장하고 있다.

1980년대 이후, 국가의 재정지원이 시작되면서 유기농산물 재배면적이 급속히 증가되고 있고, 특히 최근에는 북유럽지역의 유기농업이 크게 확산되고 있다. 대략적으로 유기농산물 거래의 시장규모는 독일(31억 달러) 〉 영국(15억 달러) 〉 이탈리아·프랑스(13억 달러) 〉 스위스(7억 달러) 순이다.

3) 일 본

1994년 '환경보전형 농업 추진본부'를 설치하고 UR 대책의 일환으로 환경보전에 관한 농업정책을 본격적으로 추진하고 있다. 단계적으로 더 높은 수준으로 환경보전형 농업추진 목표를 설정하였다. 1993년까지 1단계는 환경보전형 농업의 실천사례가 각지에 산발적으로 형성되었고, 1994년부터 1998년까지 2단계에서는 환경보전형 농업의 실천사례가 각지에서 증가하고 사업이 확대되었으며, 1996년부터 2001년까지 3단계에는 그 실천사례가 일반화되어 정착되고 있다. 그 결과 일본의 에코팜[14] 인증 건수는 2000년 3월말 12건으로 시작하여 2001년 1,126건, 2002년 9,226건, 2003년 26,233건, 2004년 47,766건으로 지난 5년 동안 빠른 속도로 증가하였다.

2002년도 기준 일본의 유기농산물 인증수량의 경우 국내 인증수량은 쌀 12천톤, 채소류 27천톤, 두류 1천톤, 과수 2천톤 등 총 4만 7천톤이다. 해외인증 수량이 쌀 2천톤, 채소류 2만 4천톤, 두류 4만 5천톤, 과수 2만 8천톤 등 총 11만 8천톤으로 해외인증이 빠른 속도로 증가하고 있는 것은 수요가 크게 증가하는데 반해 국내생산이 부족하여 수입 유기농산물 물량이 동시에 증가하고 있는 것으로 분석된다. 따라서 우리나라 유기농산물의 일본시장 진출을 위해서는 국제적으로 신뢰할 만한 유기농산물의 생산 및 관리가 선결되어야 할 것이다.

4) 중 국

중국은 친환경농산물을 일종의 외화획득을 위한 국가 수출전략으로 간주함에 따라, 1990년에 녹색식품[15] 육성방안을 수립하여 단계적이고 체계적인 정책 프로그램을 추진하고 있다. 특히 중국의 녹색식품 관리제도는 미국이나 유럽에서처럼 민간 유기농업단체 중심으로 인증제도를 수립하

---

14) 에코팜이란 1999년에 제정된 「지속성 높은 농업생산방식의 도입촉진에 관한 법률」에 기초하여 지속가능한 농업생산계획을 도도부현 지사에게 제출하고 인증을 받은 농업인을 말한다.

15) 안전하고 품질이 우수한 건강에 좋은 식품의 총칭이며, 유기단계 AA등급, 저투입단계 A등급이 있다.

여 검사·인증하는 민간주도형과는 달리 정부기관이 직접 관리·지도하는 정부주도형이라는데 있다.

녹색식품의 상품 및 생산자재를 보면, 1990년부터 2002년 현재까지 녹색식품 브랜드마크를 효과적으로 사용하고 있는 상품은 2,791개에 이른다. 또한 녹색식품 생산자재의 개발도 가속화되어 2002년까지 중국녹색식품발전센터에서 사용을 승인하고 추천하는 녹색식품 생산자재는 모두 6가지 종류의 80개 상품에 이르고 있는 등 괄목할 만한 성장세를 보이고 있다.

5. 우리나라 친환경농업의 발전과정

우리나라의 농업은 전통적으로 농업부산물이 모두 농토에 환원되어 재활용되었기 때문에 친환경농업에서부터 출발하였다고 해도 과언은 아니다. 1950년 말에 비료공장이 가동되면서 화학비료에 의한 영농이 시작되었는데, 그 이전의 농사는 순수한 친환경농업을 실시해 온 게 사실이다. 그 동안 진행되어 온 우리나라의 친환경농업 발전과정을 살펴보면, 1970년 초부터 개인적으로 혹은 소그룹으로 활동하면서 영농화학물질의 사용을 억제하자는 운동이 전개되었으며, 우리나라에서 친환경농업인 '유기농업' 이란 말이 사용되기 시작한 것은 1976년에 최초로 유기농산물 생산 및 소비단체인 '정농회' 가 창립되면서부터라 하겠다. 그리고 1978년에 류달영 박사를 중심으로 '한국유기자연농업연구회' 가 창립되어 유기농업에 대한 홍보를 시작하였다. 이 연구회는 1988년에 '한국유기농업환경연구회' 로 개칭하였으며, 현재 우리나라에서 가장 큰 유기농업단체로 많은 회원을 확보하고 있다. 1980년대에는 생산 및 소비자단체 중심으로 유기농업 연구가 활발하였다. 1986년에는 전국적 생산단체인 '한국자연농업중앙회'가 설립되어 환경농업 실천교육을 실시하였으며, 1987년에는 환경보호와 유기농업운동 단체인 '광록회'가 설립되었고, 1988년에는 소비자단체인 '한살림공동체소비자협동조합'이 설립되었다. 그리고 1990년대 들어 정부 차원의 관심과 학계의 연구가 본격화되었다.

1991년 3월, 농림수산부에 '유기농업발전기획단'이 설치되었고, 1991년 12월 '한국유기농업학회'가 발족되어 유기농업에 대한 이론을 정립하였다. 1994년 3월, 국립수산물검사소에서 '유기농산물 품질인증기준'이 마련되었으며, 1994년 12월 농림부에 '환경농업' 담당부서가 설치되어 환경농업 정책개발 및 지원업무가 개시되었다. 1995년 11월 환경농업정책 실무작업반이 설치되어 중장기계획 및 관련법 등 제도정비를 추진하였다. 그리고 1996년 7월에는 농림부에서 '21세기를 향한 농림환경정책'을 수립하여 중·장기적인 환경농업 육성을 추진중에 있다.

1996년부터 2010년까지 15년간을 3단계로 구분, 1996년부터 2000년까지를 제1단계로 하여 이 시기에는 환경농업의 추진체계 및 정비 등 환경농업에 대한 기초를 확립하고, 제2단계는 2001년부터 2005년까지로 개발된 환경농업의 신기술을 체계적으로 보급하고, 지역단위의 환경농업체계를 확립하는 동시에 GR(Green Round) 대비정책을 실행에 옮기는 등 본격적인 환경농업의 보급단계이다. 제3단계는 2006년부터 2010년까지로 농업의 모든 분야에서 환경농업을 실시하는 기반을 확립하여, 새로운 기술과 자재 활용으로 차원높은 환경농업으로 전국적으로 정착시키는 단계로 정해 친환경 농업을 완성시켜 나갈 계획이다. 그 동안 시행되어 왔던 환경농업육성법에 의한 표시신고제와 농수산물 가공산업 육성법에 의한 품질인증제는 관리체계상 2원화가 되어 있었다. 따라서 생산자가 불편하였고, 소비자의 혼란과 불신을 초래했었다. 정부에서는 2001년 1월 26일 친환경농업육성법을 개정하여, 두 제도를 친환경 농산물인증제도로 통합·단일화하여 시행함으로써 친환경농산물 관리의 2원화에 따른 문제점을 해소함과 아울러 유기농산물의 생산조건, 인증기준 등을 Codex 등 국제기준에 부합시키도록 노력하고 있다.

〈표 2-7〉 친환경농업단체 현황

단체명 (대표)	설립 연도	목적	활동내용
(사)한국농화학회 (김수일)	1960	농화학 분야의 기초 및 응용에 관한 학술연구를 촉진하여 그 이론과 기술을 보급하고, 농화학회의 발전에 기여함	• 학술지, 간행물 도서 발간 • 학술대회 개최 • 국내의 산학협력
(사)한국가톨릭 농민회 (송남수)	1966	• 농민 스스로의 각성과 협동으로 생명 존중과 공동체적 삶의 실천을 통해 농업, 농민문제를 해결하고 농민과 겨레 복음화와 인류 공동체 발전에 이바지 함	• 생명농업 실천과 지역 농업체계구축 • 도·농연대 우리 농촌 살리기 운동
(사)정농회 (강대인)	1976	• 경천애인의 진리를 농업으로 구현 • 화학적 오염으로부터 자연환경 및 생태계의 질서를 유지하는 생명역동농업 전환	• 유기농산물 생산, 판매
(사)생활협동조합 중앙회 (장건)	1983	• 전국 52개 소비자협동조합의 지도자들이 소비 설립 • 협동조합운동 이념에 따라 올바른 사업과 활동 이념 제시, • 사회에서 생활협동 문화 정착위한 정책 대안 제시	• 열린생협대학 운영 • 국제협력활동 • 생활재 무역사업
(사)한살림 (박재일)	1986	• 안전한 먹거리 생산 • 국민의 건강과 환경보전	• 유기농산물 직거래 • 유전조작식품 반대운동 • 회원활동 지원
(사)환경농업단체 연합회 (정상묵)	1994	환경농업단체간 협력을 도모하고 안전한 농산물의 생산 및 소비기반의 확대를 통하여 환경농업의 발전, 나아가 국민 건강증진과 환경보전에 기여	• 환경농산물 유통 • 환경농업 교육실시 • 유기농 품질인증 및 정책 관련 위탁교육
(사)한국자연 농업협회 (조한규)	1995	지역토양에 살아있는 토착미생물을 채취·확대 배양하여 지력증진에 이용	• 친환경 교육(토착미생물)
(사)흙살림연구소 (이태근)	1996	• 안전한 농산물 생산하여 생명과 건강 지킴 • 화학물질의 다량사용 지양	• 흙살림대회 개최 • 농산물 생산 및 유통
(사)한국지속농업 산학연구회 (유형재)	1996	환경보전과 국민건강적 측면에서 지속농업의 중요성 인식	• 한국지속농업 산학연구회 • 지속농업체계
(사)한국퇴비 농업 기술인협회 (김판옥)	1997	• 퇴비농업으로 지력을 향상시켜 농업기술의 발전과 토양의 공해문제 해결로 농가소득증대 및 안전한 먹거리를 소비자에게 공급	• 미생물농법연구회 • 미생물 발효퇴비 이용

(社)한국불교 선농회 (장흥기)	1998	• 환경보전운동, 효친운동 • 우리농산물 애용운동	• 선농발표(주) 운영
(社)더불어살기 생명농업운동본부 (김용필)	1998	• 피폐해진 농촌과 도시를 살리는 길은 하나님과 땅과 이웃을 살아하는 '삼애정신' 이라는 깨달음	• 예산귀농학교 • 농산물 판로개척 • 농촌복지·농촌교회
(社)한국유기 농업협회 (류달영)	1998	• 지력배양과 유기농축산물의 증산기술개발하고 연수함으로써 국민건강 증진과 자연환경보호 및 유기농업운동의 저변확대를 위한 지도자 육성	• 건강과 자연농업회지 발행 • 주말농장운영 • 유기농산물 유통
(社)두레친환경 농업연구소 (김진홍)	1999	• 환경친화적 농업 조성 • 환경친화적 농업 조성을 위한 제도·정책연구 • 농축산물의 생산, 유통의 개선 • 환경친화적 농업기술개발 및 보급	• 환경친화적 농촌 조성 및 생산기반에 관한 연구 • 환경농업 연구와 관련된 학술발표, 세미나 개최 및 간행물 발간
21세기 생협연대 (진경희)	2000	• 신뢰하며 더불어 살 수 있는 공동체를 만들고 인간과 자연의 생명을 중시하는 상생연대	• 소비자와 생산자의 협동 • 사람과 자연의 협동

＊ 자료 : 필자의 연구목적에 부합되도록 부분적으로 수정 · 보완.

국립농산물품질관리원의 2003년 06월 26일 기준에 의하면 〈표 2-7〉에서와 같이 현재 환경농업관계 단체는 정농회, 유기농업협회, 자연농업협회 등 농림부 허가단체가 17개, 임의단체가 15개로 총 32개 단체가 활동중에 있다.

6. 친환경농업의 선행연구 검토

친환경농업에 관한 연구는 재배기술·시험부문, 생산부문, 유통·소비부문, 제도·정책부문 등으로 진행되고 있으나, 본 저서에서는 생산·유통·소비 및 제도·정책과 관련된 선행연구 과제를 중심으로 고찰해 보았다.

(1) 생산 및 정책에 관한 연구

친환경농업에 관한 연구는 1990년대 이전에 최병칠(1988)[16]의 "한국의 유기농업 운동에 관한 연구" 등이 있으나 활발하지 못하였고, 정부 차원의 친환경농산물 품질인증제의 도입시기인 1992년 이후부터 활발하게 연구가 진행되고 있다. 서종혁 · 김종숙 · 전장수(1992)는 "유기농산물의 생산 및 유통실태의 발전방향" 이라는 연구에서 유기농산물 생산농가와 일반농가의 경영지표를 비교분석하여 유기농업 농가의 소득이 일반농가의 소득에 비해 낮음을 확인하였고[17], 김호(1993)는 유기농산물의 생산, 유통 및 소비에 대하여 포괄적으로 다루고 있는데, 특히 생산부문에서는 유기농산물 생산농가에 대한 설문조사를 통하여 유기농산물 생산의 특성과 그 문제점을 분석하였다. 김종숙(1994)은 유기·자연농업의 실태조사를 통해서 그 유형을 구분하고 해당 농업의 기술체계와 경영방식에 대한 기술수준을 평가하였으며[18], 손상목·정길생(1997)은 유기농산물의 생산 및 유통에 관한 사례를 분석하였는데, 생산부문은 그 사례지역을 충청남도 홍성군으로 선정하고 생산자조직과 유기농업 생산지회의 조직운영, 유기농산물과 일반 농산물의 생산량 및 경영소득을 비교 분석하고 있다.[19] 박현태·강창용(1995)은 충남 연기군의 전의신협 생산협동반을 중심으로 지역농업조직의

16) 최병칠(1988),「한국의 유기농업운동에 관한 연구」, 중앙대학교 지역사회개발학 박사학위논문.

17) 서종혁 · 김종숙 · 전장수(1992),『유기농산물의 생산 및 유통실태와 장기발전방향』, 한국농촌경제연구원.

18) 김종숙(1994),「유기농업 농가의 경영실태」, 농업진흥청 농업기술연구소, 유기농업의 현황과 발전방향에 관한 심포지엄, pp. 95-110.

19) 손상목 · 정길생(1997), "한국 환경농업의 성공적 정착을 위한 기술적 및 정책적 접근과제",『한국유기농업학회지』, 5(2), pp. 13-36.

유기농산물 생산활동에 관한 사례연구를 하였고,[20] 박준근 · 박홍섭(1997)는 전남지역 한마음 공동체를 중심으로 유기농산물 생산 및 유통에 관한 사례연구를 하였는데, 공동체 운영의 향상방안으로 새로운 생산기술, 대규모 시장의 활용방안, 수입된 해외 농산물뿐만 아니라 기존의 일반농법에 의해 생산된 농산물과 경쟁할 수 있는 효율적인 유통조직 등이 필요함을 제시하였다.[21]

김호(1995)는 "환경보전형 농업 육성정책의 현황과 전개방향" 에서 유기농업을 포함한 환경보전형 농업을 육성하기 위한 방안을 주요국의 동향과 국내의 정책내용과 문제점 분석을 토대로 관련 용어에 대한 개념규정, 법률제정과 합리적인 정책운용, 정책내용의 체계정립 등을 제시하고, 민간의 자율과 창의를 유발시킬 수 있는 제도의 마련을 강조하였다.[22] 김호(1998)는 1995년부터 실시된 '중소농 최품질 농산물 생산지원' 사업의 의의 및 추진현황을 살펴보고 그 문제점을 제도적인 측면과 정책운용상의 측면으로 발전방안을 제시하였고,[23] 김종숙(1998)은 중소농 고품질 농산물 생산사업과 상수원보호구역내 유기농 육성사업, 그리고 환경농업지구 조성사업을 대상으로 하여 그 사업의 전개방식 등을 분석하였다.[24] 그리고 오내원 외(1998)는 조건불리지역 농업에 대한 직접지불제의 필요성에 대한 논

20) 박현태 · 강창용(1995), "지역농업조직의 유기농산물 생산 및 판매활동에 관한 사례연구", 『한국유기농업학회지』, 4(1), pp. 13-36.

21) 박준근 · 박홍섭(1997), "유기농산물 생산 및 유통에 관한 사례연구", 『한국유기농업학회지』, 5(2), pp. 1-12.

22) 김호(1995), "환경보전형 농업육성정책의 현황과 전개방향", 『농업경제연구』, 36(1), pp. 203-227

23) 김호(1998), "중소농 고품질 농산물 생산지원사업의 진단과 발전방향", 『환경농업 및 환경농산물 유통활성화방안 정책토론회 자료』, 한국농어민신문, 4월호.

24) 김종숙(1998), "환경농업지구 조성사업의 필요성과 발전방향", "환경농업 및 환경농산물 유통활성화방안 정책토론회 자료", 한국농어민신문, 4월호.

리적 근거를 마련하고 시행 프로그램을 개발하여 기준을 제시하였다.[25) 윤석원 외(1999)는 친환경농산물 생산·소비·유통·제도 개선에 관한 연구에서 주요 유기농산물 품목별로 생산함수와 소비함수의 예측을 통해 생산 및 소비구조를 파악하고 예측하였으나, 통계자료 축적이 미흡하여 개량분석하는 데는 한계를 나타내었다. 김호(2000)는 '환경농업 육성정책의 추진현황과 발전과제' 라는 연구에서 환경농업 육성정책의 추진과정, 환경농업 육성정책의 주요 추진현황, 환경농업 육성정책의 문제점, 환경농업 육성정책의 발전과제에 대해서 파악하였다.[26)]

이상과 같이 생산부문의 연구들은 설문 또는 사례분석으로 생산관련 정책방향을 제시하고 있으나, 친환경농업의 역사가 짧아 공식적으로 사용할 수 있는 통계자료가 축적되어 있지 않다. 따라서 계량분석 및 경험적 통계방법에 의한 예측분석 등에 관한 연구는 아직 활발하지 않다.

(2) 마케팅(유통·소비) 및 정책에 관한 연구

친환경 생산물 소비부문 즉, 마케팅에 관한 연구는 주로 소비자 설문조사를 통하여 수요에 영향을 미치는 요인과 지불의사(WTP: Willingness To Pay)를 분석하였다. 설문조사 결과를 바탕으로는 로짓(logit) 모형을 이용하여 수요에 영향을 미치는 요인들의 상대적 중요도를 분석하였다.

윤석원 외(1999)는 '유기농산물 소비태도 및 소비자 분석' 에서 서울·경기 지역 거주자를 대상으로 설문조사형 유기농산물 구입경험, 가격, 구입

25) 오내원 외(1998), 『조건불리지역 및 환경보전에 에 대한 직접지불제도 조사연구』, 농촌경제연구원.

26) 김호(2000), "환경농업육성정책의 추진현황과 발전과제", 『한국유기농업학회지』, 8(3), pp. 77-90.

장소 등을 조사하였고, 그에 따른 소비확대 방안으로 품질인증과 표시제도에 대한 신뢰감 제고, 판매경로와 판매방식의 다양화, 유기농산물 가격결정 방식의 개선 등을 제시하였다.

서종혁·김종숙·전장수(1992)는 1990년 기준 주요 유기농산물과 자연농산물의 소비량과 소비액 등 시장규모를 추산하였고, 유기농산물에 대한 시장수요는 무한하고 잠재수요는 25%라고 가정하여 단순 합산에 의해 1993년과 1995년 시장규모를 예측하였다.[27] 김호(1993)와 서종혁·김종숙·전장수(1992)는 설문조사를 통하여 유기농산물 수요에 영향을 미치는 요인들과 소비자 반응을 분석하였는데, 주로 소비자의 유기농산물에 대한 인식과 향후 구입계획, 가격에 대한 소비자 반응 등을 분석하였다. 김충실·이순석(1995)은 대구지역 소비자 가구에 대한 설문조사를 통하여 품목별 유기농산물 소비경험 등을 조사하였고 선형확률모형, 프로빗(pobit) 모형, 로짓(logit) 모형 등을 이용하여 가구의 인구사회적 특성에 따른 소비자 선호 분석을 하였다.[28] 김호(1995)는 유기농산물 소비자가격 특성 등을 분석하여 객관적 기준 없이 소비자단체와 생산자단체간의 합의에 의한 가격결정 방식의 문제점에 대해 언급하였고[29], 김영수·조창완(1999)은 유기농산물의 가격 마진률 분석을 통하여 직거래 유기농산물 가격형성의 문제점을 지적하였다.[30] 국제유기농업운동연맹(IFOAM : International Federation of Organic Agriculture Movements)(1993)[31]에서는 외국의 유기농산물 현황과 더불

27) 서종혁 · 김종숙 · 전장수(1992), 앞의 책

28) 김충실 · 이순석(1995), "유기농산물에 대한 소비자선호분석: 대구지역소비자를 중심으로", 『한국유기농업학회지』, 4(1), pp. 97-114.

29) 김호(1995), "유기농산물의 가격특성분석", 『식품유통연구』, 12(1), pp. 97-114.

30) 김영수 · 조창완(1999), "직거래 유기농산물 가격수준의 경제적 합리성에 관한 연구", 『식품유통연구』, 16(1), pp. 153-169.

어 품질인증과 표시제도의 문제점을 제시하였다. 김종숙(1996)은 소비자 생활협동조합의 발전과정과 운영실태, 가격결정 방식, 품질관리 및 검사 방법 등에 대한 분석을 통하여 종합적인 소비자생협의 발전방향에 관한 연구를 수행하였으며[32], 장원석·김호(1996)는 산지 및 소비지 생활협동조합에 대한 경영분석을 통하여 생협의 영세성 등 문제점을 지적하였고 소규모 생협의 통합 등 발전방안 등을 제시하였다.[33] Lampkin and Padel(1994)은 유럽 각국의 유기농산물 생산과 소비현황 등에 대하여 분석하였는데, 유럽 각국의 유기농산물에 대한 수요는 1990년 이후 급격히 증가하고 있어 향후에도 계속적인 증가로 인한 국제무역량의 증가할 것으로 기대되며, 각국 정부는 유기농업 부문에 지원을 계속하고 있다고 밝혔다.

친환경농산물의 유통부문에 연구는 주로 직거래 형태를 중심으로 각 지역의 소비자단체와 생산자단체의 유통사례와 유통마진 등을 분석하였다. 양원모 등(2000)은 '환경원예농산물의 생산과 유통실태' 라는 연구에서 유통구조에 대한 불만족 원인, 환경원예농산물의 생산 및 유통과정에서 발생하는 문제점을 파악하고 이를 개선하는 대안으로 기술개발 및 생산비 절감체계 구축, 공영도매시장내 환경농산물 판매장 설치, 환경농산물 전문판매장 확대, 품질인증 제도의 개선, 환경농업 생산자 생산보험 보장의 개발지원 등을 제시하였다. 정복조·김호(1994)는 산지 직거래의 발생배경과 유통기능별 특성, 유통경로, 그리고 화천·양주·상주지역에서 거래되는 유기농산물 가격을 중심으로 유통마진을 분석하여 소비자들이 쉽게 구

31) IFOAM(1993), The First IFOAM Asian Conference.

32) 김종숙(1996), 『소비자생활협동조합의 농산물구매형태에 관한 연구』, 농촌경제연구원.

33) 장원석 · 김호(1996), "유기농업의 산지 및 소비지 생활협동조합에 대한 경영분석", 『한국유기농업학회지』, 5(2), pp. 55-70.

매할 수 있도록 판매처의 수를 확장하고 계절별로 가격을 탄력적으로 운영할 것 등을 소비 확대방안으로 제시하였다.[34] 김호·조완형·박영범(1995)의 연구에서는 주요 친환경농산물 품목의 출하시기와 거래단위, 거래처별 거래기간과 유통마진 등을 분석하였고, 생산자 단체별 판매액을 분석하여 단체들의 부실한 경영실태를 문제점으로 지적하였다.[35]

각 지역의 생산자와 소비자단체의 판매활동과 경영실태를 분석한 연구로, 박현태·강창용(1995)은 충남 연기군 전의신협의 판매활동과 직거래 추이를 분석하였으며, 박준근·박홍섭(1997)의 연구에서는 전남지역 한마음공동체를 중심으로 공동체의 운영방식과 경영실태를 분석하였다. 장원석·김호(1997)는 주요 산지와 소비지생협의 조합원 수, 매출액 및 출자금 변화 추이와 경영수지를 분석하였다. 이들 연구에서는 공통적으로 생산자단체와 소비자단체의 영세성을 직거래유통의 문제점으로 지적하였고, 발전방안으로 소규모 생협들의 통합과 물류기구의 설립, 생산지역의 단지화와 생산자 조직의 육성을 제안하였다. 서종혁·김종숙·전장수(1992)는 각 유통기구별 기능과 유통업체별 납품조건과 구매와 판매형태를 분석하였다. 권기대·허무열(2003)의 「친환경농산물 브랜드 선택이 고객가치 및 고객만족에 미치는 영향」 연구는 마케팅을 전공한 교수와 농업경제를 연구한 학제간의 연구결과물로 친환경농산물에 대한 소비자관점의 고객만족에 관한 연구를 탐색적으로 시도하였다.

이상 마케팅에 관한 연구는 설문조사에 의하여 실태분석을 탈피하여 점진적으로 다양한 방법을 활용한 연구가 시도되고 있다고 평가된다.

34) 정복조·김호(1994), "유기농산물 유통의 특성과 유통마진분석", 『식품유통연구』, 11(1), pp. 1-18.

35) 김호·조완형·박영범(1995), "유기농산물의 생산 및 유통에 관한 사례연구", 『대산논총』 3, pp. 295-327.

7. 친환경농산물의 유통경로에 대한 선행연구 검토

(1) 현행 친환경농산물의 유통경로

1) 생산자(조직)가 직접 판매장을 운영하거나 소매업체에 납품하는 경우

친환경농산물의 차별성을 확보하고 농가의 수취가격 향상을 위해 생산자(조직)가 유통활동에까지 직접 참여하는 경우이다. 개별농가 또는 생산자조직(작목반, 영농법인 등)이 직거래 장터에서 판매하거나 농협 하나로클럽, 백화점, 할인점, 대형 슈퍼마켓에서 친환경농산물 코너(정률의 수수료를 지불하는 판매장)를 직접 운영 또는 이들 소매업체에 납품한다. 유통단계는 2단계로 짧은 편이다.

주요 단체로는 한국유기농업협회의 지역 선도농가를 중심으로 조직된 조안유기작목회, 한사랑텃밭, 초월시설채소영농조합, 학사농장, 늘푸른 작목반 등이 있다.

2) 생산자단체가 유통법인을 설립하여 운영하는 경우

환경농업 생산자단체가 회원의 출자로 전문 유통기구(법인)를 설치하여 백화점, 할인점에서 친환경농산물 코너를 운영하거나 소규모 소매업체 또는 외식업체 등에 납품하는 경우가 있다. 이 형태는 생협과도 교류를 가지고 있으며, 사회단체나 소비자단체와도 연계되어서 친환경농산물의 각종 홍보·교육활동을 함께 수행하고 있다. 소비자까지의 유통단계는 3단계로 생산자(조직)가 직접 소매업체에 공급하는 경우보다 1단계가 많으나, 상품

구색과 규모를 갖추었기 때문에 소매업체에 대응하기가 더욱 용이하고 생산자는 생산에 전념할 수 있다는 장점이 있다.

이 형태는 환경농업단지가 형성되어 추진되는 지역에서 주로 나타나고 있다. 대표적인 유통법인은 팔당지역 유기농업 운동본부의 유통사업단인 (주)새농유통과 한국유기농업협회의 유통본부가 있다. 또한 임의단체이기는 하나 환경농업협회 유통본부도 여기에 해당된다.

3) 농협이 경영전략 차원에서 판매하는 경우

1995년부터 농협은 서울시와 팔당 상수원보호구역의 환경농업 육성사업을 추진하면서 유기농산물 유통사업소를 설치하고 서울시 일부 구청 관내에 전문 판매장을 운영하였다. 농협의 하나로클럽이나 하나로마트 등에서도 친환경농산물 판매코너를 설치하고 취급하기 시작하였다. 그러나 팔당지역 농산물은 엽채류 위주여서 농협 전문판매장이 소매점으로 운영하기에는 상품구색이 떨어지는 한계가 있다.

유통경로는 산지농협이 생산지 집하기능을 수행하고, 소비지 판매장까지의 배송은 농협 유기농산물 유통사업소가 담당한다. 유통단계는 4단계이지만 농협에서 일괄 수행하기 때문에 유통마진은 어느 유형보다 작다. 다만 아직은 취급규모가 적고 다양한 품목을 취급할 수 있는 산지확보와 물류체계를 체계적으로 정비하지 못하였기 때문에 그 효과가 가시화되지 않고 있을 뿐이다.

4) 생산자와 소비자가 공동으로 참여하는 경우

생명운동·생활운동 차원에서 친환경농산물을 매개로 생산에서 소비까지 전과정을 통괄하는 직거래로 도·농공동체 운동의 실현을 목적으로 시작되었다. 친환경농산물의 산지 직거래 운동을 새로운 생산양식과 생활양식의 대안으로 표방하며 생산자, 소비자, 유통실무자의 공동출자로 구성된 단체이다.

이 유형의 특징은 생산자와 소비자를 조직화하고 현장견학 등 신뢰체계를 제도적으로 구축한 것이다. 직거래 초기부터 생산자에게는 협동출하를 권장하고 소비자는 물품 주문시 공동구입을 원칙으로 하였다. 소비자의 공동구입은 소비자 회원의 증가와 사회여건 변화에 따라 1990년대 중반부터는 판매장과 병행하고 있다. 신뢰구축을 위해서 생산자와 소비자의 대표로 구성된 각종 위원회에서 의사결정이 이루어지고, 소비자는 산지를 방문하여 생명 및 생활운동에 대한 교육의 기회를 제공받는다.

유통경로는 생산자(조직)로부터 단체의 집배송센터를 거쳐 소비자에 이르는 3단계의 단순한 경로이다. 이 유형의 대표적인 단체는 한살림과 한마음공동체이다.

5) 생활협동조합이 취급하는 경우

도시지역 생협이 생산자(조직) 또는 산지생협(원주호저생협, 홍성풀무생협 등)으로부터 친환경농산물을 구입하여 소비자회원에 공급하는 형태이다. 생협은 초기에 소비자 조직이 3~5가구가 한 단위가 되어 공동주문에 의한 공급이 이루어졌으나, 운영상의 불편으로 인해 근래 공동단위가 해체되고 있는 실정이다. 여성민우회생협, 경실련정농생협 등에서는 공동구입에 의한 무점포 형태와 점포 형태를 병행하고 있다.

생협의 친환경농산물 유통은 1990년대 중반까지 각 생협마다 특정 생산자(조직)와 소량을 개별적으로 거래하는 형태였다. 따라서 생협마다 소규모 거래를 위해 인건비가 과잉 소요되고, 물품보관을 위한 고정시설 비용이 과다하게 발생하는 등 물류의 비효율성 문제가 제기되었다. 이러한 문제를 해결하기 위한 자구노력으로 최근 소규모 지역생협이 집배송 규모화를 위해 연합사업으로 공동물류센터를 운영하기도 한다. 한편, 생협의 입장에서 공급하기 위해서 품목과 계절에 따라 다수의 생산자 또는 단체와 직거래하고 있다.

유통경로는 생산자(조직)로부터 산지생협 또는 유통법인을 통해 소비지 생협 배송센터를 거쳐 소비자에 도달하는 3단계이다. 주요 단체인 21세기 생협연대와 수도권사업연합은 서울 및 수도권 지역의 소규모 지역생협이 연대하여 공동 집배송과 물류센터를 설립하여 운영한다.

6) 전문유통업체에서 취급하는 경우

안전한 농산물에 대한 소비자의 수요확대에 따라 친환경농산물만을 전문으로 취급하는 유통업체가 등장하였다. 전문유통업체는 생산자(조직)로부터 친환경농산물을 구입하여 백화점, 할인점에 납품 또는 임대매장을 운영하고 전문 판매장을 별도로 직영하기도 한다. 친환경농산물의 안정적인 공급을 위해 생산농가와 계약재배하는 경향이 있으며, 품질차별화를 위해 품질인증 농산물 중 유기농산물 및 무농약농산물의 취급비율이 높다. 또한 경영수지의 개선을 위해 가공품을 취급하는 비율이 높다.

전문유통업체는 영업전략 차원에서 친환경농산물의 브랜드 개발과 광고 및 판촉활동이 활발하다. 또한 친환경농산물의 소비가 증가하면서 백화점, 할인점, 고소득층 밀집지역에서의 전문판매장을 확대하고 프랜차이즈(franchise)[36] 형태에 의한 표준화된 점포를 운영하기도 한다. 유통단계는 생산자로부터 유통업체를 거치고 판매장에서 소비자에게 판매하는 3단계

[그림 2-6] 현행 친환경농산물 유통경로

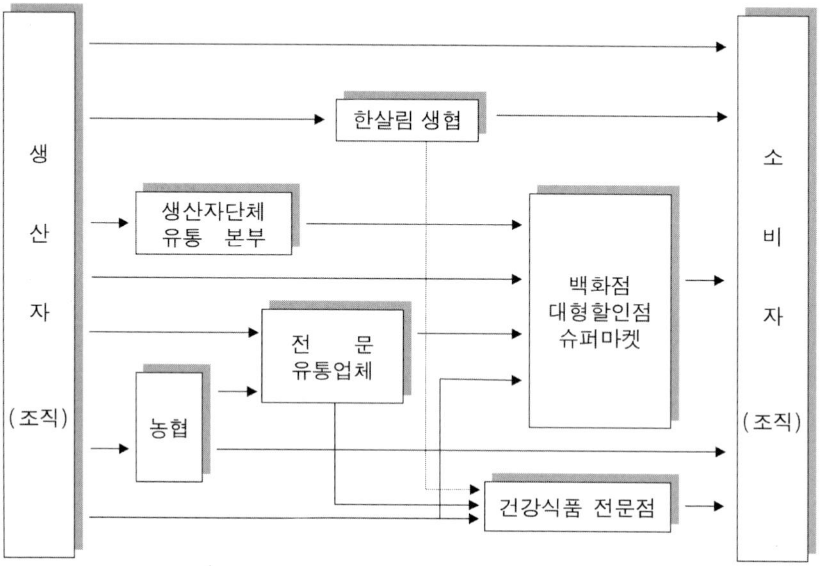

생산자(조직)
한살림 생협
생산자단체 유통 본부
전 문 유통업체
농협
백화점 대형할인점 슈퍼마켓
건강식품 전문점
소비자(조직)

이다. 이 형태의 주요 업체로는 풀무원 내추럴하우스, 녹미촌 등이 있다.

이상에서 언급한 현행 친환경농산물의 유통경로를 도식화하면 [그림 2-6]과 같다.

(2) 유통경로의 유형화

현행 친환경농산물의 유통경로는 앞에서 살펴본 바와 같이 다음과 같

36) 프랜차이즈는 품질관리, 경영방식, 가맹점의 조직 및 운영에 대한 지원, 마케팅지원 등 기업이 프랜차이즈 가맹점을 직접적으로 관리하거나 통제를 행한다. 이점으로는 첫째, 적은 자본으로 시장확대가 가능하다. 둘째, 표준화된 마케팅을 실행한다. 셋째, 각 가맹점에게 동기를 부여할 수 있다. 단점은 통제를 유지하기 힘들다는 점과 장기적으로 경쟁자를 키울 수 있다는 점이다.

은 2가지 큰 특징을 가지고 있다. 첫째, 친환경농산물은 소량·다품목으로 취급되고 일반농산물에 비해 외관상 품질이 떨어지는 관계로 시장 및 상품의 차별화를 위해 직거래 형태의 시장외 유통이 주류를 이루고 있다. 둘째, 친환경농산물의 생산과 수요 증가로 다양한 형태의 유통경로가 혼재하고 있다. 즉, 친환경농산물의 차별화를 위해서 생산과 유통이 밀접하게 제휴하면서 다양한 형태의 판매망이 형성되고 있다는 점이다.

이처럼 다양한 형태의 유통경로는 고유의 특성과 유통기능면에서 특징을 가지고 있다. 따라서 친환경농산물의 소비확대를 위해서 각 유통경로별로는 어떤 특징이 있고, 개선해야 할 부분은 무엇인지 등이 규명되어야 한다. 이를 위해서는 각 유통경로별 유통실태와 문제점이 파악되어야 하는데, 현행 유통경로가 다양하기 때문에 분석의 편의를 위해 다양한 유통경로를 유형화함으로써 단순화할 필요가 있다.

일반적으로 유통경로를 유형화할 경우 유통경로의 길이와 폐쇄성을 기준으로 유형화할 수 있다.[37] 유통경로의 길이는 생산에서 소비에 이르는 유통단계(업자 수)를 나타내며, 유통경로의 폐쇄성은 특정 상품 또는 특정 업자간의 특화 정도를 나타낸다. 이 방식은 유통경로의 형성, 변동, 경로관리에 의한 접근방식으로 〈표 2-8〉과 같이 4가지 형태로 분류될 수 있다.

제1형태는 유통경로의 길이가 길고 개방적인 경우이다. 가격을 지표로 거래되기 때문에 일회성 거래가 많고, 위험분산을 위해 유통단계가 많다는 특징을 지닌다. 제2형태는 유통경로의 길이가 길고 폐쇄적인 경우로 계열화 유통체계가 이에 해당한다. 제3형태는 유통경로의 길이가 짧고 폐쇄적인 경우로 조직간의 거래에서 많이 나타나는 형태이다. 제4형태는 유

37) 권광식 · 최덕천(2001), "한국에서의 친환경농업 발전방안에 관한 연구", 『한국방송통신대학교 논문집』, 제31호, pp. 1-34.

〈표 2-8〉 청과물 유통경로의 기본형태 분류

구분	경로 길이		개방 · 폐쇄성		특 징
	길다	짧다	개방적	폐쇄적	
제1형태	○		○		• 가격을 지표로 거래조건이 좋은 상대와 거래 • 경매 또는 상대교섭에 의한 일회성 거래 • 위험분산을 위해 유통단계(업자 수)가 많음
제2형태	○			○	• 위험분산을 위해 계약거래, 유통단계를 다단계 • 폐쇄성이 낮을 경우 거래관계가 단기간에 해소 • 폐쇄성이 높을 경우 거래관계가 장기간 지속 • 계열화 유통체계가 일반적
제3형태		○		○	• 생산자가 도소매 단계를 전방통합 혹은 도소매업자가 도매、생산단계를 후방통합하는 형태 • 조직간 수직통합에 의해 의사결정 및 유통기능이 수행
제4형태		○	○		• 가격을 지표로 거래조건이 좋은 상대로 변경 • 참여와 퇴출이 용이하여 일회성 거래가 일반적 • 우협 회피기구의 존재로 중간 유통업자의 필요성이 낮음 • 통신판매가 전형적인 형태임

통경로의 길이가 짧고 개방적인 경우로 통신판매가 전형적인 형태이다.

친환경농산물은 조직과 조직간의 거래가 큰 비중을 차지하고 있고 차별화된 시장에서 유통되는 것이 일반적이기 때문에 제3형태에 속한다고 할 수 있다. 제3형태는 생산에서 최종 소비까지의 통합 정도, 조직 내부의 의사결정 등이 분류의 주요지표로 작용한다. 따라서 현행 친환경농산물 유통과 관련하여 생산자조직 및 소비자 조직의 유무를 기준으로 유형화를 시도할 경우 다음 [그림 2-7]과 같이 4가지로 유형화할 수 있다.

제1유형은 생산자조직은 있으나 소비자 조직이 없는 경우로서 생산자 조직에 의해 의사결정이 이루어지고 있기 때문에 생산자 주도형이라 할 수 있다. '한국유기농업협회 유통본부', '초월영농조합법인' 등이 여기에 속한다. 제2유형은 생산자와 소비자조직이 모두 참여하고 있어 생산·소비자 공동참여형이라 할 수 있으며 '한살림' 이 대표적인 경우이다. 제3유형은 생산자조직이 없는 상태에서 소비자조직의 의사결정권이 강하기 때문에 소비자 주도형이라 할 수 있으며, '지역 생협'이 여기에 해당한다. 제4유형은 생산자와 소비자조직을 가지고 있지 않은 전문업체가 유통기능을 수행하고 있기 때문에 전문업체 주도형이라 할 수 있다. '풀무원 내추럴하우스'가 이 유형에 속한다.

[그림 2-7] 친환경농산물 유통경로의 유형구분

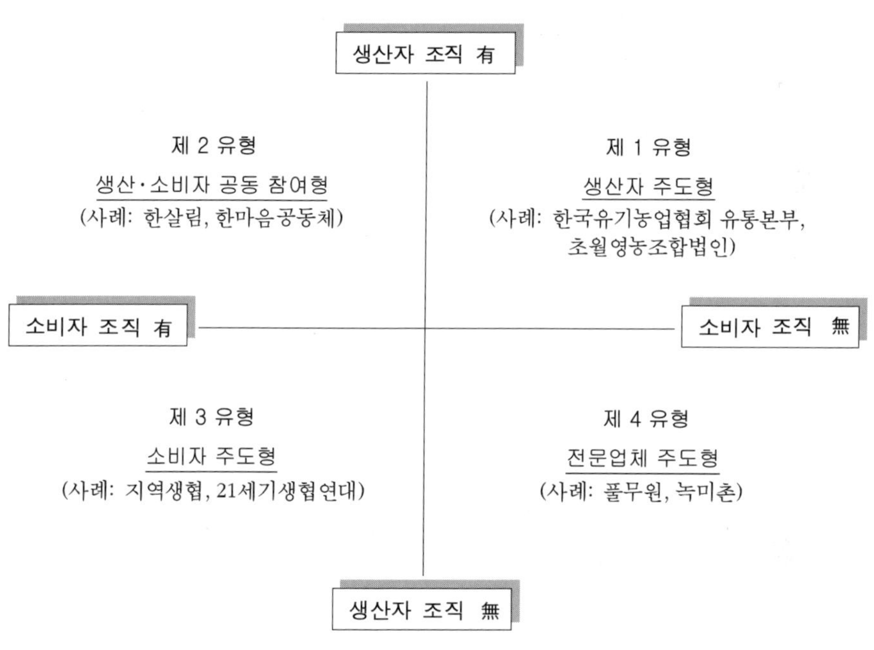

Ⅲ. 이론적 배경

1. 친환경농산물 마케팅의 정의와 범위

(1) 친환경농산물 마케팅의 정의

친환경농산물이란 '친환경농업을 영위하는 과정에서 생산된 농산물'을 의미하는 것으로서 앞 장에서 이미 친환경농업에 대해 자세히 언급한 바 있다. 여기에는 친환경농산물의 생산방법과 사용자재 등에 따라 일반 친환경농산물, 유기농산물, 전환기유기농산물, 무농약농산물 및 저농약농산물로 분류할 수 있다.

친환경농산물 마케팅이란 무엇인가? 그 정의를 내리기에 앞서 미국마케팅학회(AMA: American Marketing Association)에서 공식적으로 채택하고 있는 마케팅 개념을 먼저 이해해야 할 것이다. 즉, "마케팅이란 개인적이거나 조직적인 목표를 충족시키기 위한 교환을 창출하기 위해 아이디어, 제품, 그리고 서비스의 개념정립, 가격결정, 촉진, 그리고 유통을 계획하고 집행하는 과정"이라고 정의를 내렸다. 또한, 2002년 한국마케팅학회(KMA :

Korean Marketing Association)는 마케팅의 정의를 "조직이나 개인의 목적을 달성시키는 교환을 창출하고 유지할 수 있도록 시장을 정의하고 관리하는 과정"으로 보았다. 따라서 친환경농산물 마케팅이란 "고객과 조직의 목표를 충족시키기 위한 교환이 일어날 수 있도록 친환경농산물, 서비스 및 아이디어를 설계하고 가격결정, 촉진 그리고 유통을 계획하고 실행하는 과정"이라고 할 수 있다.

(2) 친환경농산물 마케팅의 범위

일반적으로 마케팅의 범위는 마케팅 실행 주체의 영리성 추구 여부에 따라 영리기관의 마케팅과 비영리기관의 마케팅으로 분류할 수 있다. 영리기관의 마케팅은 마케팅 활동 주체의 목표가 이윤추구이므로 기업대상의 마케팅을 뜻하는 반면, 비영리기관의 마케팅은 영리추구를 목적으로 하지 않고 그 기관의 목적달성을 위한 활동이므로 정부, 공공단체, 교회, 기타 각종 지역사회단체 등이 포함된다. 최근에 이르러 비영리기관의 마케팅은 순수한 공익적 목적도 중요하지만, 제한된 자원의 합리적 배분과 효율적 관리 차원에서 점차 영리기관이 추구하는 이익개념을 도입하는 추세에 있다. 가령, 시골 벽지학교의 자연적 학생 감소, 철도청 및 한국통신의 민영화 등에서 그 의미를 찾아볼 수 있다.

한편, 영리기관의 마케팅은 다시 마케팅 대상이 누구이냐에 따라 소비재 마케팅과 산업재 마케팅으로 분류할 수 있다. 전자는 편의품, 선매품, 전문품 등이며, 그 특징은 최종소비자를 대상으로 표준화된 제품, 정찰제, 간접유통상의 활용, 광고중심의 촉진전략 등을 활용한다. 후자는 장치재, 부속치장품, 구성품, 원자재, 산업소모품 등 재생산 목적의 조직구매를 의미하는 것으로, 제품은 주문생산, 가격은 협상 및 입찰의 형태를 띠며, 유통은 직접유통, 그리고 촉진은 인적판매 중심으로 이루어진다. 가령, 친환경농산물의 경우 최종소비자가 직접 구입할 경우에는 소비재·편의품에 해당되나, 국방부나 어떤 조직에 납품할 경우에는 산업재로 둔갑함을 기억할 필요가 있다. 또한 산업재의 경우에는 어느 한 사람이 재구매를 제외한 제품을 단독으로 구매의사 결정을 하는 경우는 없으며, 여기에는 조직의 구매센터(buying center)가 가동된다.

제품의 유·무형에 따라 앞에서 언급한 소비재 및 산업재 마케팅과 무형재를 중심으로 한 서비스 마케팅이 존재한다. 서비스 마케팅은 특정한 형태를 갖추고 있지 않은 무형의 서비스상품을 소비자의 욕구에 맞도록 개발하여 잘 팔리도록 노력하는 활동, 즉 친환경농산물의 원활한 판매를 위해서는 친절과 예의와 정성이 깃들어야 한다. 〈표 3-1〉에서 처럼 주요 특징으로는 무형성(intangibility), 이질성(heterogeneity), 소멸성(perishability), 비분리성(inseparability)이 있다. 서비스(SERVICE)의 이니셜을 활용하여 서비스의

〈표3-1〉 서비스 특성에 따른 문제점과 해결전략

서비스 특징	문제점	해결전략
무형성	● 저장 불가능 ● 특허로 보호 곤란 ● 진열이나 커뮤니케이션 활동 곤란 ● 가격설정의 기준 불명확	● 실체적 단서 강조 ● 인적 접촉 강화 ● 구전의 중요성 인식 필요 ● 기업이미지의 세심한 관리 ● 가격설정에 원가회계 시스템 활용 ● 구매후 커뮤니케이션의 강화
비분리성	● 서비스 제공시 고객이 개입 ● 대량생산 곤란	● 서비스 제공자의 선발 및 교육에 섬세한 고려 필요 ● 고객관리 카드 이용 ● 여러 지역에 서비스망 구축
이질성	● 표준화 및 품질통제 곤란	● 서비스 공업화 또는 개별화전략 실행
소멸성	● 재고로서 보관 불가능	● 수요와 공급간의 조화 유도

다양한 일면을 파악해 볼 수 있으며, 서비스의 구성요소로는 성의·스마일·스피드(Sincerity, Smile & Speed), 활기(Energetic), 신선과 혁신(Revolution & Remind), 현장성과 가치(Vividness & Valuable), 감명·감동(Impression), 친밀감(Closeness & Intimacy), 환대(Entertainment)가 그것이다.

2. 브랜드

(1) 브랜드 자산 및 구성요소

브랜드 자산(brand equity)이란, '특정 브랜드가 제품에 대하여 기업, 유통업체, 그리고 소비자에게 부가적으로 부여하는 가치' (Farquhar, 1989), 어떤 제품시장에서 브랜드가 기업에 가져다 주는 추가적인 이익으로서 인지도, 속성지각, 속성과 관련없는 이미지, 구득가능성(availability) 등이 있다고 주장하였다(Srinivasan·Park·Chang, 1998). 그러므로 소비자가 특정한 브랜드에 호감을 갖게 되어 그 브랜드의 상품가치가 증가된 부분으로 볼 수 있는데, 이러한 브랜드 자산의 가치는 경쟁 브랜드에 비해 더 높은 가격과 마진을 얻을 수 있는 능력에 기초한다(이유재·Batra, 1999). 최근 소비자들이 제품 구매의사 결정시 제품 자체의 기능적인 면보다 브랜드 이미지를 중시하여, 제품보다는 브랜드 자체를 구매하는 브랜드 지향적 구매행동을 보이면서 브랜드 가치는 더욱 그 중요성이 강화되고 있는 실정이다(Aaker, 1994).

1990년 1월 개정된 우리나라 상표법에 따르면 '상표' 란 "상품을 생산·가공·증명 또는 판매하는 것을 업으로 영위하는 자가 자기의 업무에 관련된 상품을 타인의 상품과 식별되도록 하기 위하여 사용하는 기호·문자·도형 또는 이들을 결합한 것(이하 '표장' 이라 한다)" 으로 용어 정의를 하고 있

〈표 3-2〉 브랜드의 범주

<table>
<tr><td rowspan="4">(광의)
브랜드</td><td>(협의) 브랜드
(trade mark)</td><td>원형으로 표시된 등록 브랜드로서 법적 보호가 부여되어 상표권이 형성되므로, 타인이 함부로 사용할 수 없는 브랜드</td></tr>
<tr><td>(통명) 브랜드
(brand name)</td><td>음성으로 표시할 수 있는 브랜드의 일부분으로서 소비자, 판매업자, 제조업자가 사용하는 제품의 이름(예 : 풀무원, 의성사과, 의성마늘 등)</td></tr>
<tr><td>브랜드마크
(brand mark)</td><td>브랜드이지만 언어로 표현할 수 없는 상징이나 디자인(예 : 제비표, 노루표 등)</td></tr>
<tr><td>(사명) 상호
(trade name)</td><td>제조업체명(예 : 제일제당, 대상), 유통업체명(예 : 홈플러스, E-마트)</td></tr>
</table>

다.[1] 마찬가지로 브랜드(brand) 또는 상표란 이름, 상징물, 문자, 기호, 도형 또는 이들의 결합체로서 개별기업 혹은 기업그룹의 상품 혹은 서비스에 의미를 부여하고 타사의 상품 혹은 서비스와 차별화를 이루는 수단을 뜻한다(Kotler, 1997). 브랜드의 범주에 대해 구체적으로 알아보면 〈표 3-2〉와 같다.

여기에서 논하고자 하는 '상품의 브랜드' 란 앞에서 논의한 기업에서 다양한 기법에 의해 생산된 제품에 붙여진 이름(brand)을 의미하는 것으로 브랜드명은 소비자에게 제품개념을 전달하며, 제조업자, 소매업자, 고객 그리고 기타 대중에 의한 제품확인의 수단으로 사용되고, 제품의 법적인 보호를 위해서도 중요한 의미를 갖는다.

따라서 강한 브랜드에 대한 선호와 충성도는 제품의 객관적인 기능보다는 브랜드 파워 때문에 존재하며, 브랜드는 소비자의 마음속에 지각된

1) 상표정의에서와 같이 상표법상 상표는 문자 · 도형 · 기호 또는 이들을 결합한 것으로 표장이기 때문에 우리나라에서는 구미 선진국의 사례와는 달리 입체상표, 색채, 소리상표, 문장(slogan 또는 statement) 등은 상표로서 인정되지 않고 있다.

사실과 느낌들의 집합체인 주관적인 개념으로 존재한다.

브랜드 자산은 고객이 그 브랜드를 이미 알고 있고, 그 브랜드에 대하여 호의적이고(favorable), 강력하며(strong), 독특한(unique) 이미지를 기억 속에 갖고 있을 때 형성된다(Keller, 1993).

Aaker(1991)는 브랜드 자산을 한 브랜드와 그 브랜드의 이름 및 상징에 관련된 자산과 부채의 총액이며, 이는 제품이나 서비스가 기업과 그 기업의 고객에게 제공하는 가치를 증가시키거나 감소시키는 역할을 한다고 주장하였다. 또한 브랜드자산은 브랜드 충성도, 브랜드 인지, 지각된 품질, 브랜드의 연상이미지 그리고 기타 독점적인 브랜드 자산으로 구분한 바

[그림 3-1] 브랜드 자산의 원천과 유용성

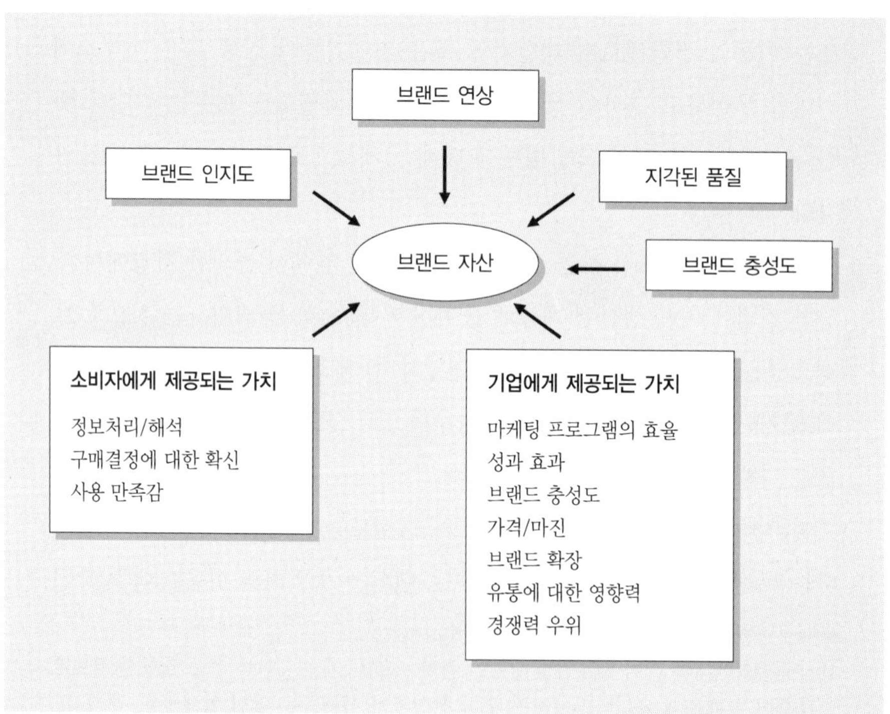

* 자료 : www.branddesign.co.kr

있다. 최근에는 [그림 3-1]과 같이 브랜드 인지도, 브랜드 연상, 지각된 품질, 브랜드 충성도 등 4가지 차원으로 분류하고 있다.

1) 브랜드 인지도

브랜드 인지도는 마케팅 커뮤니케이션의 가장 본질적인 목적에 해당된다. 대체로 제품특성과 연계시킬 수 있는 브랜드 네임이 시장에서 확립되기도 전에 제품의 특성만을 전달하고자 하는 것은 마케팅 노력의 낭비라고 간주할 수 있다. 그러므로 브랜드 네임에 대한 소비자 인지도가 어느 정도 수준에 오른 후 그 브랜드 네임에 새로운 연상(association) 이미지를 연결시키는 것이 마케팅의 임무이다.

브랜드 인지도(brand awareness)란 "잠재 구매자가 어떤 제품 부류에 속한 특정 브랜드를 인지(recognition) 또는 상기(recall)할 수 있는 능력"을 의미한다(Aaker, 1991). 브랜드 인지도는 소비자가 느끼는 정도에 따라 "그 브랜드를 알고 있는 것 같다"라는 약한 인지로부터, 어떤 제품의 시장에서 "그 브랜드만 있는 것으로 알고 있다"라는 강한 인지까지 그 강도의 범위가 넓다.

요컨대 친환경농산물 공급업체나 유통업자가 소비자에게 브랜드를 인식시키려면, 왜 그 브랜드가 주목을 받아야 하는지에 대한 이유를 기억에 남을 수 있도록 전달해야 한다. 이러한 목적을 달성하기 위해서는 우선 전달하고자 하는 메시지가 차별적이고 전달방식이 특이하여야 한다.

여기에서 브랜드 인지도는 세 가지 다른 차원에서 구성되어 있다. 브랜드 인식 피라미드에서 가장 낮은 개념인 보조 인지(brand recognition)는 어떤 제품 부류내 여러 가지 브랜드 네임이 주어진 상태에서 그 브랜드 네임을 이전에 들어 본 적이 있는 경우에 해당된다. 비보조 상기(brand recall)는 소비자가 한 제품부류에서 생각나는 브랜드를 자유롭게 열거하는 것을 뜻하며, 비보조 상기에서 제일 먼저 상기된 브랜드를 최초 상기(top of mind) 브랜드라고 한다. 이 최초 상기 브랜드는 여러 브랜드들과의 경쟁에서 경쟁우위를 가지고 있으며, 소비자의 마음속에 특별한 위치를 점하고 있다(Aaker, 1991). 이러한 브랜드 인지도는 브랜드 친밀성과 유관하며 브랜드 사용, 광고 등을 통해 소비자들의 경험이 축적되면 브랜드의 재인과 상기 능력을 증가시켜 준다.

브랜드 인지도는 소비자의 의사결정에서 다음과 같은 중요한 역할을 한다.

첫째, 소비자들이 제품목록을 생각할 때 그 브랜드를 생각한다는 것은 중요하다. 브랜드 인지도를 떠올리게 하는 것은 그 브랜드가 고려대상으로 될 가능성이 증가한다는 의미이며, 구매의 중요한 고려대상이 된다는 점이다.

둘째, 고려대상의 브랜드 집합에서 브랜드 결정에 영향을 미친다는 것이다. 소비자들은 오직 친밀하고 잘 구축된 브랜드를 선택하게 된다.

셋째, 높은 브랜드 인지도에서 야기되는 브랜드 연상은 품질과 몰입의 신호가 될 수 있고, 구매자들이 브랜드에 대한 선호할 만한 행동을 이끌어내는 구매시점에서 브랜드를 고려하는데 도움이 될 수 있기 때문에 브랜드 자산에 긍정적으로 관련된다(Yoo · Donthu · Lee, 2000).

2) 브랜드 연상 이미지

브랜드 이미지는 제품속성, 소비자 편익, 브랜드 개성 등으로 구성되어 있다. 이것은 브랜드 이미지를 특정 브랜드에 대해 갖는 모든 연상들을 포함하는 포괄적인 것으로 간주하고 있다. 브랜드 이미지(brand image)란 "소비자가 그 브랜드에 대해 갖는 전체적인 인상"을 뜻한다. 브랜드 이미지는 브랜드와 관련된 여러 의미를 지니고 조직화된 연상(association)들이 결합되어 형성된다. 브랜드 이미지는 달리 소비자가 그 브랜드에 대해 형성하고 있는 일련의 조직화된 지각을 의미하기도 한다. 소비자는 심리적 표상(representation)을 이용해서 한 브랜드를 다른 브랜드와 구분하며, 또 이를 구매행동의 근거로 삼기 때문에 브랜드 이미지는 중요하다. 브랜드 이미지는 제조업자의 이미지, 제품의 이미지, 사용자의 이미지, 경쟁하는 브랜드의 이미지로 구성되어 있으며, 그렇게 형성된 브랜드의 이미지는 브랜드 자산에 영향을 미칠 것이다. 따라서 브랜드 이미지는 소비자가 해당 제품을 구입하는 기준임과 동시에 감각기관을 통해 입력되는 여러 가지 정보를 여과하는 기능을 한다. 더욱이 소비자가 인식한 브랜드 이미지는 브랜드 자산에 영향을 미쳐 소비자가 지속적으로 그 브랜드를 선택하도록 하는 역할을 한다.

한편, 브랜드 연상(brand association)은 브랜드와 연계시킨 기억속의 '그 무엇' 이다. 연상은 존재할 뿐만 아니라 연상이 가지고 있는 강도의 수준도 각기 다르다. 브랜드에 대한 연상의 연결은 많은 경험 혹은 의사전달 매체의 노출에 기반을 둘 때 더욱 더 강력해지며, 연상은 다른 연상들에 의해 연결이 될 때 더욱 강렬해질 것이다(Aaker, 1991). 즉, 높은 자산의 브랜드는 독특하고(unique) 다른 브랜드보다 더 뛰어남을 의미하는, 또한 강력하게(strong) 유지되고 호의적으로(favorable) 평가되는 연상들을 갖고 있는 것이다(Keller, 1993). 브랜드 연상들은 브랜드 네임, 상징, 그리고 슬로건 등을 중심으로 상품속성, 소비자 혜택, 상대적인 가격, 사용 및 적용법, 사용자 및 소비자, 라이프스타일이나 개성, 제품 종류, 경쟁자들, 그리고 국가 및 지리적 범위까지 매우 다양하다.

브랜드 연상의 차원을 보다 구체적으로 구분하면, 기능적·상징적·경험적 이미지로 구분할 수 있다(Aaker, 1996; Keller, 1993). 첫째, 기능적 이미지는 품질인식, 문제해결 능력, 경제적 효용성과 같이 주로 브랜드의 기능적 속성에 대한 연상차원을 의미한다. 둘째, 상징적 이미지는 브랜드의 개성 표현, 사회적 위상 및 집단소속감, 또는 자아 이미지의 향상과 같이 주로 브랜드의 상징적 속성에 대한 연상차원을 의미한다. 그리고 셋째, 경험적 이미지는 감각적 즐거움, 지적 자극, 다양성 및 새로움에 대한 추구 등과 같이 주로 브랜드의 사용과정에서 기대되는 다양한 감성적 경험에 대한 연상차원을 뜻한다.

3) 지각된 품질

소비자들의 지각된 품질에 대한 인식은 브랜드에 대한 눈에 보이지 않는 전반적인 감정으로서, 브랜드에 따라다니는 거래의 신뢰성과 성능 등 제품의 특성을 포함한 내면적 차원에 기초하고 있으며, 이는 어디까지나 하나의 종합적이고 전반적인 구성개념을 의미한다(Aaker, 1991). 지각된 품질(perceived quality)이란 "제품이나 서비스가 원래 의도하는 바에 따라 고객이 갖고 있는 전반적인 품질이나 우수성에 대한 지각" 또는 소비자들이 인식하고 있는 특정 브랜드에 대한 전반적인 품질수준을 말한다(Keller, 1993). 그런데 Aaker and Keller(1990)는 브랜드의 지각된 품질을 특정 브랜드에 대한 태도라는 맥락에서 접근하고 있다. 브랜드에 대한 태도는 특정한 속성들에 근거한 것일 수도 있지만, 이러한 속성들이 반영하지 못하는 감정적인 측면들에 의한 것일 수도 있다고 주장한다.

따라서 소비자들이 특정 제품에 대하여 지각하고 있는 품질은 고객의 지각이나 평가에 관련되기 때문에 반드시 객관적으로 결정될 수는 없다. Garvin(1987)은 지각된 품질을 브랜드, 제품 이미지, 광고 등에 의한 간접적인 평가 측면에서의 품질로서 소비자 각자가 느끼는 주관적인 품질이라고 주장하였다. Zeithamal(1988)은 관련 연구를 고찰하여 지각된 품질을 제품의 전반적인 우월성 혹은 우수성에 대한 소비자의 평가라고 정의하였으며, 지각된 품질은 객관적 또는 실제제품과는 차이가 나타날 수 있고, 특정한 제품속성보다 더욱 추상적인 개념이며, 어떤 경우에는 태도와 유사한 전반적인 추정치라고 하였다.

이러한 품질인식에는 브랜드의 제품사양에 대한 정보 이외에도 광고의 양, 브랜드 이름, 가격 등 브랜드와 연관된 외적 정보들이 소비자들의 특정 제품에 대하여 지각하고 있는 품질에 영향을 준다(Aaker, 1991). 특히 지각된 품질은 구매결정과 브랜드 충성도에 직접적인 영향을 미치게 된다. 또한 제품의 품질이 좋게 인식되고 있을 때는 고가격(skimming price) 및 프리미엄 가격정책을 실행할 수 있으며, 이를 통하여 브랜드 자산에 영향을 미치게 된다.

4) 브랜드 충성도

브랜드 충성도(brand loyalty)란 특정 브랜드에 대한 소비자들의 애착 정도를 말한다(Aaker, 1991). 충성도가 높은 브랜드는 안정적인 시장을 제공해줄 뿐만 아니라 경쟁사의 시장진입을 억제하는 힘을 가진다. 이런 브랜드 충성도는 사용경험과 밀접한 관련이 있기 때문에 본질적으로 브랜드 자산의 다른 요소와는 차이가 있다. 즉, 브랜드 충성도는 사전구매나 사용경험 없이는 존재할 수 없다.

Oliver(1999)는 브랜드 충성도를, 전환행동을 야기하기 위한 잠재력을 가진 상황적 영향력과 마케팅 노력에도 불구하고 반복적인 동일한 브랜드나 동일한 브랜드 형태를 구매하게끔 하는 것 때문에 미래에 일관적으로 제품 혹은 서비스를 재구매 혹은 충성도를 강화하는데 대한 몰입과 같이 정의하고 있다. 이러한 정의는 행동적인 것과 태도적인 것의 두 가지 개념에 관한 이전 연구들에서 기술된 브랜드 충성도의 두 가지 다른 측면들을 강조하고 있다

Chaudhuri(1999)는 브랜드 충성도와 브랜드 태도가 브랜드 자산의 수치적 결과인 상품가격이나 시장점유율에 영향을 미치는 선행변수임을 검정하였고, 또한 브랜드 태도가 브랜드 충성도의 선행변수이자 두 개념은 구별되는 별개의 개념이라고 주장하였다. 그는 브랜드 태도를 호감도와 즐거움으로 측정하고 브랜드 충성도는 몰입과 추천의도로 측정하였다. 즉, 브랜드 태도와 브랜드 충성도는 브랜드 자산의 잠재력(potential)이라고 평가할 수 있다.

브랜드 충성도에 의한 고객의 재구매 행위는 가장 저렴한 수익확보 방법이다. 따라서 브랜드 충성도가 높을수록 마케팅 비용을 절감하면서 높은 수익을 창출할 수 있으며, 경쟁사의 시장진입을 막는 장벽의 역할을 수행한다.

이처럼 브랜드 충성도는 브랜드의 가격이나 특징을 변화시켰을 때 고객들의 전환 가능성을 예측할 수 있다. 또한 브랜드 충성도를 높임으로써 경쟁자의 공격에 대비하여 고객을 방어할 수 있다. 요컨대 브랜드 충성도는 장래의 이익과 밀접한 관계가 있는 브랜드 자산의 중요한 성과지표인 셈이다.

지금까지 브랜드 자산에 대해 논의된 브랜드 자산의 구성요소 또는 속성들에 관한 선행연구들을 정리하면 다음 〈표 3-3〉과 같다.

한편, 기업은 브랜드 자산의 구축과 강화를 위해 다양한 브랜드 요소들을 선택하고 이들을 조화시켜야 하는데, 중요한 브랜드 구성요소로는 브랜드명, 로고, 심벌, 캐릭터, 슬로건, 패키지 등이 있다. 마케터는 브랜드

〈표 3-3〉 브랜드 자산의 구성요소에 관한 선행연구

연구자	브랜드 자산의 구성요소
Aaker(1991), Aaker(1996), Aaker and Joachimsthaler(2000)	브랜드 인지, 지각된 품질, 브랜드 연상, 브랜드 충성도, (기타의 독점적 브랜드 자산)
Keller(1993)	브랜드 인지, 브랜드 이미지
Kirman and Zeithaml(1993)	지각된 품질, 지각된 가치, 브랜드 태도, 브랜드 이미지
Cobb-Walgren, Ruble and Donthu(1995)	브랜드 인지, 브랜드 이미지, 지각된 품질
Na,Marshall and Keller(1999)	브랜드 파워 인지, 브랜드 이미지 파워, 만족도, 충성도
김태우(2000)	브랜드 인지, 브랜드 이미지, 브랜드 선호도, 브랜드 충성도
하영원 외(2001)	인지도 파워, 기능적 파워, 이미지 파워

구성요소를 선택함에 있어 브랜드 자산의 구축에 기여하는 지를 가장 우선적으로 고려해야 한다. 즉, 각각의 브랜드 요소는 브랜드 인지도를 향상시키고, 강력하며, 호의적이면서도 독특한 브랜드 연상을 형성·강화하는데 기여할 수 있어야 하는 것이다. 일반적으로 기업은 브랜드 요소를 선택함에 있어 다음과 같이 ① 기억 용이성, ② 유의미성, ③ 전이성, ④ 적응가능성, ⑤ 보호 가능성의 5가지 평가기준을 고려한다.

첫째, 기억 용이성(memorability)은 브랜드 자산을 구축하기 위해서 우선적으로 높은 수준의 브랜드 인지도를 획득해야 하는데, 이를 위해 잘 기억될 수 있는 브랜드 요소가 선택되어야 한다. 즉, 구매·소비상황에서 쉽게 눈에 띄거나 잘 회상될 수 있는 브랜드명, 심벌, 로고 등이 선택되어야 할 것이다.

둘째, 유의미성(meaningfulness)은 기업이 브랜드 요소를 갖고 있는 본래의 의미가 브랜드 연상을 형성하는데 도움을 주는지를 고려해야 한다. 브랜드 요소의 유의미성은 제품군의 특성과 같은 일반적 제품정보와 특정의 브랜드 속성·편익과 같은 구체적 정보를 어느 정도까지 전달해 주느냐에 의해 판단될 수 있다. 먼저 브랜드 요소는 소비자에게 제품군에 관한 정보를 제공해 줄 수 있어야 한다. 즉, 브랜드 요소에 접한 소비자가 그 브랜드가 어떤 제품인지를 쉽고 정확하게 알아볼 수 있고, 해당 제품으로부터 소비자가 기대하는 것(제품속성과 편익)을 브랜드 요소가 잘 전달할 수 있어야 한다. 다음으로 브랜드 요소는 제품의 구체적 특징을 잘 전달해 주어야 한다. 즉, 중요한 제품속성과 편익을 전달하거나 그 브랜드를 이용한 소비자의 유형을 제시해 주는 브랜드 요소를 선택하는 것이 바람직하다.

셋째, 전이성(transferability)은 브랜드 요소가 다른 국가나 문화권으로 제품의 지리적 범위를 확대하거나 혹은 동일 제품군이나 다른 제품군으로 기존 브랜드를 확장하는데 기여할 수 있어야 한다. 즉, 브랜드명, 슬로건, 패키지 등은 다른 언어권이나 문화권으로 쉽게 그 의미가 이전되거나 이들에 의해 구축된 브랜드 자산이 라인 확장(line extension) 등에 유용하게 활용될 수 있어야 한다.

넷째, 적응 가능성(adaptability)은 브랜드 요소가 시장환경의 변화에 유연성있게 적응할 수 있어야 한다. 로고, 캐릭터 등의 브랜드 요소는 시간경과에 따라 항상 새롭고 현대적인 느낌을 주도록 유연성있게 변경될 수 있어야 한다.

다섯째, 보호 가능성(protectability)은 기업이 경쟁사들의 침해로부터 법적인 보호를 받을 수 있는 브랜드 요소를 선택해야 한다.

이하에서는 브랜드 정체성(identity)을 구현하는 두 가지 중요한 브랜드 구성요소인 브랜드명과 로고 및 심벌에 대해서만 자세히 설명하기로 한다.[2)]

(2) 브랜드의 특성과 전략

1) 브랜드명

브랜드명은 그 브랜드가 무엇이고 무엇을 할 수 있는지를 소비자에게 외적으로 보여 주는 수단이다. 브랜드명은 브랜드의 특성을 외적으로 표현하는 기능을 수행할 뿐만 아니라 제품품질, 지위 상징(status symbol) 등 보이지 않는 부분까지 전달한다. 전 세계적으로 잘 알려진 브랜드명인 롤렉스(Rolex)와 롤스로이스(Rolls Royce)는 최고의 품질은 물론 사용자의 지위를 나타낸다. 이처럼 브랜드명은 브랜드 개념을 표현하는데 핵심적인 역할을 한다는 점에서 브랜드 아이덴티티의 형성에 있어서 가장 강력한 원천의 하나이다.

일단 시장기반이 구축된 브랜드명은 강력한 브랜드 자산이 되어 새로운 경쟁 브랜드들의 시장진입을 저지하는 역할을 한다. 오늘날처럼 매일 수많은 경쟁 브랜드들이 쏟아져 나오는 상황에서 자사 브랜드를 소비자들에게 차별화시키고 그 제품을 구매할 수 있도록 하는데 브랜드명이 큰 영향을 미친다. SUNKIST, Dole, Washington Apple, Welch's, Del Monte, 이스라엘의 Carmel, 뉴질랜드의 ENZA, Zespri 그리고 Sony, Kodak, Samsung, 박카스, 진로 등과 같은 브랜드명이 갖는 브랜드 파워를 생각하면 브랜드 아이덴티티 형성에 있어서 브랜드명의 중요성을 이해할 수 있을 것이다.

브랜드명의 개발은 브랜드의 성공에 매우 중요하기 때문에 브랜드명의 선택과정은 체계적이면서 객관적이어야 한다. 브랜드명의 개발과정은 여

---

2) 안광호 · 한상만 · 전성률(2003), 『전략적 브랜드관리』, 학현사, pp.22-28.

섯 단계로 나누어진다.

첫 번째 단계는 브랜드명 선정에 이용될 기준들을 정하는 일이다. 좋은 브랜드명이 되기 위해서는 다음과 같은 조건들이 충족되는 것이 바람직하다.

① 브랜드명은 제품내용과 조화가 이루어져야 하며, 경쟁사 제품과 차별화될 수 있어야 한다. 상품명은 제품과 잘 어울려야 한다. 즉, 브랜드명은 시각적 및 언어적(verbally)으로 제품과 잘 어울리고 매력적이어야 한다. 가령, '풀무원' 이라는 브랜드명은 생산되는 제품이 자연식품들이라는 사실을 암시하며, 경쟁이 치열한 식품업계에서 경쟁자와 쉽게 차별화될 수 있다는 이점이다.

② 제품의 기능이나 편익을 잘 전달할 수 있어야 한다. 구강청정제 '가그린', 샴푸와 린스 공용의 '하나로', 농축세제 '한스푼' 등과 같은 브랜드명은 제품의 기능이나 편익을 잘 묘사하므로 소비자들이 브랜드명을 인지하기 용이할 것이다.

③ 기억하기 용이하고 발음하기 쉬워야 한다. 일반적으로 관심을 끌 만큼 특이한 이름이거나(Charlie 향수, Guess 청바지, Kodak 필름), 시각적인 이미지를 연상시키는 단어이거나(Apple 컴퓨터, Polo 티셔츠, Walkman 카세트 플레이어), 어떤 감정을 유발하는 단어이거나(Joy 향수, Obsession 향수), 짧고 단순한 단어(International Business Machine보다는 IBM, Coca Cola보다는 Coke가 기억하기 쉬움)일수록 기억하기 쉽다고 한다.

④ 부정적인 연상을 유발하지 않아야 한다. 브랜드명이 주는 부정적 이미지는 특히 기업이 세계시장을 무대로 사업을 할 때 문제가 된다. 즉 브랜드명이 자국(自國) 내에서는 좋은 의미의 단어이지만, 다른 나라에서는 부정적인 이미지를 연상시키거나 욕이 될 수 있다. 가령, 미국산 자동차 'NOVA' 와 'Matador' 등을 들 수 있는데, 전자의 경우에는 스페인어로

'가지 않음' 으로 들리고, 후자는 스페인어로 '살인자' 로 통하므로 스페인어 계통에서는 아무리 멋진 광고를 해도 자동차의 브랜드로서는 적합하지 않는 경우이다. 따라서 세계적인 다국적기업은 각 나라의 언어 및 문화적 요소 등을 고려하여 기업명이나 브랜드명을 선정하고 있다.

두 번째 단계는 실제로 브랜드명 대안들을 고안해 내는 것이다. 브랜드명 대안들을 창출해 내는 방법들 중 가장 흔히 이용되는 것이 브레인 스토밍(brain storming)인데, 이는 많은 사람들로부터 가능한 한 많은 브랜드명을 고안해 내도록 하는 방법이다. 참석자들은 하나의 키워드와 관련하여 연상되는 단어들을 돌아가면서 자유롭게 이야기한다. 이 때 참석자들은 다른 사람들의 제안이나 의견에 대해 비평하거나 평가해서는 안된다. 기업들이 이용하는 다른 방법들 중에는 소비자들에게 제품을 보여 주고 적절한 브랜드명을 만들어 보도록 요구하거나 단어연상기법 등을 이용하는 것이 있다. 단어연상기법은 소비자들에게 이미 확보된 브랜드명 대안이나 이와 관련된 단어를 제시하고 그 단어를 보거나 들었을 때 가장 먼저 떠오르는 단어를 적도록 하는 방법이다. 또 다른 방법으로는 컴퓨터를 이용하여 글자를 적절히 조합함으로써 가능한 브랜드 대안들을 만들어 내는 것이다. 가령, 컴팩(Compaq)은 컴퓨터와 커뮤니케이션에서 따온 'com' 과 compact에서 따온 'paq' 을 합성하여 개발된 것이다.

세 번째 단계에서 관리자는 기업의 이미지에 맞지 않는 브랜드명 대안들을 제거하고, 제품에서 기대되는 이미지와 부합될 수 있는 대안들만을 선별한다. 선별된 브랜드 대안들은 소비자 의견을 조사하는 네 번째 단계로 넘어가게 된다. 소비자 의견조사는 표적시장 소비자들을 대상으로 이루어지며, 이들로부터 각 브랜드명 대안에 대한 소비자 의견, 이해도, 지각, 선호도 등을 조사하게 된다. 가령, 고객의견 조사에 포함될 수 있는 구체적인 질문사항들은 다음과 같다.

① 단어연상 : 브랜드명 대안들 중에 바람직하지 않은 연상을 불러일으키는 것이 있는지를 확인한다.

② 기억력 측정 : 일정한 수의 브랜드명 대안들을 제시하고, 일정한 시간이 경과한 후 그들이 기억할 수 있는 브랜드명을 적도록 한다.

③ 브랜드의 평가 : 각 브랜드명 대안이 중요한 제품속성의 평가에 미치는 영향을 검토한다.

④ 브랜드 선호도의 측정 : 각 브랜드명 대안에 대한 선호도를 조사한다.

테스트를 통과한 브랜드명 대안들에 대해 다섯 번째 단계에서 트레이드마크 등록 여부를 조사하게 된다. 이 단계는 기업이 브랜드 대안들을 법적으로 사용할 수 있는지에 대한 확인과정인 것이다. 기업이 선택한 브랜드명이 아무리 매력적이더라도 단순히 제품의 특성을 묘사하는 브랜드명만으로는 법적 보호를 받을 수 없다. 그러므로 브랜드 관리자는 넷째 및 다섯째 단계를 탄력성있게 운용할 수 있다. 즉 소비자 테스트를 실시하기 전에 등록 여부에 대한 조사를 먼저 수행함으로써 자사가 독점적으로 사용할 수 있는 브랜드명 대안들만을 선별하는 것이다.

최종단계에서 경영자는 브랜드명에서 얻고자 하는 여러 목표들을 고려하여 이에 가장 부합되는 브랜드명을 선택하게 된다.

2) 로고와 심벌

로고와 심벌은 기업명이나 브랜드명, 혹은 이들의 특징을 시각적으로 보여 주기 위해 사용된다. 심벌은 워드마크(word mark : 가령 특정의 디자인으로 표시된 기업명이나 브랜드명)가 아닌 로고를 말한다. 시각적 브랜드 요소인 로고와 심벌은 다음과 같이 브랜드 자산을 창출하는데 중요한 역할을 수행한다.

첫째, 로고와 심벌은 브랜드 인지도를 높이는데 중요한 역할을 한다. 일반적으로 사람들은 그림이나 사진(즉, 로고와 심벌)을 단어(브랜드명)보다 더 잘 기억하는 경향이 있다고 한다. 따라서 로고와 심벌은 쉽게 인지되고 경쟁제품들과 구별하게 하는 주요 수단이 된다.

둘째, 심벌은 브랜드와 관련된 풍부한 연상을 불러일으키는데 도움을 준다. 가령, Prudential 보험회사의 심벌인 Gibraltar해협의 바위는 강인함, 안정성, 역경의 극복 등을 의미하는데, 이러한 심벌이 없었더라면 소비자들에게 브랜드 이미지 연상을 심는데 어려움이 있었을 것이다. 차별화가 어려운 서비스 분야(특히 은행업의 경우)의 잘 개발된 심벌이 브랜드 자산 구축에 기여한 사례가 흔히 있다. Well Fargo은행의 심벌인 '역마차' 를 대표적 예로 들 수 있다. 은행을 대상으로 한 연구에 의하면, 소비자들은 각 은행에 대해 돈, 저축, 당좌예금, 은행원 등의 비슷한 연상을 떠올리는 것으로 나타났다. 이러한 상황에서 Well Fargo은행의 역마차는 브랜드 자산을 창출하는 데 큰 기여를 할 수 있다. 왜냐하면 서부개척시대, 말, gold rush 등을 상징하는 것 이외에 역경의 극복, 모험심, 독립심, 새로운 사회의 건설 등과 같은 바람직한 연상들과 쉽게 연결될 수 있기 때문이다.

셋째, 로고와 심벌은 소비자들에게 긍정적인 느낌을 준다. 이는 특별한 유형의 브랜드 심벌인 캐릭터를 사용하는 경우에 특히 그러하다. 기업은 만화의 주인공(Pillsbury사의 Doughboy와 Jolly Green Giant, Micky Mouse 등)이나 특정의 인물(가령, Marlboro 카우보이)을 심벌로 사용할 수 있다. Metropolitan Life생명보험회사는 1980년대 중반 Charlie Brown이라는 심벌을 도입하여 보험시장에 따뜻하고 호감을 주는 기업 이미지를 개발하는데 성공하였다. 브랜드 캐릭터를 심벌로 사용하는데 있어 마케터는 호감을 주거나 즐거움과 웃음 등과 같이 긍정적인 느낌을 연상시키는 인물이나 만화를 심벌로 사용해야 한다. 왜냐하면 사람들은 특정 대상에 대한 호의적인 감정을 다른 대상에게로 전이시키는 경향이 있기 때문이다.

3) 브랜드 유형과 전략

브랜드는 기업의 입장에서 높은 가격(premium price)을 책정할 수 있도록 해주며, 기업의 순이익에 기여하게 되고, 고객의 충성도(loyalty)를 구축할 수 있으며, 경쟁업체들의 시장진입에 장애요인으로서 중요한 의미를 지니게 한다(박충환, 1997). 즉, 브랜드 자산은 기업의 가치를 결정짓는 매우 중요한 척도임과 동시에 마케팅 및 커뮤니케이션 활동의 성과로 중요한 마케팅의 관리지표가 되고 있다. 브랜드 자산을 고객과 기업의 관점에서 그 중요성을 지적하면 다음과 같다.

먼저, 고객의 관점에서 본 브랜드 자산은 첫째, 브랜드를 부착함으로써 브랜드가 없을 때보다 고객의 선호도가 증가하는 것을 의미한다. 둘째, 브랜드 자산은 브랜드 인지(brand awareness), 브랜드 연상(brand association), 지각된 품질(perceived quality)로 형성되어 있다(Keller, 1993; Cobb-Walgren · Ruble · Donthu, 1995). 다음으로 기업의 관점에서 브랜드 자산은 첫째, 브랜드의 부착으로 브랜드가 없을 때보다 있을 때가 매출액과 이익이 증가하는 것을 뜻한다. 둘째, 브랜드 자산은 기업간의 인수·합병시에 중요한 변수로 작용한다.

한편, 브랜드 기능으로서는 제품의 식별기능, 출처표시 기능, 품질보증 기능, 광고기능, 시장점유율의 유지 및 통제기능, 자산기능 등을 가지고 있다. 이것은 관념적인 구분이며 현실적으로는 여섯 가지 기능이 하나가 되어 커다란 경제적 기능을 발휘하게 됨으로써, 브랜드는 상표권으로서의 재산권을 행사하게 되고 동시에 소비자를 보호하는 작용을 하게 된다.

첫째, 브랜드가 갖는 제품의 식별기능 때문에 소비자는 자기가 원하는 상품이나 서비스를 식별할 수 있으며, 생산자를 표시함으로써 소비자를 보호하는 수단이 되기도 한다. 또한 브랜드는 품질에 대한 거래의 신뢰성 기준이 되며, 유명 브랜드는 소비자에게 어떤 입지나 긍지를 심어 주기도 하며, 생산자에게는 자기가 생산한 상품을 수요자에게 인식시켜 보다 많은 고객을 유인할 수 있게 된다. 가령, 소비자들은 '포카리스웨트'와 '게토레이' 용기의 색깔에서 이미 그 상품을 이해하게 된다.

둘째, 상품의 출처표시 기능은 생산자가 제조·판매하는 상품을 표시 혹은 과시하는 것으로 이 기능에 의해서 생산자는 최종 소비자와 연결될 수도 있으며, 생산자 입장에서는 제품의 구매자가 구입한 제품의 생산자를 인식하고 타제품과 비교할 수 있다. 그리고 타제품보다 우수하다고 판단될 때에는 그만큼 지속적인 구매를 유발해 시장에서 보다 확고한 위치를 차지할 수 있게 한다. 한편, 출처표시란 반드시 제조업자만을 표시하는 것은 아니며, 때에 따라 판매업자나 수입업자를 표시하는 수도 있다. 마찬가지로 앞에서 예를 든 스포츠 이온음료가 어느 회사의 제품인가를 쉽게 이해할 수 있다.

셋째, 상품의 품질보증 기능은 브랜드 사용자의 신용도와 밀접한 관계가 있다. 브랜드의 사용자는 브랜드에 축적된 명성과 신용을 유지하며 더욱 우수한 제품을 공급하고자 노력할 것이다. 따라서 구매자는 동일한 브랜드가 부착된 제품에 대해서는 동일한 품질과 성능을 가진 것으로 기대하게 되므로, 동일 브랜드가 부착된 제품은 적어도 동일한 성능과 품질을 보증하는 것이어야 한다. 이런 의미에서 품질보증 기능은 소비자를 보호하는 작용을 하고 있다. 이러한 예로 제일제당의 '다시다' 브랜드를 들 수 있다.

넷째, 광고기능으로 이는 제품을 소비자에게 알리는 기능을 말한다. 즉 매스미디어를 통해 브랜드 자체를 선전하여 브랜드를 소비자에게 기억시킴으로써 판매촉진을 꾀한다는 것도 가능하다. 이는 대량생산, 대량판매라는 현대의 경제거래에서 커다란 의의를 갖고 있다. 그러므로 오늘날 기업경쟁은 제품의 품질보다도 오히려 브랜드의 광고기능에 의해 수행되고 있다고 해도 과언이 아니다.

다섯째, 시장점유율의 유지 및 통제기능을 갖는다. 소비자촉진의 한 방안으로 특정 기업이 판매하는 제품을 반복해서 구입하는 소비자를 자사의 주위에 집합·고정시킴으로써, 소비자를 기업에 소속시키려는 소비자 계열화전략은 궁극적으로 소비자에게 자사의 브랜드를 수용하게 하거나 이를 인식시켜 소비자의 구매욕구를 자극하여 계속적인 구매를 유발시키는 것이다.

여섯째, 브랜드 자산이란 한 브랜드와 그 브랜드의 이름 및 상징에 관련된 자산과 부채의 총체인데, 이것은 제품이나 서비스가 기업과 그 기업의 고객에게 제공하는 가치를 증가시키거나 감소시키는 역할을 한다. 만일, 브랜드의 이름이나 심벌이 바뀐다면 자산과 부채의 전부 혹은 일부가 영향을 받거나 없어질 수 있기 때문에, 브랜드 자산을 구성하는 자산이나 부채는 브랜드 네임이나 심벌과 연관된 것이어야 한다. 단지 일부만이 새로운 이름이나 상징으로 옮겨질 수 있는 것이다. 브랜드 자산의 근간을 이루고 있는 자산과 부채는 상황에 따라 다른데 이것들은 다섯 가지 범주, 즉 브랜드 충성도, 브랜드 네임의 인지도, 소비자가 인식하는 제품의 질, 브랜드의 연상 이미지, 특허·등록 브랜드·유통관계 등과 같은 기타 독점적 브랜드 자산 등으로 구분된다.

브랜드는 기업 브랜드(corporate brand, 예: 풀무원, 제일제당, 대상, 목우촌, 오뚜기)·공동 브랜드(family brand, 예: 풀무원, 청정원, 해찬들, 다시다)·개별 브랜드(individual brand, 예: 김치, 칼국수, 된장, 고추장)·브랜드 수식어(brand modifier, 예: 기능상 등급을 의미하는 골드, 프리미엄, 로열, 플러스 등의 단어, 전자제품의 모델명이나

'사각사각 사과' 에서 사과와 같이 성분을 의미하는 것)로 이루어지는 계층구조(brand hierarchy)를 취하고 있다. 브랜드의 특징에 있어서 보통 하나의 제품에 기업 브랜드에서 브랜드 수식어에 이르는 계층구조상의 모든 브랜드 이름이 부착되는 경우가 있는 반면에 일부 단계가 생략되는 경우도 있다. 또한 내구재는 구매자들에게 신뢰감을 제공하기 위해 기업 브랜드가 강조되지만 비내구재는 기업 브랜드보다 공동 브랜드나 개별 브랜드가 더 강조되는 경향이 있다.

친환경농산물 마케팅에서 다루고자 하는 다음의 A, B, C, D, E형 브랜드 유형에 대해 크게 분류하면, A형(기업형 브랜드), B형(농협 브랜드) 그리고 E형(유통업체 브랜드)은 기업 브랜드 또는 전국 브랜드(national brand)에 해당되며, D형의 지방자치단체 브랜드는 두 개 이상의 조직이 연합하여 한 가지 브랜드를 공동으로 사용하는 일종의 공동 브랜드 또는 지방 브랜드(local brand)를 뜻한다. 공동 브랜드가 개발되는 큰 목적은 영세한 기업이나 생산자가 브랜드의 개발, 커뮤니케이션, 제품개발 및 생산, 시장개척과 거래처와의 협상 등에서 공동으로 분담하고 대응할 수 있는 이점을 제공하고, 공동 브랜드에 참여한 기업들이 특정의 제품을 생산하는 데 집중함으로써 제품의 특화 및 제품생산의 다양화를 동시에 추구할 수 있어 시장변화에 탄력적으로 대응할 수 있기 때문이다(정형명, 1998).

C형의 농산물 생산업자 브랜드는 개별 브랜드를 추구하며, 대체적으로 유통망을 갖추지 못해 영세하지만 생산자가 소비자의 욕구를 유연성 있게 맞출 수 있을 만큼 기업체에 비해 다품종 소량 생산이라는 맞춤식 경쟁력을 보유하고 있다고 간주할 수 있다. 그러나 엄격히 제품의 소규모 생산을 추구하는 한편으로는 고급 및 차별화 지향의 틈새시장(niche)을 공략하는 기업농형의 개별 브랜드라는 복합형을 취하고 있다고 볼 수 있다. 따라서 여기에서 다루고자 하는 브랜드 및 유통망을 갖춘 체계적 마케팅 능력을

[그림 3-2] 본 연구에서 정의한 브랜드의 유형

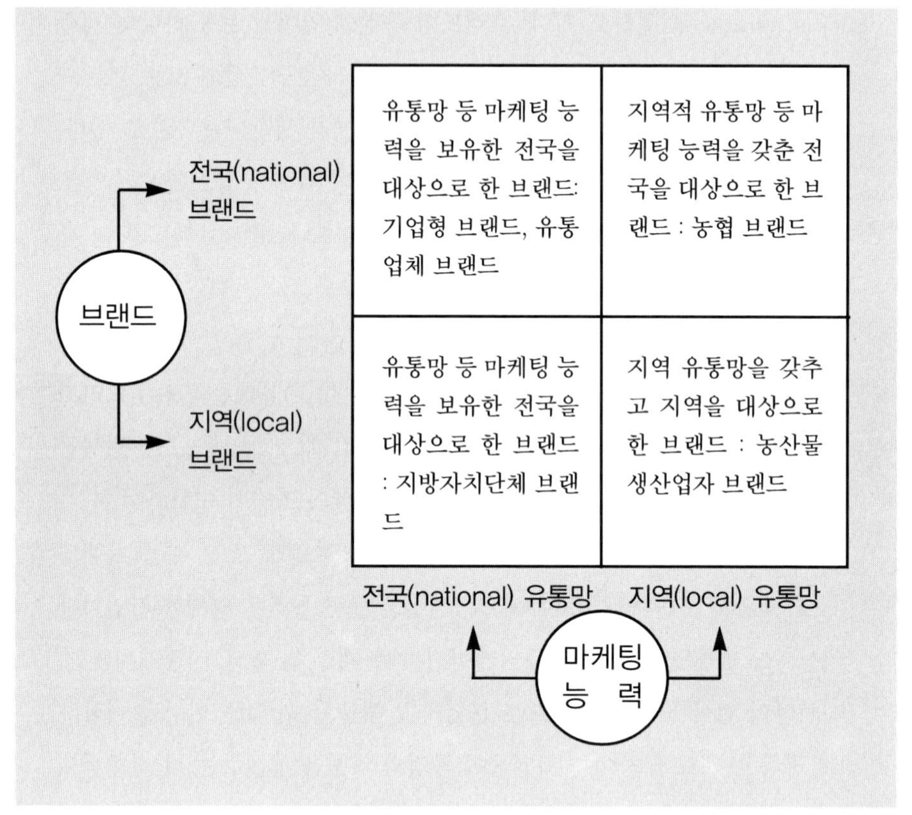

2분법에 의해 도표로 정리하면 [그림 3-2]와 같다.

한편, 브랜드 전략의 유형을 살펴보면 다음과 같다.

첫째, 자사 브랜드 전략이다. 자사 브랜드란 제조기업, 유통기업 그리고 수출기업이 자체적으로 개발한 브랜드를 의미하는데, 기업이 자사 브랜드로 국내외에 판매하기 위해서는 강력한 마케팅 수행능력과 적정수준의 재정규모가 전제되어야 하며, 시장조사에 의한 합리적인 의사결정과 과감하고 지속적인 연구개발(R&D) 투자, 그리고 국내외 마케팅 조직의 확보도 필요하다. 만일 기업의 재무상태가 양호하다면, 연구개발(R&D) 투자, 광고활동, 유통경로관리 그리고 각각의 국내외 지사 또는 지점에 대한 지속적인 투자가 가능해져 자사 브랜드 전략을 사용하게 될 것이다. 또한 최고경영자의 태도가 진취적이고, 투자수익에 대한 장기적인 관점이 지배적이며, 최고경영자가 자사 브랜드의 중요성을 충분히 인식하고 있다면 자사 브랜드 전략을 사용하게 될 것이다.

최근 중소기업을 중심으로 자사제품의 인지도를 높이고 판매량을 확대하기 위한 방안으로 통합공동 브랜드 전략이 대두되고 있는데, 다수 기업이 공동으로 브랜드를 개발하거나 기존 브랜드를 공동으로 사용하는 브랜드 전략을 말한다. 이는 단일기업이 자기 브랜드를 개발할 때 소요되는 막대한 초기 투입비용을 경감하고 실패위험을 최소화하기 위해 여러 중소기업이 참여하여 공동으로 브랜드를 개발·공유하고, 품질·디자인 등에 대한 공동관리를 통해 브랜드 이미지를 부각시키는 브랜드 전략을 의미한다. 또한, 통합공동 브랜드의 도입형태는 유사하거나 동일한 업종에 종사하는 회원들이 조합이나 협회 같은 단체의 명의로 등록받아 소속회원이 공동으로 브랜드를 사용하면서 공동으로 시장을 개척하고 상품을 개발하는 경우와, 대외인지도를 확보한 특정 기업의 브랜드를 품질 및 기술수준에 도달한 다른 기업의 제품에 자사 브랜드를 사용할 수 있도록 라이선스를 제공하고 마케팅 비용을 분담하는 형태로 구분할 수 있다.

둘째로, 많은 기업들이 복수의 제품계열에서 여러 제품들을 생산하고 있으므로 개별 브랜드명과 공동 브랜드명을 조합하여 사용하는 혼합 브랜드명 전략을 채택하기도 한다. 혼합 브랜드명 전략은 다시 제품계열별 공동 브랜드명 전략과 개별 브랜드명·공동 브랜드명 혼용전략으로 나눌 수 있다.

제품계열별 공동 브랜드명 전략은 여러 제품계열들을 생산하는 기업이 각 제품계열에 대해 서로 다른 브랜드명을 부착하고, 각 제품계열 내의 모든 제품들에는 공동 브랜드명을 이용하는 전략이다. 이러한 브랜드명을 채택하는 기업의 예가 바로 미국의 대중백화점인 시어스(Sears) 백화점인데, 시어스는 가족용 내구제품에는 켄모어(Kenmore), 여성의류에는 케리브룩(Kerry brook), 공구류에는 크레프트스맨(Craftsman)이라는 브랜드를 사용한다.

개별 브랜드명과 공동 브랜드명 혼용전략은 소비자에게 이미 친숙한 기업명을 개별 브랜드명들과 결합시키는 브랜드명 전략이다. 가령, 농심은 농심 '신라면', 농심 '안성탕면', 농심 '너구리', 농심 '해물탕'의 경우와 같이 각 제품의 독특성을 반영한 브랜드명과 소비자의 인지도가 높은 기업명을 연계시킴으로써 상승효과를 얻는 브랜드명 전략을 채택하고 있다.

셋째, 주문자 브랜드 전략이다. 이 전략은 제조능력에 우위성을 가진 기업과 판매능력에 우위성을 가진 개별기업이 생산과 판매를 일체화시킴으로써 각자의 경영효율화를 도모하고자 하는 기업전략이다.

여기서 제조능력의 우위라 함은 결코 제조기술면에서 우위를 뜻하는 것이 아니며, 표준화된 기술하에서 제조비용이 낮은 것을 의미한다. 수출기업이 주문자 브랜드 전략을 사용하는 이유는 기업의 가동률을 최대한 높여 완전생산을 이루려는 의도적인 면이 강하기 때문이다. 만일 제품개발 능력이 없는 수출 또는 제조기업의 경우 표준화된 제품을 생산할 수밖에 없다. 이런 경우 생산된 제품에 대한 가격경쟁력이 치열하므로 브랜드 설정으로 인한 이익을 기대하기가 어렵다. 그러므로 주문자 브랜드 전략은 주로 생산활동에 중점을 두고 단기간내 수출의 양적 확대를 꾀하는 기업이 주로 사용한다. 연구개발(R&D) 투자와 해외광고 활동 등에 대한 지속적인 투자가 불가능한 소규모의 기업, 해외시장 진출경험이 없거나 적은 기업, 해외시장에서의 경쟁이 치열한 제품을 생산하는 기업, 대외경쟁력이 취약한 기업들이 사용한다.

이것들을 일목요연하게 정리한 것이 〈표 3-4〉이다.

〈표 3-4〉 브랜드 전략별 장 · 단점 비교

구분	장 점	단 점
자 사 브랜드 전 략	• 제품의 우수성과 광고를 통한 제품에 대한 독점적 포지션 확보 • 소비자의 거래의 신뢰성에 의한 지속적이고 높은 수익 확보 • 브랜드 등록에 따른 자사개발 브랜드의 법적인 보호 가능 • 국제경기 변동시 독자적 대응 가능	• 브랜드 선전, 판매조직 구성, 유통경로 관리에 많은 비용 소요 • 제품판로 선정의 제한 및 시장기회 상실위험 초래 • R&D, 마케팅에 지속적인 투자 필요 • 해외시장에 대한 독자적 정보수립 능력, 기술 및 디자인 개발요구
혼 합 브랜드 전 략	• 브랜드 개발을 위한 막대한 초기 투입비용 절감 · 실패위험 최소화 가능 • 자사 브랜드의 라이선스 제공 가능 • 마케팅 비용의 공동부담 가능 • 소량다품종 제품 요구에 부응 • 생산품목의 전문화 · 수출시장의 자율배분으로 과당경쟁 방지 • OEM · 하청업체가 입게 될 피해 방지 • 독자영역 구축으로 생산성 향상	• 브랜드 선전, 판매조직 구성, 유통경로 관리에 많은 비용 소요 • 제품판로 선정의 제한 및 시장기회 상실위험 초래 • R&D · 마케팅에 지속적인 투자 필요 • 해외시장에 대한 독자적 정보수립 능력, 기술 및 디자인 개발요구 • 참여기업의 품질 및 기술수준의 균질성 확보 필요
주문자 브랜드 전 략	• 시장진입시 추가적인 부담없이 판매력 보완을 통한 수출량 증대 • 대량생산에 의한 생산비용 절감 • 수출 상대국의 수입규제 장벽 활용 • 적은 판매경로 유지비 및 광고 선전비 • 기술과 품질관리의 급성장 • 자사 브랜드 수출보다 작은 위험성	• 선진국의 하청업체화 우려 • 최종소비자 확보 곤란 • 수출채산성의 한계 • 핵심기술 전수의 한계 • 고유 브랜드 개발 지연 • 국제적인 신제품개발 지연 • 해외 마케팅 경험축적의 곤란

* 자료 : 권기대 · 권근원(2005), 『마케팅』, 삼우사, p.267.

(3) 농산물 브랜드에 관한 선행연구

최근 기업의 가치는 눈에 보이지 않는 무형자산에 의해 많이 결정되는데, 특히 브랜드 자산은 이러한 기업의 가치를 높이는 데 결정적인 역할을 한다(이철, 2001). 따라서 소비자들이 제품선택시 제품 자체의 기능적 면보다 브랜드 이미지를 중시하여, 제품보다는 브랜드 자체를 구매하는 브랜드 지향적 구매행동을 보이면서 브랜드 가치는 더욱 강화되었다(Aaker, 1994).

그런데 농산물 생산자 또는 유통업자의 고객중심시대 및 제품차별화 차원에서 소비자의 선호와 충성도를 제고시키기 위해 브랜드를 구축하고 관리하기까지는 상당한 투자와 마케팅 노력이 필요하며, 자본력 및 마케팅 능력이 부족한 개별 중소기업 차원에서 이를 전개하는 것은 쉽지 않는 일이다. 그럼에도 불구하고 농산물시장 개방에 따른 우리나라 농산물의 보호와 판매촉진을 강화하는 차원에서 농림부가 지방자치단체를 통해 농산물 브랜드 사용현황을 조사한 결과 브랜드 수는 〈표 3-5〉에서 보듯이 2000년말 4,701개에서 2002년말 국내 농·축산물 브랜드는 총 4,955개로 5.4% 이상 증가한 것으로 나타났다. 이 중 다수의 출하조직이 공동으로 사

〈표 3-5〉 농산물 브랜드 총괄 현황

구분	공동 브랜드		개별 브랜드		합계		
	2000년 (%)	2002년 (%)	2000년 (%)	2002년 (%)	2000년 (%)	2002년 (%)	증감 %
등록	310건	572건	933건	1,168건	1,243건 (26.4%)	1,740건 (35.1%)	40
미등록	309건	394건	3,169건	2,821건	3,478건 (73.68%)	3,215건 (64.9%)	△7.6%
계	619 (13.2%)	394 (19.5%)	4,082 (86.8%)	3,989건 (80.5%)	4,701건 (100.0%)	4,955건 (100%)	54%

용하는 공동 브랜드 수는 619개(13.2%)에서 2002년 966개(19.5%)로 크게 증가하였으며, 특허청에 등록된 브랜드 수는 2000년 1,243개(26.4%)에서 2002년 1,740개(35.1%)로 증가한 것으로 조사되었다. 2000년 조사결과와 대비하여 볼 때 총 브랜드 5.4%, 공동 브랜드 56.1%, 등록 브랜드 40.0%가 증가한 것으로 나타났다. 이는 해외 농·축산물의 수입확대와 국내 농·축산물간 경쟁심화로 지방자치단체 또는 생산자조직을 중심으로 차별화된 농·축산물 브랜드 개발과 마케팅 전략이 활발해지고 있음을 보여 주는 것이라고 하겠다(정해랑, 2000, p.35).

따라서 최근에 이르러 WTO 출범과 더불어 농산물시장 개방에 따른 생산자들의 보호와 농산물의 차별화를 추구하는 맥락에서 농산물의 지역 브랜드화와 마케팅 전략개발에 관한 실증적 연구가 시도되어 주목을 끌었다(이병오·고종태, 1999). 다음으로 경기지역 쌀 브랜드 및 차별화와 소비자 기호도 등 유통실태를 조사분석한 연구가 이어졌으며(이원우·정구현·유병서, 2000), 우리나라에 앞서 1991년 쇠고기 시장이 개방된 일본의 축산물 브랜드화의 현황과 특징 그리고 전략에 관한 연구가 발표되었다(연규영·이병호, 2001). 또한 우리나라의 브랜드 쌀 생산 및 이용현황(최해춘, 2002)과 한국과 주요 벼 생산국에서 유통되는 브랜드 쌀의 외관특성(김재현·이정일·강희경·손종록·김제규, 2002) 연구가 이어졌다. 그리고 2002년 같은 해에 신선육 브랜드 소비촉진전략(한성일·최승철, 2002)과 한우 브랜드 농가의 경영효율성 분석(김석은·연규영·신해식·류제창, 2002)이 발표되었다.

최근에 이르러서 농·축산물 브랜드화의 개선방안에 관한 연구로 농·축산물 브랜드의 현황과 문제점을 지적하고, 농·축산물 브랜드에 대한 소비자 설문분석을 통한 개선방안을 종합적으로 제시되었다(이정희, 2003).

3. 고객가치

(1) 가치의 개념

가치는 인간의 행동에 영향을 미친다는 측면에서 가치란 의견, 신념, 태도, 흥미 등 보다 포괄적인 개념으로 정의되며, 인간의 동일한 행동을 평가하면서도 다른 관점에서 평가할 수 있는 인간의 근본적이고 광범위한 개념으로 생각할 수 있다. 또한 이들 상호간에는 '의견 → 신념 → 태도 → 흥미 → 가치'와 같은 계층적 구조가 구성되어 있어서, 가치를 인간행동 결정의 최상위 개념으로 분류하고 있다. 인간의 가치는 개인과 사회의 중심에 있는 개념으로서 사회학적으로는 인간 상호작용의 관계이며, 심리학적으로는 사회적인 요구에 대응한 인간자신의 의지의 표현이다. 특히 가치는 도덕과 자격의 조건을 창조하고 평가하며, 사회적 상호작용을 안내하고 신념과 태도 그리고 행동을 합리화하는 데 도움을 준다. 가치는 사회의 일원으로 해야만 하는 것과 해서는 안 되는 것과 같은 신념의 체계이며, 구성원들 사이에 널리 공유하고 있는 개념으로 구성원간의 의사소통 및 개인행동에 영향을 주는 요인이므로 인간의 표준적인 행동에 영향을 주는 것이다.[3]

소비자 행동과 관련하여 Peter and Olson(1990)은 가치를 소비자들이 달성하려는 가장 기본적이고 근본적인 욕구와 목표의 인지적 표현이라고 하였다. 즉, 가치는 소비자가 자신의 생애에서 달성하고자 하는 중요한 최종 상태에 대한 정신적 표현이라는 것이다. 또한, 인지적 표현 혹은 가치란 기능적 혜택이나 사회심리적 혜택보다 추상적이며, 가치만족은 매우 주관

---

3) 전주형(1996),「여행업의 서비스품질 평가에 관한 연구」, 경기대학교 박사학위논문.

적이며 무형적이고 상징적인 의미를 포함하는 경향이 있다고 하였다.[4)]

이러한 고객의 가치기준의 변화에 대해 미리 인식하고 적응하지 못한 기업은 오늘날 큰 시련을 겪고 있다. 1980년대 서비스산업의 거인이었던 아메리칸 익스프레스(American Express)사는 고급 카드회사로서의 포지셔닝이 1980년대와 달리 1990년대에는 효과적이지 못하리라는 것을 예측하지 못했다. 고급 카드회사로서의 포지셔닝에서 아메리칸 익스프레스를 능가할 만한 경쟁자가 없었던 것이 사실이다. 그러나 경쟁 카드사들은 적게 받고 많은 것을 줌으로써 가치시대에 걸맞는 새로운 포지셔닝을 창출해 냈다. 이런 이유로 1980년대 카드업계에서 영웅이었던 James Robinson 회장이 물러나는 불상사를 겪게 되었다.[5)]

Perkins and Reynolds(1988)는 가치관이 소비자행동 특히 TV 시청습관, 소비자 의사결정 기준, 점포선택, 소비자의 제품선택, 혁신제품에 대하 소비자 반응, 섬유류 소비패턴, 제품선호 경향 등에 큰 영향이 있는 것으로 주장하고 있다.[6)] 이와 같은 연구들의 대부분은 대인의 가치관과 특정 소비자행동의 관계성을 탐색한 것으로 Rokeach(1973)의 연구에 많은 영향을 받고 있다. Rokeach는 가치를 추상적인 정도에 따라 수단적 가치(instrumental value)와 최종가치(terminal value)로 구분하고 있다. 수단적 가치는 개인에 의해 선호되는 행위방식이나 행동양상을 의미하며, 최종가치는 수단적 가치보다 더 추상적인 목표의 표현이며, 이는 소비자가 인생에서

4) P. J. Peter and J. C. Olson(1990), *Consumer Behavior and Marketing Strategy*, Homewood, Illinois: Irwin, pp. 45-60.

5) Zeithaml and M. J. Bitner(1996), *Service Marketing*, New York: McGraw-Hill Book Company, pp. 54-75.

6) W. S. Perkin and T. J. Reynolds(1988), "the Explanatory Power of Values in Preference Judgement: Validation of the Means-End Perspective," *Advances Consumer Research*, 15, pp. 122-126.

궁극적으로 달성하고자 하는 목표를 의미한다. 이러한 가치의 내면적 본질은 다음과 같이 요약된다.[7)]

첫째, 가치는 지속적이다. 가치는 변화할 수 있지만, 천천히 변하며 지속성을 가지고 있다고 할 수 있다. 둘째, 가치는 하나의 신념이다. 가치는 규범적 또는 제약적 신념의 일종으로 어떤 수단이나 행동의 결과가 사회적으로나 개인적으로 바람직한가의 여부를 판단할 준거기준이 된다. 셋째, 가치는 행동의 양식이나 존재의 최종상태를 나타낸다. 넷째, 가치는 선호의 개념을 가지고 있다. 이러한 선호의 개념은 행동의 수단, 양식 및 그 목적을 선택하는 데 영향을 주게 된다. 다섯째, 가치는 어떤 대상을 개인적으로나 사회적으로 선호하는 개념이다. 즉, 가치는 개인적으로나 사회적으로 그 적용대상에 있어 차별적이다. 예를 들어, 어떤 것이 어른들에게는 적용가능하지만 미성년자에게는 적용이 불가능하다든지, 나에게는 가능하지만 타인에게는 불가능하거나 그 반대일 수도 있다. 그러므로 가치는 개인이나 사회적으로 적용대상의 차별에 있어 이중적 또는 복수적 표준이 될 수 있는 것이다.

Sheth · Newman · Gross(1991)는 가치를 다음과 같은 다섯 가지 차원으로 구분하고 있다.[8)]: ① 제품의 품질을 기능, 가격, 서비스 등과 같은 실용성 또는 물리적 기능과 관련된 기능적 가치(functional value), ② 제품을 소비하는 사회계층 집단과 관련된 사회적 가치(social value), ③ 제품의 소비에 의해 긍정적 또는 부정적 감정 등의 유발과 관련된 정서적 가치(emotional value), ④ 제품소비의 특정 상황과 관련된 상황적 가치(conditional value), ⑤

7) M. Rokeach(1973), *The Nature of Human Value*, New York: The Free Press, pp. 101-123.

8) J. N. Sheth, B. I. Newman and B. L. Gross(1991), *Consumption Values and Marker Choice: Theory and Applications*, South-Western Publishing Company, pp. 21-22.

제품소비를 자극하는 새로운 호기심 등과 관련된 지식적 또는 인식적 가치(epistemic value)들로 구성되어 있다. 이들은 이상의 다섯 가지 가치가 시장선택의 가장 커다란 영향요인이 될 수 있음을 시사하고 있다. 이러한 소비가치에 대한 분류는 지금까지의 가치연구를 종합하여, 특히 소비와 관련된 가치만을 정리하였다는데 그 의의가 있지만, 특정상의 어려움과 각 소비가치가 명확히 구분되지 않는다는 단점도 가지고 있다. 이것은 소비자의 가치를 측정하는 어떠한 방법도 아직까지는 완벽하지 못하다는 것을 뜻한다. 이처럼 가치는 유형제품의 경우 제품과 관련된 속성, 혜택과 가치를 연결시키는 계층적 구조화에 따른 시장세분화 등의 마케팅 전략적 관점에서의 접근이 이루어졌으며, 많은 기업들이 고객에게 가치는 정형화되어 있는 것이 아니며, 고객이 다르면 제공되는 가치도 달라져야 한다는 의미로 해석해 볼 수 있다. 또한 가치는 서비스 분야에서 서비스 품질, 소비자만족, 서비스 가치, 재구매 의도, 구전효과 사이의 인과관계 혹은 관련성 규명의 관점에서 접근이 시도되었으며, 최근에 이르러 점차 그 영역이 확대되고 있다.

(2) 고객가치의 개념

고객가치(customer value)에 대한 정의는 다양하다.

Holbrook(1994)는 고객가치의 창출이 모든 마케팅 활동에 가장 근본임을 강조하면서 소비가치의 개념을 재정립하였다. 고객가치는 가치창출이나 소비경험을 유발하는 제품(농산물)이나 서비스와의 상호작용에 의한 교환활동에서 형성된다고 설명하였다. 모든 제품(농산물)이나 서비스는 가치창조의 소비경험을 제공한다고 설명하면서, 소비경험의 차원을 내생적·외생적 소비가치, 자기지향적·타인지향적 소비가치 및 능동적·반응적 소비가치의 기준에 의해 8가지 유형으로 분류하였다. 그는 이성적 소비가치뿐만 아니라, 하나 또는 그 이상의 경험적 소비가치가 고객의 소비경험에 포함된다고 설명하였다.[9)]

(3) 고객가치의 선행연구 검토

1) Hirschman과 Holbrook의 연구[10)]

Hirschman과 Holbrook(1982)에 의하면, 고객들이 지각하는 소비경험(consumption experiences)은 문제해결이나 욕구만족과 같은 이성적 소비가치(rational consumption value) 및 즐거움이나 미적 특성과 같은 경험적 소비가치(experiential consumption value)를 포함한다고 주장하였다. 경험적 소비가치란 하나의 상호적인 상대주의적 선호경험으로서 어떤 대상과의 상호작용을 개인이 경험하는 것이며, 여기서 대상은 사물이 될 수도 사건이 될 수도 있다고 설명하였다. 이러한 정의는 이성적 소비가치와 경험적 소비가치간의 구별에 기초한다고 볼 수 있다. 따라서 고객가치는 고객들의 기분이나 감정 및 흥미 등의 경험적 소비가치가 소비자의 정보처리 과정의 대부분을 차지하는 이성적인 소비가치와 합쳐진다는 것을 의미한다고 볼 수 있다.[11)]

---

9) Morris B. Holbook(1994), "The Nature of Consumer Value: An Axiology of Services in the Consumption Experience, in Service Quality," in *New Directions in Theory and Practice*, eds., Roland T. Rust and Richard L. Oliver, Sage Publications, pp. 21-71.

10) Elizabeth C. Hirschman and Morris B. Holbrook(1982), "Hedonic Consumption: Emerging Concepts, Methods, and Propositions," *Journal of Marketing*, Vol. 46(Summer), pp. 92-101.

11) *Ibid.*, pp. 92-101.

2) Zeithaml의 연구[12)]

Parasuraman, Berry와 함께 서비스품질의 평가방법인 SERVQUAL을 발표한 Zeithaml(1988)은 '가치'(Value)에 대해서도 그 개념화를 위해 노력하였는데, 그에 의하면 '가치'란 다음의 네 가지 개념으로 표현될 수 있다.

㉮ 가치는 낮은 가격이다(Value is low price) : 소비자들이 느끼는 가치란 그 제품의 판매가격을 의미하는 것으로 즉, 가치있는 제품은 곧 가격이 낮은 제품을 말한다. 제조업에 관한 연구에 따르면 소비자들에게 가격과 가치를 동일시하는 경향이 있는 것을 발견하였으며, 이와 같은 소비자집단에게는 할인된 제품이 곧 가치있는 제품이라고 하였다.

㉯ 가치는 내가 어떤 제품에서 원하는 것이다(Value is whatever I want in a product) : 소비자가 원하는 가치는 해당 제품으로부터 얻는 혜택을 말한다는 것으로 이 관점은 경제학에서 말하는 '효용'에 대한 개념과 유사하다. 이와 같은 관점을 가진 소비자에게는 가치란 내가 그 제품으로부터 얻는 효용, 편리함, 유익함 등을 가리키는 것으로 볼 수 있겠다.

㉰ 가치는 내가 지불한 비용에 대해 얻은 품질이다(Value is the quality I get for the price I pay) : 소비자가 지불한 가격과 이로 인해 얻어지는 품질과의 관계로 가치를 표현하는 것이다. 이 관점을 가진 소비자들에게는 동일한 품질에 대하여 가장 낮은 가격을 제공하는 것이 가장 가치를 느끼게 할 수 있는 방법이 된다.

㉱ 가치는 내가 지불한 것에 대해 얻은 것이다(Value is what I get for what I give) : 가치란 지불한 것에 비례하여 가장 많은 애용물을 얻는 것

---

12) Valarie A. Zeithaml(1988), "Consumer Perceptions of Price, Quality and Value: A Means-End Model and Synthesis of Evidence", *Journal of Marketing*, Vol.52(July), pp. 2-22.

[그림 3-3] 가격, 지각된 품질, 가치를 연결하는 수단 - 목적 모형

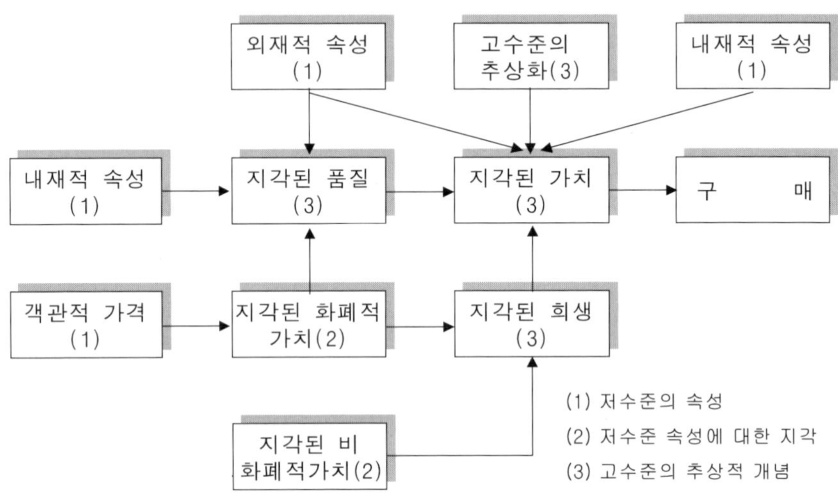

* 자료 : Valarie. A. Zeithaml(1988), *Ibid.*, pp. 2-22.

이다라는 것으로, 이 경우의 가치란 가장 적은 비용으로 최대한 많은 내용물을 얻는 것이라고 할 수 있다. Zeithaml은 [그림 3-3]에서와 같이 가치개념과 가격, 지각된 품질을 연결시키는 수단–목적 모형을 제시하였다.

이 모델에서 알 수 있듯이 Zeithaml은 가치란 주로 지각된 품질과 희생의 영향을 받아 형성되지만, 이 두 가지 요인 외에도 외적·내적 속성 등 많은 다른 요인들도 영향을 미친다고 보고 있으며, 이렇게 형성된 가치가 소비자들을 실질적인 구매행동으로 유도한다는 것을 의미한다. 또한, 품질과 가치의 차이에 대해서는 가치가 품질보다 훨씬 주관적인 특성을 지니고 있으며, 고도로 추상화된 많은 요인들을 함축하고 있기 때문에 품질보다 그 측정 모델을 세우기가 어렵다고 보았다.

3) Dodds 등의 연구[13)]

Dodds 등(1991)은 금전적·비금전적 모든 희생을 포함하여, 지각된 품질과 지각된 희생간의 상쇄관계(trade-off)로서 지각된 가치(perceived value)를 정의하였다. 즉, 가격의 두 가지 역할을 강조하면서 하나는 품질수준에 대한 지표로서, 또 다른 하나는 가치에 따른 희생으로 가격을 설명하였다.

4) Kerin 등의 연구[14)]

Kerin 등(1992)의 연구는 식료품점을 연구대상으로 한 연구에서 가격이나 품질뿐만 아니라, 점포 쇼핑경험(store shopping experience)이 점포가치(store value)에 직접적인 영향을 미친다는 것을 발견하였다. 이전의 연구결과와 일치하듯 가격이나 품질이 가치에 직접적인 영향을 미친다는 결과와 무엇보다도 쇼핑경험이 점포가치 지각에 가장 큰 영향을 미친다는 것을 실증적으로 보여 준 연구였다.

5) Holbrook의 연구[15)]

Holbrook(1994)에 의하면 고객가치의 창출(creation)은 모든 마케팅 활동

---

13) William B. Dodds, Kent B. Monroe and Dhruv Grewal(1991), "Effects of Price Brand and Store Information on Subjective Product Evaluations," *Advances in Consumer Research*, Vol.12, pp.85-90.

14) A. Kerin, R. Jain and D. J. Howard(1992), "Store Shopping Experience and Consumer Price-Quality-Value Perception," *Journal of Retailing*, Vol.68(4), pp. 376-397

15) Morris B. Holbrook(1994), *op.cit.*, pp. 21-71.

에 가장 근본이 된다는 것을 강조하면서 소비가치(consumption)의 개념을 정립하였다. 고객가치는 가치창출이나 소비경험을 유발하는 제품이나 서비스와의 상호작용에 의한 교환활동에서 형성된다고 설명하였다. 모든 제품이나 서비스는 가치창조의 소비경험(value-creating consumption experiences)을 제공한다고 설명하면서, 소비경험의 차원을 외생적·내생적(extrinsic·intrinsic) 소비가치, 자기지향적·타인지향적 소비가치(self-oriented·other oriented consumption value) 및 능동적·반응적 소비가치(active·reactive consumption value)를 기준으로 8가지 유형을 분류하였다. 여기에서도 이성적인 소비가치뿐만 아니라, 하나 또는 그 이상의 경험적 소비가치가 고객의 소비경험에 포함된다고 설명하였다.

6) Chang와 Wildt의 연구[16)]

Chang와 Wildt(1994)는 지각된 가치는 지각된 품질과 지각된 가격 사이에서 매개적 역할을 한다는 것을 제시하였다. 그들은 가치는 품질에 정(+)의 영향을 미치고, 가격에 부(—)의 영향을 미친다는 것을 발견하였다. 가장 중요한 점은 지각된 가치(perceived value)가 구매의도에 가장 중요한 요인임을 보여 주었다.

7) Naumann의 연구[17)]

Naumann(1995)은 그의 연구에서 고객가치란 "희생과 이를 통해 얻어진

16) Tung-Zong Chang and Albert R. Wildt(1994), "Price, Product Information and Purchase Intention: An Empirical Study," *Journal of the Academy of Marketing Science*, Vol.19(November), pp.55-61.

이익의 비율"이라 정의하고, 이는 제품의 품질과 서비스 품질, 그리고 가치기반 가격의 세 가지 요소로 구성되어 있다고 하였다. 그는 이 중 하나라도 결여될 경우 소비자들로 하여금 고객가치를 창출해 내지 못한다고 하고 있는데, 그 요소의 내용은 다음과 같다.[18]

㉮ **제품품질** : 어느 연구에서나 그렇듯 Naumann 역시 좋은 제품품질이 고객가치를 형성하기 위한 중요한 요소 중 하나로 보고 있다. 하지만, Naumann은 고객들이 느끼는 제품의 품질은 단순히 좋고 나쁨(good or bad)의 흑백논리로 표출되는 것이 아니라 훨씬 더 복잡하게 나타난다고 하였는데, 기업은 고객들의 복합적인 고품질의 요구를 충족시키는 것이 고객가치를 형성시키기 위한 기본요건이라고 하였다.

㉯ **서비스 품질** : Naumann은 아무리 고품질의 제품을 생산해 내더라도 서비스품질이 그에 미치니 못한다면 높은 고객가치를 만들 수 없다고 하면서, 최근의 기업환경은 제품의 품질보다도 서비스 품질이 강한 경쟁력으로 작용할 수 있다고 하였다. 하지만, 서비스 품질이라는 개념이 고객에게 있어 개별적인 평가기준이 되지는 않으며, 추상적인 성격으로 인해 제품의 품질을 향상시키는 것보다 이에 대한 보증이 훨씬 힘든 일이라고 보았는데, 이와 같은 서비스 품질보다 해당 기업의 기업문화나 전통, 기업환경 등과 관련이 있다고 보았다.

㉰ **가치기반 가격** : Naumann은 고객가치를 창출할 수 있는 요인 중 하나로 제품에 대한 적절한 가격의 선정을 들고 있다. 소비자의 제품품질과 서비스 품질에 대한 인식은 모두 적절한 가격에 의해 영향을 받게 되며, 이 가격 영향력을 잘 파악해 합리적인 가치기반 가격을 선정하는 것이 높은

---

17) Earl Naumann(1995), *Creating Consumer Value: The Path to Sustainable Competitive Advantage*, Cincinnati, OH: Thomson Executive Press.

18) *Ibid.*

수준의 고객가치를 창출해 낼 수 있다는 것이 그의 주장이다.

8) Woodruff와 Gardial의 연구[19]

Woodruff와 Gardial(1996)은 고객가치란 "고객의 목적을 달성하기 위해 제공되는 제품 및 서비스로 인해 고객들이 특정한 사용환경에서 느끼는 지각"이라고 정의한다. 이는 소비자의 소비목적과 제품사용의 결과, 그리고 사용상환의 3가지로 구성된다고 하였는데, 그 각각의 내용은 다음과 같다.

㉮ **소비자의 소비목적** : 소비자의 소비목적은 한마디로 제품이라고 할 수 있겠는데, 제품의 목적은 다시 사용가치와 소유가치로 분류된다. 사용가치는 제품의 사용을 통해 직접적으로 얻어지는 결과 및 목표를 말하며, 소유가치는 그 제품을 소유함으로써 얻어지는 소비자의 미적 품질, 또는 자아의 표현 등을 말하는데, 대개의 제품들이 이 두 가지 가치개념을 함께 제공한다고 보았다.

㉯ **제품사용의 결과** : 소비자에게 구매된 제품은 소비자가 그 제품을 사용한 결과에 의해 고객가치 형성에 영향을 미친다. 다시 말해, 고객에 의해 사용된 결과가 고객의 기대치에 부합하거나 이익을 가져다 준 경우 바람직한 고객가치의 형성으로 이어지지만, 결과치가 물질적 정신적 비용의 초래나 불편함으로 나타나는 경우 고객가치 형성에 부정적인 영향을 미치게 된다는 것이다.

㉰ **사용상황** : 고객이 느끼는 가치는 해당 제품의 사용상황에 의해 많은

19) Robert B. Woodruff & Sarah F. Gardial(1996), *Know Your Customer: New Approaches to Understanding Customer Value & Satisfaction*, Cambridge, M. A. : Blackwell Publisher, Inc.

영향을 받게 되는데, 예로 사용환경의 변화나 특별한 상황의 발생 등을 들 수 있다.

요약하면, Woodruff와 Gardial(1996)의 가치개념은 특정한 상황하에서, 사용자의 목적과 제품을 사용한 후의 결과와의 상호작용에 의해 발생한다는 것이다. 이들은 한 기업이 경쟁사보다 우위를 선점하려면, 이런 고객가치의 의미를 정확히 이해하고 이를 결정짓는 요인들을 파악해 자신들의 경영전략 수립에 적극적으로 활용해야 한다고 주장하고 있다.

9) Lee와 Ulgado의 연구[20)]

Lee와 Ulgado(1997)는 소비자들이 서비스 가치에 대한 판단을 하는 데 있어서 서비스 품질이 주는 긍정적 효용과 그 서비스를 획득하기 위해 희생한 비용의 부정적 효용간의 상쇄(trade-off)를 이용한다고 주장하였다. 이들은 서비스 가치가 "기대와 서비스 성과에 대한 지각간의 차이(즉, 서비스 품질)"와 아울러 "비용과 시간요소"에 의해서도 추정될 수 있다고 보았다. 이는 소비자가 지각된 서비스 품질과 비용/시간 요소의 상쇄를 통해 서비스 가치를 지각하게 된다고 보는 것이다.

10) Cronin 등의 연구[21)]

Cronin 등(1997)은 서비스 가치를 개념화하고 측정하기 위한 가장 나은

---

20) Moonkyu Lee and Francis M. Ulgado(1997), "Consumer Evaluation of Fast-food Services: A Cross-national Comparison", *The Journal of Service Marketing*, Vol.11(1), pp.39-52.

방법을 밝히려는 시도를 하였다. 이 연구에서 이들은 서비스 가치를 정의해 온 선행연구를 정리하고, 실제상황에서 소비자들은 복잡하고 치밀한 계산에 의해서가 아니라, 보다 간단하고 친숙한 과정을 통해서 서비스 가치를 지각한다고 주장하며, 서비스 가치를 서비스품질과 그 서비스를 얻기 위해 치룬 희생간의 상쇄(trade-off)로써 개념화한 연구들을 지지했다.

11) Anderson과 Narus의 연구[22)]

Anderson과 Narus(1998)는 산업시장에서 가치(value)에 대한 개념적 정의를 시도하였다. 산업시장에서의 가치란 기업의 고객이 제품에 대해 지불하는 가격의 반대급부로 제공받는 기술적·경제적·사회적·서비스 측면에서의 편익을 화폐단위(가격)로 환산한 것이라고 하였다.

이 정의에 있어서 여러 가지 특징에 관해 부연하여 설명하자면, 첫째, 가치는 화폐단위(monetary terms)인 가격으로 표현된다는 것이다. 경제학자들은 가치를 '효용'이라고 표현하지만 어떠한 경영자도 '효용'이라는 추상적인 의미로 가치를 이해하지는 않는다. 둘째, 편익이란 순편익(net benefits)을 말하는데, 이것은 고객이 원하는 편익을 획득하기 위해 부담하는 비용을 반영한다. 셋째, 가치는 고객이 가격을 지불하고 반대급부로 얻는 것을 의미한다. 시장에서 거래되는 상품은 가치와 가격이라는 두 가지의 기본적인 속성을 지니고 있다. 그러므로 상품의 가격을 올리거나 내린

---

21) J. Joseph, Jr. Cronin, Michael K. Brady, Richard R. Brand, Roscoe Hightower Jr., and Donald J. Shemwell(1997), "A Cross-sectional Test of the Effect and Conceptualization of Services Value," *The Journal of Services Marketing*, Vol.11(6), pp.375-391.

22) James C. Anderson and James A. Narus(1998), "Business Marketing: Under What Customer Value," *Harvard Business Review*, (November-December), pp.36-47.

다 하더라도 상품이 제공하는 가치는 변하지 않는다는 것이다. 단지, 상품 가격의 변동은 이 상품을 구매할 것인가 하는 구매의도에 영향을 줄 뿐이다. 마지막으로, 가치에 대한 평가는 관련되는 모든 상황을 고려해서 이루어진다. 가령, 경쟁상품이 없는 상황에서도 항상 다른 경쟁적 대안이 존재

〈표 3-6〉 고객가치의 차원

연 구 자	속성과 혜택차원				가 치 차 원	
Young & Feigin(1975)	기능적 편익		실질적 편익		감성적인 차원	
Rokeach(1973) Howard(1977)	제품 속성		선택의 기준		수단 가치	최종 가치
Myers & Shocker(1981)	물리적 특징		물리적 특성		기업의 가치	사용자 차원
Geistfeld, Sproles & Badenhop(1977)	구체적, 단일차원, 측정가능한 속성		추상적, 다차원적, 측정가능한 속성		추상적, 다차원적, 측정의 어려움	
Cohen(1979)	속 성		도구적인 속성		고가치적 상태	
Gutman & Reynolds(1979)	속 성		결과 (중요성)		가 치	
Olson & Reynolds(1983)	구체적 속성		추상적 속성		도구적 가치	최종 가치
Peter & Olson(1990)	구체적 속성	추상적 속성	기능적 혜택	심리사회적 혜택	수단적 가치	최종 가치
이유재(1998)	기능적 편익		실질적 편익		감성적 차원	
김상현 · 오상현(2002)	구체적 속성	추상적 속성	기능적 혜택	심리사회적 혜택	수단적 가치	최종가치
권기대 · 허무열	구체적 속성	추상적 속성	기능적 혜택	심리사회적 혜택	수단적 가치	최종가치

* 자료: Valarie, A. Zeithaml(1988), "Consumer Perceptions of Price, Quality, and Value:A Means-End Model and Synthesis of Evidence," *Journal of Marketing*, 52(July), pp. 2-22.: J. P. Peter and J. C. Olson(1990), *Consumer Behavior and Marketing Strategy*, Homewood, Illinois: Irwin, pp. 75-80. 필자의 연구목적에 부합되도록 부분적으로 수정 · 보완함.

할 수 있다.

가치의 정의에 대한 핵심을 요약하면 다음과 같다.

(가치s – 가격s) 〉 (가치a – 가격a)

가치s와 가격s는 공급자 상품의 가치와 가격이고, 가치a와 가격a는 다른 대안의 가치와 가격이다. 고객의 구매의도는 가치와 가격의 상대적 크기에 의해 결정된다. 간단히 말하자면, 고객은 상품의 가치와 가격의 차이가 다른 대안의 가치와 가격의 차이보다 더 커야 이 상품을 구매할 의도를 갖게 된다는 것을 의미한다. Anderson과 Narus(1998)의 산업시장에서의 가치에 대한 개념적 정의는 1988년 Zeithaml 연구의 연장선상에서 서비스 산업에서의 가치인식에 많은 이해를 제공하고 있다.

이러한 다양한 요인들을 고려해 볼 때, 가치(value)란 모든 관련평가기준을 고려한 상태에서 주관적 가치대상(subjective worth)에 대한 전반적인 평가로 경제적 가치(economic value) 및 경험적 가치(experiential value)의 다차원적인 것을 반영한다고 볼 수 있다. 이와 관련된 여러 개념에 대한 관계는 앞의 〈표 3-6〉과 같다.

12) 고객가치에 대한 국내연구

우리나라에서 상품가치 즉, 고객가치에 관한 선행연구로는 이유재(1998)의 '고객가치 증대를 위한 고객만족 경영'을 들 수 있다. 이 연구는 제목의 의미와 같이 기업에서 고객가치 증대를 위한 방법으로 고객만족, 고객감동이 필요하며, 이를 위해 기업에서 지속적으로 고객만족 향상을 위한 실천적 프로그램의 개발과 노력이 요구된다는 것을 강조하고 있다. 김상현과 오상현(2002)은 서비스 산업을 대상으로 재구매 의도에 영향을 미치는 고객가치, 고객만족, 전환비용 및 대안의 매력도를 실증적으로 분석하였다. 권기대와 허무열(2003)의 「친환경농산물 브랜드 선택이 고객가치 및 고객만족에 미치는 영향연구」는 소비자를 대상으로 친환경농산물 브랜드에 대한 인지도 및 선택 그리고 고객만족 관점에서 접근한 연구로서, WTO시대를 맞이하여 친환경농산물 브랜드의 육성이 곧 우리 농산물의 대외 경쟁우위를 제고시킬 수 있다는 전략적 시사점을 제공한 연구이다. 그 연장선상에서, 허무열과 권기대(2003)의 「소비자의 한약재 브랜드 선택이 고객가치에 미치는 영향연구」를 들 수 있으며, 이 연구의 핵심은 한약재 브랜드 선택이 고객가치와 어떤 관계인가를 분석하여 시장지향적 브랜드의 개발 필요성을 역설하였다. 앞으로 이미 성숙된 국내시장을 공략하기 위해 그리고 신규고객의 창출보다 기존고객의 유지를 강조하는 맥락에서 고객가치 즉, 상품가치에 대한 기업의 전략이 강화될 것이다.

4. 라이프스타일

(1) 라이프스타일의 개념

라이프스타일(life style)은 사람들이 시간과 돈을 사용하며 살아가는 유형이라고 볼 수 있다. 그 유형은 소비자들의 동기와 사회계층, 인구통계 등 여러 다른 변수에 의해 정해진다. 소비자들은 그들의 가치와 라이프스타일에서의 모순성과 불일치성을 최소화하려 하므로, 변화하는 환경에 따라 자신의 가치와 개성을 일치시키기 위하여 변화한다. 대체로, 가치는 영속적이지만 라이프스타일은 상당히 빨리 변화한다. 이는 마케팅 조사와 전략수립에 있어 현실성과 융통성을 가져야 함을 뜻한다.

라이프스타일 개념이 마케팅에 실질적으로 접목되기 시작한 것은 1960년대 후반부터 70년대 초까지 Burnett을 위시한 미국의 여러 광고대행사들이 라이프스타일 조사를 실시하면서부터이다. 이러한 라이프스타일 조사가 실시된 이유는 첫째, 광고 제작자들이 시청자에 대한 보다 깊고 풍부한 이해가 필요했기 때문이며, 둘째는 기존의 인구통계적 변인 위주의 조사자료의 한계성을 극복하기 위해서였다.

마케팅 분야에서 라이프스타일에 대해 처음으로 정의를 내린 사람은 Lazer(1963)였다. 1963년 미국마케팅학회(AMA) 동계대회중 '라이프스타일의 영향과 시장행동' 이라는 주제로 실시한 심포지엄에서 Lazer는 라이프스타일 개념을 폭넓게 해석하면서 "전체 사회 속에서 뚜렷이 차별되는 특징적인 생활양식" 이라고 정의했다.[23]

또한, Lazer(1963)에 따르면, 소비자가 구입하는 재화와 서비스의 총량과 특정 소비 패턴은 사회 또는 특정 부문의 라이프스타일을 반영한다고 보았다. 그러므로 전체 소비자를 공통의 소집단으로 보다 세분화하여 각 집단이 가지는 라이프스타일상의 특징을 이해할 때 그들의 구매행동을 제대로 파악할 수 있고 이는 시장세분화와 깊은 관련을 가진다.

이 외에도 라이프스타일의 개념은 사회학자 및 심리학자들에 의해 여러 가지 시각으로 제시되고 있다.

Levy(1963)는 개인의 라이프스타일을 "많은 생활자원과 결합 또는 개개인의 활동이 암시하는 서브심벌로부터 합성된 복합심벌" 이라고 정의한다. 따라서 Levy는 마케터가 개별상품을 상호 독립적으로 무관하게 판매할 것이 아니라, 복합심벌을 이루는 소비자 라이프스타일의 하나의 서브심벌로서 상품을 판매할 것을 권하고 있다. 이는 상품에 대한 새로운 개념

23) 김원수(1986), 『소매기업 경영론』, 경문사.

적 접근이고 신제품 개발이나 제품 포지셔닝과 같은 관련을 가진다.

Moore(1963)는 가족 개념에 역점을 두어 라이프스타일은 "패션화된 생활양식으로서 가족 구성원이 상품, 사건, 자원을 생활양식에 맞게 적합시켜 가는 행위"라고 규정한다.[24] 따라서 소비자가 상품을 구매하는 행위는 가족 신념체계의 구체화뿐만 아니라 라이프스타일을 충족시키기 위한 것으로 보았다.

Engle, Blackwell 과 Miniard(1995)는 라이프스타일을 "사람이 생활하고 시간과 돈을 소비해 나가는 유형"이라고 정의하고, 그것은 소비행동에 영향을 주는 중요한 인간의 특성이며 개인의 문화, 사회계층, 준거집단, 가족의 영향 등을 받아 습득한 것이지만 구체적으로 개인의 가치체계나 개성의 표현이라고 정의하였다.

상기와 같이 많은 학자들이 나름대로 라이프스타일을 여러 측면에서 정의하고 있고, 이는 각 학자들의 관심과 연구목적에 맞게 라이프스타일의 일면을 부각시키고 있기 때문인 것으로 보인다. 그러나 어떻든 라이프스타일은 오늘날 마케팅 활동의 주체인 기업의 입장에서 소비자를 구분짓는 하나의 방식으로서, 기존의 지역적·인구통계적 및 행동적 구분 방식이 아닌 심리적·묘사적 분류방식으로서, 동질적인 태도와 관심사 및 의견 또는 신념으로 구성된다고 할 수 있겠다.

또한, Feldman과 Thielbar(1972)는 다음과 같이 4가지 특성으로 분류하고, 라이프스타일에 대한 모두가 공감하는 하나의 정의는 없지만 결국 "라이프스타일은 소비에 의해(또는 소비를) 결정되는(또는 결정하는) 행동의 통일된 형태들" 즉, "그룹 및 개인의 기대와 가치의 교류는 체계적 행동형태를 창출하는데, 이것이 구매의사 결정방식을 정하는 라이프스타일 형태

24) 이근형(1990), "소비자 생활전체를 마케팅 대상으로", 『광고정보』, p. 63.

이다" 라고 정의하였다.[25)]

(2) 라이프스타일의 측정

라이프스타일을 측정하기 위한 분석방법 중 대표적인 것으로 AIO법(Activities, Interests, Opinions)과 VALS(Value and Life-Style) 프로그램, 그리고 LOV(List of Values) 접근방법이 있다.

AIO 분석방법은 소비자의 인간적 측면이나 라이프스타일을 일상의 행동(Activities), 주변의 사물에 대한 관심(Interests), 그리고 사회적·개인적 제 문제에 관한 의견(Opinions)이라는 세 가지 차원에서 파악하려는 방법으로 Wells와 Tigert(1971)에 의해 개발되었다.[26)]

이러한 조사·분석을 위해서 필요한 라이프스타일 변수와 질문항목은 여러 번의 조사를 통해서 표준화되고 있는데, 피조사자는 각 항목마다 단위척도로 된 찬반 응답을 체크하도록 고려되며, 이 설문지에는 인구통계적 특성, 매체접촉 패턴, 제품 및 상표의 사용 여부 등의 자료를 얻기 위한 문항도 포함되므로 설문지의 양이 아주 많다. 이 방법은 특정 상품 또는 특정 상표를 전제로 이것의 사용량 및 사용빈도에 따라 특정 상품 혹은 상표의 사용자 내지 대량 사용자를 선별한 다음, 그들의 AIO의 3차원에 걸친 제 특징을 밝힘으로써 사용자의 전형적인 프로파일을 파악한다.

Plummer(1974)는 AIO분석을 사람들이 그들의 활동, 관심 및 의견에 관한 질문에 응답하도록 고안된 것으로, 그들의 활동은 그들이 시간을 어떻

---

25) Saul D. Feldman and Gerald W. Thielbar(1972), *Lifestyle: Diversity in American Society*, Boston: Little Brown, Co.

26) W. D. Wells and D. J. Tigert(1971), "Activities, Interests and Opinions," *Journal of Advertising Research*, August, pp. 27-35.

〈표 3-7〉 라이프스타일의 제 차원

활동	관심사	의견	인구통계적 차원
일	가족	그들 자신	연령
취미	가정	사회 이념	교육
사회적 사건	직장	정치	소득
휴가	지역 사회	사업	직업
연회	오락	경제	가족 규범
클럽 회원	유행	교육	거주지
지역사회	음식	제품	지리
장보기	매체	미래	도시 규모
운동	성취	문화	생활주기단계

* 자료 : Joseph T. Plummer(1974), "The Concept and Application of Lifestyle Segmentation, *Journal of Marketing*, Vol.38(January), pp. 33-37.

게 보내는가; 그들의 관심은 그들이 당면한 주위 환경 속에서 무엇을 중요하게 여기는가; 그들의 의견을 그들 주변과 그들 자신의 관점; 그리고 마지막으로 수입, 교육, 거주지 등과 같은 기본적인 특성을 조사하는 것이라고 설명하고, 그 내용을 〈표 3-7〉과 같이 정의하였다.[27]

1) 사이코그래픽스와 AIO 조사목록

소비생활의 특정 영역이나 일반인의 전반적인 라이프스타일 패턴을 측정하려는 시도를 흔히 사이코그래픽스(psychographics)라고 한다. 사이코그래픽스는 정신(mental)을 의미하는 psycho와 윤곽(profiles)을 의미하는 graphics 의 합성어로서, 인구통계적 차원과 구분되는 심리적 차원에서 소

27) Joseph T. Plummer(1974), "The Concept and Application of Lifestyle Segmentation", *Journal of Marketing*, Vol.38, January, p. 34.

비자들을 설명하려는 정량적 조사이다. 라이프스타일을 측정하려는 노력으로써 사이코그래픽스는 초기에는 활동(Activities), 관심(Interests) 및 의견(Opinions)에 의해서 조작화되었다. 구체적인 측정도구는 AIO 조사목록(inventory)이라고 한다. 이 조사목록은 응답자들에게 찬성을 묻는 정도를 묻는 수많은 문항들로 구성되어 있다.

이러한 AIO 조사목록은 소비자들을 실증적으로 이해하는데 인구통계적 자료보다 더 유용하지만, 너무 지엽적이라는 비판을 받기도 하였다. 오늘날에는 라이프스타일을 측정하기 위하여 다음과 같은 내용들을 포함하고 있다.

① 태도 : 다른 소비자들이나 제품 아이디어 등에 대한 평가적 진술
② 가치 : 수용가능하거나 바람직한 것과 관련된 소비 패턴
③ 활동과 관심 : 취미, 스포츠 혹은 봉사 등과 같이 소비자들이 시간과 노력을 할당하는 비직업적 활동
④ 인구통계적 특성 : 사회경제적 지위와 관련된 연령이나 소득 혹은 직업 등
⑤ 매체 패턴 : 소비자들이 주로 이용하는 매체유형이나 매체접촉 습관
⑥ 제품의 소비 패턴 : 특정 제품과 관련된 소비 패턴

사이코그래픽스 조사목록의 문항을 개발하는데 일정한 규칙이 존재하는 것은 아니지만, 구체성의 수준을 고려해야 한다. 구체적인 질문은 제품에 대한 태도와 선호도에 관한 정보를 제공함으로써, 소비자가 제품에 대해서 어떻게 생각하며 소비자와 제품이 어떻게 파악할 수 있게 해준다. 이러한 정보를 이용하여 마케터들은 신제품 아이디어나 촉진 메시지를 개발할 수 있다. 예를 들면, 마루 장식용 제품과 관련된 구체적 조사목록에는 가족 오락, 어린이의 활동과 역할 또는 패션 관심도 등과 같은 항목들을

포함시킬 수 있다. 또한, 제품이나 활동과 관계가 없는 일반적인 질문을 통해서 소비자들의 전반적인 패턴을 파악함으로써 세분시장의 프로필을 입수할 수 있다. 예를 들면, "나는 유행에 관한 잡지를 정기적으로 구독한다", "나는 옷을 구입할 때 가격보다는 디자인을 더 중요시한다", "나는 친구들과 유행에 대해서 많은 이야기를 나눈다", "옷을 멋지게 입는 것은 자기의 표현에서 중요한 역할을 한다" 등과 같은 문항에 대해서 동의하는 정도가 클수록 응답자들은 패션 의식적 소비자로 이해할 수 있다. 이러한 프로필 정보는 표적시장의 소비자들을 심층적으로 이해할 수 있으므로, 마케팅믹스의 개발에 중요한 단서가 될 수 있다. 사이코그래픽스 조사목록으로 가장 많은 주목을 받는 것으로는 VALS와 LOV를 들 수 있다.

2) VALS 프로그램

소비자들의 라이프스타일을 측정하는 VALS(Values and Life-Styles) 프로그램은 SRI(Standard Research Institute)에 의해 개발되었다. VALS 프로그램의 이론적 토대는 동기 및 발달심리학에서 도출되었다. VALS는 다음 〈표 3-8〉에서 보듯이 30여 개 문항에 의해서 미국의 성인들을 9개 집단으로 구성되는 이중적 계층으로 분류한다. 그러나 인구통계적 특성에 대한 의존이 너무 높고 시장의 개성이 변함에 따라 1989년에 VALS2가 도입되었다. VALS2는 응답자들이 찬성의 정도를 표시하는 2개 차원에 대한 42개 문항으로 구성되어 있다.

첫 번째 차원은 개인이 추구하는 목적과 행동의 유형을 결정하는 자아지향성(self-orientation)으로 3가지 형태가 있다. ① 원리지향형(principle-oriented) : 느낌이나 다른 소비자로부터의 인정보다는 자신의 신념과 원칙에 의해서 선택하는 소비자들, ② 지위지향형(status-oriented) : 다른 소비자

〈표 3-8〉 라이프스타일 특성과 행동특징

	소비자 형 태	가치와 라이프스타일의 특징	인구통계적 특징	구매형태의 특징
필요충동적 소비자	생존자(4%)	• 생존을 위해 투쟁 • 의심이 많다	• 극빈자 • 학력이 아주 낮음	• 가격에 지배를 받음 • 표준생활용품에 초점을 맞춤
	유지자(7%)	• 사회적으로 적응하지 못함 • 안전과 보호에 대해 걱정 • 만사에 불안해 함 • 세상공정에 밝음 • 잘 살아 보려고 애씀	• 도시빈민가에 거주 • 수입이 적음 • 학력이 낮음 • 실업자가 많음 • 도시뿐만 아니라 시골에도 거주함	• 즉흥적인 필요 때문에 구매 가격이 중요함 • 보증을 원함 • 주의 깊은 구매자
외부지향적 소비자	소속자(35%)	• 순응적임 • 관례를 따름 • 전통적이고 공식적임 • 향수에 젖어 있음 • 모험을 싫어함	• 중하 정도의 수입 • 평균 이하의 노력 • 육체노동자 • 도시가 아닌 곳에서 거주하는 경향이 있음	• 가족, 가정이 중요함 • 일시적 유행 추구 • 중간 이하의 시장에서 구매
	경쟁자(10%)	• 야망을 가지고 있음 • 내보이기를 좋아함 • 지위를 의식함 • 신분 상승을 도모함 • 남성답고, 경쟁의식이 강함	• 수입이 좋은 편임 • 젊은 편 • 도시에 살고 있음 • 전통적으로 남자이지만 변화하고 있음	• 눈에 띄는 구매활동 • 모방구매를 함 • 유행추구
	달성자(22%)	• 성취, 성공, 명성이 중요 • 배금주의 • 리더십이 있음 • 효율성 추구 • 편안함을 추구함	• 수입이 아주 많음 • 회사에서 리더 • 높은 학력 • 도시나 그 외곽에 거주	• 성공을 증명하는 물건구매 • 사치스러움 • 최상품을 구입 • 신제품을 좋아함
내부지향적 소비자	독존자(5%)	• 지독히 개인적임 • 극적이고 충동적임 • 실험적임 • 변덕스러움	• 젊음 • 독신 많음 • 학생 또는 사회초년생 • 부유한 배경	• 자신의 취향을 추구 • 실험적인 유행을 추구 • 진위적인 유행을 추구
	경험자(7%)	• 직접적인 경험 지향적 • 활발하고 참여적 • 인간 중심적	• 수입이 높거나 아주 낮음 • 40세 이하 • 좋은 학력	• 활동적이고 야외 스포츠를 즐김 • 손수 만드는 것 좋아함
	사회자(8%)	• 예술적 • 사회적인 책임감 느낌 • 단순한 삶을 즐김	• 수입이 높거나 아주 낮음 • 매우 좋은 학력 • 나이와 거주지 다양	• 대화 강조 • 단순성 강조 • 절약, 검약
	통합자(2%)	• 내적 성장을 추구 • 심리적으로 성숙 • 묵묵하고 자기실현적 • 세계관을 가지고 있음	• 수입이 아주 높음 • 나이가 많거나 아주 적음 • 매우 좋은 학력 • 직업과 거주지가 다양	• 환경에 관심이 많음 • 독특한 자기표현 • 심미적인 제품 평가 • 생태학적인 관심

* 자료 : Arnold, Mitchell(1983), *Nine American Lifestyles: Who We Are And Where We Are Going*, MacMillan Publishing Co.

들의 행위나 인정 또는 의견에 의해서 크게 영향을 받는 소비자들, ③ 행위지향형(action-oriented) : 사회적 활동 혹은 육체적 활동이나 다양성 및 위험부담을 추구하는 소비자들이 있다.

두 번째 차원은 소비자들이 자신의 지배적인 자아지향성을 추구할 수 있는 능력이 반영된 자원으로 모든 유형의 심리적·육체적·인구통계적 혹은 물질적인 수단을 말한다. 자원은 일반적으로 청년기로부터 중년기에 이르기까지는 증가하며, 그 이후 노년기에는 비교적 안정되어 있다. SRI는 이들 2가지 차원을 이용하였다.

3) LOV 접근방법

LOV(List Of Values) 접근방법은 Michigan 대학교의 Survey Research Center에서 개발되었다. 이것은 가치에 대한 Rokearch 등의 연구에 근거하고 있는데, 이들의 연구는 가치실현을 통해서 다양한 역할에 대한 적응을 평가하기 위한 것들이다. 특히, LOV는 사회적 적응이론과 밀접하게 관련되어 있다.

LOV는 내적 성향, 외부세계 및 대인성향이라는 3개 차원 9개 가치(자존심, 안전, 타인과의 우호관계, 성취감, 자아실현, 소속감, 덕망, 생의 즐거움과 향락, 흥미로움)를 포함하고 있다. 이들 가치는 생활의 주요 역할가치(예; 결혼, 자녀의 출산, 직업, 여가활동, 일상소비)와 밀접하게 관련되어 있으며, 소비자들을 Maslow의 계층으로 분류하는 데 이용한다. LOV 척도에 대한 연구에 의하면, 개인의 가치는 태동에 영향을 끼쳐서 행동을 변화시킨다. 즉, 내적 가치(자아실현, 흥미, 성취감 및 자존심)를 강조하는 소비자들은 자신의 생활을 관리하려고 한다. 예를 들면, 이러한 소비자는 인스턴트 식품에 포함된 식품첨가제 때문에 자연식품을 구매하게 하는 경향이 있다. 반면, 외적 성향(소속감, 덕망 및 안전)을 갖는 소비자들은 자연식품을 회피하는 경향이 있다.

(3) 라이프스타일의 선행연구 검토

기존의 라이프스타일 연구의 대부분은 미국을 중심으로 발전되어 왔다. 이론적 발전을 연구관점 중심으로 구분해서 설명할 수 있는데, 첫째로, Richard와 Sturman(1977)의 어패럴산업 마케팅에 있어 라이프스타일 분석,[28] Plummer(1975)는 은행 신용카드 사용자의 라이프스타일과 인구통계적 변인과의 관계분석을 설명하고 있다.[29] Draden와 Perreault(1976)의 교외 쇼핑자의 라이프스타일 유형에 따른 쇼핑패턴 분석 등과 같은 시장세분화 전략을 위한 라이프스타일 연구가 있다.[30]

둘째로, Douglas와 Urban(1977)의 미국·영국·프랑스 3개국 여성들의 라이프스타일 성향과 잡화와 패션 제품의 구매행동에 대한 비교·분석을 통한 국제시장 진출을 위한 세분화 전략을 위한 라이프스타일 연구로 나누어 볼 수 있다.[31]

셋째로, General Food의 개 먹이시장에서 구매자의 라이프스타일 특성 연구, Ford사의 자동차 소비자의 라이프스타일 연구, Alpert와 Gatty(1969)

---

28) E. A. Richard, S. S. Sturman(1977), "Life Style Segmentation in Apparel Marketing," *Journal of Marketing*, October, pp. 89-91.

29) J. T. Plummer(1975), "Life Style Patterns and Commercial Bank Credit Card Usage," *Journal of Marketing*, pp. 35-41.

30) W. R. Darden and W. D. Perreault(1976), "Identifing Interurban Shoppers: Multiproduct Purchase Patterns and Segmentation Profiles", *Jornal of Marketing Research*, Feb., pp. 55-60.

31) S. P. Douglas and C. D. Urban(1977), "Life-Style Analysis to Profile Women in International Markets," *Journal of Marketing*, pp. 46-54.

의 맥주 소비자의 라이프스타일 연구 등과 같은 제품 포지셔닝 또는 재포지셔닝 전략 수립을 위한 라이프스타일 연구로 나누어 볼 수가 있다.[32)]

그리고 Villani(1975)의 TV 프로그램 시청자의 라이프스타일 특성분석,[33)] Wells and Tigert(1971)의 잡지 구독자의 사이코그래픽 특성 등의 매체전략 수립을 위한 라이프스타일 연구가 있다.[34)] 위와 같이 라이프스타일에 대한 연구는 마케팅 전략수립에 필수적인 요소라고 할 수가 있다.

우리나라에서의 라이프스타일에 대한 연구는 1975년 중아일보, 동양방송에 의해 행해진 조사를 시작으로 김동기(1977)에 의해 마케팅에 적용 가능성이 언급되었고[35)], 여운승(1984)의 대학생 라이프스타일과 식품소비형태 연구[36)], 라이프스타일과 소비자 소비패턴 연구로서 강이주·박명희의 연구(1990)[37)]가 연령층별 의·식·주의 기본의식구조를 살펴 본 연구로는 이용학·배수현의 연구(1995)[38)]가 있다. 김태우(1991)의 연구는 여대생 화장품 구매자의 라이프스타일 연구,[39)] 강홍협(1991)의 우리나라 의류 소비자

---

32) L. Alpert and R. Gatty(1969), "Product Positioning by Behavioral Life-Styles," *Journal of Marketing*, April.

33) E. A. Villani(1975), "Personality/LifeStyle and TV Viewing Behavior," *Journal of Marketing Research*, Nov., pp. 432-437.

34) W. D. Wells and D. J. Tigert(1971), "Activities, Interest, and Opinions," *Journal of Advertising Research*, Aug., pp. 27-35.

35) 김동기(1977), "새로운 마케팅 발상법으로서의 라이프스타일", 『경영논총』, 제22권, pp. 33-34.

36) 여운승(1984), "우리나라 대학생들의 생활양식유형과 식품소비행동의 특성", 『경영학연구』, 제14권 1호, pp. 19-47.

37) 강이주 · 박명희(1990), "생활양식과 소비패턴에 관한 연구", 『소비자학연구』, 제1권 제2호, pp. 84-99.

38) 이용학 · 배수현(1995), "소비자의 연령층별 기본 의식구조의 차이분석", 『경영학연구』, 제24권 제4호, pp. 187-212.

39) 김태우(1991), 「여대생의 라이프스타일에 관한 연구: 화장품에 대한 구매 · 소비행

의 라이프스타일 연구,[40] 김성환 등의 연구(1992)는 캐주얼웨어 소비자의 라이프스타일 유형별 구매행동 특성에 관한 연구 등의 응용연구[41]가 있으며[42], 체계적 분석의 틀을 사용한 라이프스타일 연구는 채서일(1992)의 연구와 이명식(1992)의 연구,[43] 한국인의 라이프스타일 유형분류 및 소비행동에 대한 연구에 조형오(1994)[44]가 있으며, 한국인의 라이프스타일 유형과 특성에 관한 연구로는 박성연(1996)의 연구[45]가 있다.

다음과 같은 논의를 바탕으로, 라이프스타일에 관한 기존 연구를 요약해 보면 〈표 3-9〉와 같다.

〈표 3-9〉 라이프스타일에 관한 기존의 문헌연구

저 자	정 의	연 구 내 용
Lazer(1963)	총체적이고 광범위한 의미로 전체사회 또는 부분적 사회상이 반영된 삶의 특성적 형태	시스템 이론을 도입, 라이프스타일은 문화, 가치, 자원, 상징, 소비자의 총체적 구매, 활동, 소비형태와 같은 영향력들의 결과이다.

동을 중심으로」, 경희대학교 석사학위논문.

40) 강홍섭(1991), 「우리나라 라이프스타일 연구에 대한 분석적 고찰 및 실증연구」, 서울대학교 석사학위논문.

41) 김성환 · 김봉관 · 윤보석(1992), "캐주얼웨어 소비자의 라이프스타일유형별 구매행동 특성에 관한 연구", 『동아대경영논총』, 12월호, pp. 51-66.

42) 이재경(2000), 「대학생들의 라이프스타일을 이용한 의류시장세분화에 관한 연구」, 동국대학교 석사학위논문.

43) 이명식(1992), "라이프스타일에 대한 체계적 고찰과 확장된 이론적 틀", 『마케팅연구』, 제7권 제1호, pp. 51-64.

44) 조형오(1994), "한국인의 라이프스타일 유형분류 및 소비행동에 대한 연구", 『소비자학연구』, 제7권 제2호, pp. 223-242.

45) 박성연(1996), "한국인의 라이프스타일 유형과 특성", 『마케팅연구』, 제11권 제1호, pp. 19-34.

저 자	정 의	연 구 내 용
Lazer(1963)	총체적이고 광범위한 의미로 전체사회 또는 부분적 사회상이 반영된 삶의 특성적 형태	시스템 이론을 도입, 라이프스타일은 문화, 가치, 자원, 상징, 소비자의 총체적 구매, 활동, 소비형태와 같은 영향력들의 결과이다.
Levy(1963)	움직이는 커다란 복합적 상징	소비자들은 자신들의 라이프스타일에 부합하는 제품을 구입한다.
Bernay(1971)	시간과 돈의 사용에서 반영되는 개인들의 독특한 삶의 형태	광고매체, 스포츠, 정치, 문화, 조직 등에 대한 활동을 중심으로 라이프스타일 연구
Well & Tigert(1971)		라이프스타일을 AIO(Activities, Interests, Opinions)으로 조직화
Myers & Gutman(1974)	개인들간의 상호작용을 통해서 공동목표를 채택하고 생활해 나가는 방법에 대한 결과적 행위	이론적 틀은 사회계급(social Class)에 근거하고 있으며 AIO방법을 사용
Reynolds & Darden(1972)	인간이 스스로 개성있게 변화되어 가고 있는 구조체계	Kelly의 개인구조이론에서 근거하여 라이프스타일에 대한 이론적 구축시도
Wind & Green (1974)	시간과 돈을 사용하여 살아가는 총체적 생활방식	라이프스타일에 대한 분류는 ① 일반적 행동, 특정 제품 또는 상표와 관련된 ② 개인 혹은 집단의 ③ 레저, 일 또는 소비행동에 대해서 ④ 활동, 관심, 태도 등으로 나타내어지는 가치와 인간성을 근거로 이뤄진다.
Richards & Sturman(1977)	관여제품의 사용과 구매에 관련된 모든 태도와 행동	라이프스타일을 ① 보수적 소비자 ② 유행적 소비자 ③ 브랜드 의식 소비자 ④ 외향적 소비자 ⑤ 가족/가격지향적 소비자 등 5개 집단으로 분류
Berkman & Gilsor(1978)	소비에 의해서 결정되는 행동들의 패턴	태도, 가치, 의견, 관심 그리고 드러난 행동 등으로 라이프스타일을 측정
Assael(1983)	주어진 시간을 어떻게 사용하고, 주어진 상황속에서 무엇을 중요하게 생각하며, 자기 자신을 어떻게 보는가 등에 의해서 결정되어지는 삶의 형태	라이프스타일을 ① 전통적, ② 자기중심적, ③ 보수적, ④ 실질적 형으로 분류
Mitchell (1983)	VALS Program	9가지 유형으로 분류 : ① 생존자형 ② 생계유지형 ③ 소속지향형 ④ 경쟁지향형 ⑤ 성취지향형 ⑥ I-AM-ME형 ⑦ 경험자형 ⑧ 사회사업형 ⑨ 종합형

채서일(1992)	그 사회의 구성원들이 공통적으로 갖고 있는 독특한 생활양식	체계적 분석의 틀을 사용하여 ① 전통적 알뜰형 ② 합리적 생활만족형 ③ 진보적 유행추구형 ④ 보수적 생활무관심형으로 분류
이명식(1992)		라이프스타일의 확장된 이론적 틀을 제시, 실증적 분석을 하지 않았음
박성연(1996)		3체계적 분석의 틀을 사용하여 ① 진보적 패션추구형 ② 합리적 생활추구형 ③ 전통적 보수추구형으로 분류
박성연(1998)	환경친화형 라이프스타일 환경무관심형 라이프스타일	녹색소비자 특성분석을 통해 소비자를 세분화함. 환경친화적이지는 않지만 적대적이지도 않은 중립집단이 70%라는 점을 찾아냄
김훈·권순일(1999)		대학생 인터넷 사용자들의 라이프스타일을 규명하고 인터넷 사용자와 비사용자간의 라이프스타일과 구매의사결정 차이를 비교분석 ①진취적 여가활동형 ② 수동적 독립지향형 ③전통적 안정추구형으로 군집화함
유창민(2000)		라이프스타일 유형별 인터넷 정보탐색 유형을 파악함 ① 독립 지향적 자기개발 ② 활동적 자기추구형 ③ 적극적 정보추구형으로 나눔

* 자료 : 박성연(1996), "한국인의 라이프스타일 유형과 특성", 『마케팅연구』, 제11권 제1호, pp. 19-34에서 일부 수정 및 최근 자료를 보완하였음.

5. 마케팅 능력

친환경농산물 마케팅에서의 마케팅 능력이란 "친환경농산물 생산자 또는 유통업체가 동태적인 시장환경에 맞서 소비자들의 욕구와 기호를 끌어들이기 위한 일종의 마케팅 촉진능력(promotion ability of marketing)"으로 정의를 내릴 수 있다. 즉, 여기에서 친환경농산물 생산자 또는 유통업체의 마케팅 활동의 보유 여부에 따라 고객관점의 상품가치-편리성, 경제성, 우수성과 고객만족-재구매의도, 브랜드 충성도, 구전효과간에 어떤 영향관계를 미치는지 분석하고자 도입한 창의적인 변수들이다.

그렇다면 마케팅 능력의 다양한 변수들을 도입할 수 있었을텐데 신뢰,

커뮤니케이션, PR, 명성의 변수를 취사선택한 그 배경은 무엇인가?

첫째, 오늘날 기업들이 소비자들을 대상으로 마케팅 전략의 실행에 있어서 가장 중요한 메시지는 바로 기업의 신뢰를 제공하는 것이다. 즉, 신뢰는 자신이 믿고 있는 교환 상대방에 의존하려는 의지(willingness)를 뜻하므로(Moorman, Deshpandé & Zaltman, 1993, p.82) 기업 입장에서 불특정 소비자들이 특정 기업에 대한 거래의 신뢰성을 갖게 된다는 것은 엄청난 자산의 획득으로 볼 수 있을 것이다. 다시 말해서, 현재의 제품성숙 시장에서 새로운 신규고객들을 유인하는 마케팅 비용보다는 기존의 고객들에게 기업의 거래의 신뢰할 만한 메시지의 제공으로 고객 이탈을 예방하는 그 자체가 장기적으로 기업의 현금유입 증가를 도모하며, 기업의 마케팅 비용을 절감하는 효과를 획득할 수 있기 때문이다.

둘째, 신뢰와 명성의 변수간에 중복성이 존재할지라도 소비자가 특정 친환경농산물 생산자나 유통업체들에게 명성을 갖고 있다는 것은 그만큼 다른 경쟁기업들에 비해 신뢰 또는 브랜드 충성도가 높음을 뜻한다. 즉, 긍정적인 명성(positive reputation)이란 어떤 조직이 높이 평가받으며, 가치가 있거나 우수함이 있는 것을 뜻하는 것(Dollinger, Golden and Saxton, 1997, p.127)으로서, 평균 이상의 이익을 획득하는데 이용될 수 있다(Barney, 1986). 또한 명성은 파트너들의 기술적 또는 전문적 행위(professional conduct), 윤리(ethics), 그리고 표준(standards)에 대한 좋은 명성 혹은 나쁜 명성을 가지는 정도의 인식을 말하며, 특히 서비스 시장에서는 서비스 질(quality)의 사전 구매평가가 모호하고 부분적이기 때문에 더 중요한 역할을 수행한다(Weigelt and Camerer, 1988, p.450).

셋째, 커뮤니케이션은 거래의 신뢰성을 제고시키고 또한 명성을 높이기 위한 방안이다. 다시 말해서, 친환경농산물 생산자 또는 유통업체와 소비자간의 원활한 커뮤니케이션이 중요한 역할을 할 것이다. 커뮤니케이션은 조직적 기능의 중요한 기반이기 때문에, 커뮤니케이션 행동은 조직의 성공에 결정적이며(Mohr and Nevin, 1990; Mohr and Spekman, 1994). 커뮤니케이션은 친환경농산물 공급체인선상에 놓여 있는 파트너간에 의미있는 비공식적 공유 및 시의적절한 정보뿐만이 아니라, 공식적 정보의 공유를 뜻한다(Anderson and Narus, 1990, p.44). 커뮤니케이션은 특히, 시의 적절한 커뮤니케이션(Moorman, Zaltman and Deshpandé, 1993)은 논쟁과 갈등을 해결하고, 지각과 기대를 결합함으로써 지원에 의해 거래의 신뢰성이 싹트게 만들기 때문이다(Etgar, 1979). 가령, 반품의 교환, 정시배달, 새로운 패션의 유행정보 수집, 판매원의 교육 등은 친환경농산물 생산자 또는 유통업체와 소비자간의 신뢰의 관계구축을 위해 바로 커뮤니케이션이 양자간의 파이프 역할을 담당하는 것이다.

넷째, PR이란 기업이 공중의 관심사를 조사·추적하고 공중과 우호적인 관계를 형성하는 일련의 과정에서, 기업 및 공중의 이익을 조정하기 위해 의도적으로 계획되고 수행되는 커뮤니케이션 활동을 말한다. 따라서 기업은 소비자들에게 기업 친화적인 마인드를 갖게 하기 위해 매스미디어를 통해 기업의 긍정적 이미지를 부각시키는 역할을 담당하는 것이 바로 PR이라고 보면 될 것이다. 반면, 최근 기업에서의 광고활동은 성숙시장에서 소비자들을 끌어들일 정도로 파괴력있는 촉진수단으로 더 이상 그 중요성을 잃어 가고 있는 실정이다. 즉, 기업이 생산한 제품에 대해 보다 투명한 의사결정을 바라는 소비자 알권리의 강화로, 기업광고는 소비자들에게 거래의 신뢰성과 명성을 촉진시키기보다는 오히려 과장과 불신을 초래하는 경향이다.

이들은 정리하면, 마케팅 활동의 창의적인 변수 도입은 바로 친환경농산물 생산자 또는 유통업체의 마케팅 활동에 따라 소비자들의 가치가 고객만족에 어떠한 영향을 미치는 지를 분석하고자 하는 것이다. 구체적으로 상품가치, 즉 편리성·경제성·우수성이 친환경농산물 생산자 또는 판매점(공급자)의 마케팅 활동에 해당되는 거래의 신뢰성, 커뮤니케이션, PR, 명성에 따라 소비자만족 변수인 재구매의도, 브랜드 충성도, 구전효과에 어떤 영향을 미칠 것인가를 분석하는 것이다. 따라서 시장환경의 동태성에 따라 기업의 마케팅 활동의 중요성이 점증함에 따라 마케팅 활동이 상품가치와 고객만족 변수에 어떤 영향관계인 지를 파악하여, 앞으로 기업들에게 다양한 마케팅 활동의 중요성을 일깨우는데 그 의의를 부여할 수 있을 것이다. 따라서 이 연구에서 창의적으로 도입한 마케팅 능력의 변수에 대해 논의하고자 한다.

(1) 신 뢰

신뢰에 관한 연구문헌은, 신뢰하는 관계자 입장에서의 자신감이란 신뢰할 만한 관계자가 믿을 수 있고, 높은 완전무결성, 즉, 일관성, 적합성, 정직, 공정성, 책임, 지원, 그리고 선의와 같은 그러한 질(quality)과 관련되어 있다는 기업의 확신에서 비롯된 것이라고 제시한다(Altman and Taylor, 1973; Dwyer and LaGace, 1986; Larzelere and Huston, 1980; Rotter, 1971). Anderson and Narus(1990, p.45)는 신뢰를 서로의 기업이 부정적인 결과를 낳는 예상치 못한 행동을 취하지 않을 뿐만 아니라, 기업으로서의 긍정적인 성과를 낳는 활동을 수행할 것이라는 기업의 확신으로 정의를 내리고 있다. 신뢰는 결속과 더불어 관계마케팅 이론의 중심적 개념 가운데 하나의 축으로서 확인되었으며(Morgan and Hunt, 1994), 한 관계자가 교환 파트너의 신뢰성과 완전무결성에서 자신감을 가졌을 때 존재하는 것으로 개념화하고 있다. 또한, 신뢰란 자신이 믿고 있는 교환 상대방에 의존하려는 의지(willingness)를 뜻한다(Moorman·Deshpandé·Zaltman, 1993, p.82)라고 하였다.

이러한 신뢰에 대한 정의의 중요한 의미는 상대 파트너의 전문가적 식견(expertise), 신뢰성(reliability), 의도(intentionality)로부터 발생한 교환 파트너에 대한 믿음(belief), 감정(sentiment), 또는 기대(expectation)로서의 개념이다(Ganesan, 1994). 여기서 제공되는 신뢰의 정의는 다음의 두 가지 요소를 반영하고 있다.

① **신용**(credibility) ; 구매자(유통업자)의 입장에서 판매자(공급자)가 효과적 및 신뢰할 수 있을 정도로 업무를 수행하는데 전문적 지식을 획득하고 있다고 믿는 정도에 기반하고 있다.

② **호의**(benevolence) ; 판매자가 결속에 방해 요소인 새로운 조건이 발생하였을 때, 구매자에게 호의적인 의향과 동기를 갖고 있다는 것을 구매자가 믿는 정도에 기반하고 있다. 전자인 교환 상대방의 객관적인 신용은 파트너의 전문성과 신뢰성에 기반을 둔 신뢰(trust)이다. 즉, 파트너의 구두 또는 문서에 의존할 수 있는 개인에 의해서 유지되는 기대에 초점을 두게 된다. 이러한 차원은 일관성(consistency), 안정성(stability), 표출되는 행동에 대한 통제 등을 포함하게 된다.

후자인 호의는 교환 파트너의 의도와 동기에 초점을 둔다. 이러한 차원은 파트너의 특정한 행동보다는 파트너의 품질(quality), 의도(intentions), 특성(characteristics) 등을 포함하고 있다. 자신의 이득뿐만 아니라, 구매자의 이득까지 함께 고려하는 판매자는 자신의 이득만을 고려하는 판매자에 비하여 더 많은 신뢰를 얻을 것이다. 이러한 점에서 신뢰의 초점은 한 명의 구성원(즉, 공급자의 관점)이 가지고 있는 다른 구성원(즉 유통업자, 소매상 구매자)에 대한 신뢰에 초점을 맞추고 있다. 신용과 호의는 파트너십 지향성에 비슷한 효과를 지니고 있으며, 이것은 특정한 신뢰 행위와 의도 모두가 기회주의적 행동으로 인한 위험의 인지를 완화시켜 주기 때문이다.

반면, 파트너 간의 신뢰의 결여는 부분적으로 동기부여, 목표, 그리고 사업에 대한 접근에서 지각된 차이가 발생한다. 이러한 것은 문화, 전략, 그리고 파트너 조직의 시스템의 차이에서 발생한다고 주장한다(Smith and Barclay, 1997, p.4)

결속과 마찬가지로 신뢰는 사회교환 연구 및 또 다른 연구분야에서 광범위하게 연구되어 왔다(Fox, 1974; Scanzoni, 1979). 예를 들면, 조직행동에서 신뢰의 규범이라는 연구는 조직경제학에서부터 관리이론을 구분하는 특징으로 고려된다(Barney, 1990; Donaldson, 1990). 서비스마케팅(service marketing)[46]에서 고객-기업간의 관계는 신뢰가 필요하다는 것을 밝혔다(Berry and Parasuraman, 1991, p.144). 사실상, 효과적인 서비스마케팅은 신뢰의 관리에 달려 있다고 주장하였는데(p.107), 그 연유는 고객이 전형적으로 서비스를 경험하기 전에 서비스를 구매하여야 하기 때문이다. 전략적 제휴에서는 전략의 성공을 위해 가장 큰 장애물(stumbling block)은 신뢰의 부족이라고 주장하였으며(Sherman, 1992, p.78), Spekman(1988, p.79)은 신뢰를 파트너십의 주춧돌이라고까지 표현하였다. 소매업에서 신뢰는 로열티(loyalty)에 필요한 기반이라고 강조하였다(Berry, 1993, p.1). 자동차 마케팅에서 새턴(Saturn)은 모든 사람이 위험과 보상을 공유하는 파트너십을 강조하였으며, 그리고 그것의 윈윈(win-win)을 위한 역할연기 게임(role playing game)은 곧 상호 신뢰를 강조한다고 단언하였다(*Advertising Age*, 1992, p.13). 포드 자동차 회사에서는 일본 자동차 메이커와 경쟁하기 위해서는 신뢰의 영혼이라고 할 수 있는 그들의 공급자와 관계가 필요하다고 역설하였다(*Business Week*, 1992, p.27). 구매자-판매자간의 협상 상황에서 협력적인 문제해결과 건설적인 대화를 달성하는 과정에서 중요한 것은 신뢰라는 것을

46) 서비스의 기본적인 특징(이유재, 1997; 이문규 · 이인규, 1997)으로는 무형성(intengibility), 비분리성(inseparability), 이질성(heterogeneity), 소멸성(perisability)을 꼽고 있다.

발견하였다(Schurr and Ozanne, 1985).

거래비용적 관점(Williamson, 1975, 1981)에서는, 쌍방 파트너 측에 대한 만족스러운 합의의 도출 비용, 예견치 못한 상황에 대한 합의에 따른 적응비용, 그것의 조건을 시행할 수 있는 비용을 수반한다. 제한된 합리성(bounded rationality)과 문서화의 비용(writing of costs), 협상(negotiating), 계약의 이행, 파트너십을 수반하는 포괄적 계약 등의 문제 때문에, 거래의 성사 가능성은 용이하지 않다. 기껏해야 불완전한 계약만이 이루어지며, 따라서 기회주의적 행동의 위험은 더 커진다.

파트너십의 관계에서 기회주의적 행동의 위험은 쌍방간의 신뢰가 존재하고 있다면 줄어들 수 있다. 신뢰를 바탕으로 한 관계에서의 불완전한 계약은 쌍방이 상호간의 이익에 관한 행동에서 예측할 수 없는 상황을 받아들이기로 동의했다는 것을 의미한다(Ganesan, 1994). 그러한 신뢰관계에서, 구매자-판매자는 단기간의 기회주의적 행동보다는 장기간의 해결을 통하여 불평등에 반응하곤 한다. 이것은 신뢰가 파트너십 교환관계에서 기회주의적 행동의 위험을 감소시킨다는 것을 제시한다. 그러므로 신뢰가 존재할 경우에, 구매자-판매자간의 관계는 장기간의 특유한 투자(long-term idiosyncratic investments)가 지니는 위험의 정도는 제한적이며, 이는 쌍방이 서로의 편의 속에서 이익을 얻기 위해서 환경을 바꾸거나 계약을 어기는 행동 등을 하지 않기 때문이다. 더 나아가 신뢰 관계는 더 낮은 거래비용을 수반하게 되는데, 이는 불완전한 거래이더라도 교환관계(exchange relationships)를 수행하는데 충분하기 때문이다.

구매자-판매자간에 있어서 판매자에 대한 구매자의 신뢰는 3가지 방식에서 구매자의 파트너십에 영향을 미친다. 즉, ① 신뢰는 공급자에 의한 기회주의적 행동과 관련된 위험의 지각을 감소시킨다. ② 신뢰는 단기간의 불평등을 장기간에 걸쳐서 소멸할 것이라는 유통업자의 자신감을 증가시킨다. ③ 신뢰는 교환 관계에서의 거래비용(transaction costs)을 감소시킬 것이다.

(2) 커뮤니케이션

커뮤니케이션은 조직적 기능의 중요한 기반이기 때문에, 커뮤니케이션 행동은 조직의 성공에 결정적이다(Mohr and Nevin, 1990; Mohr and Spekman, 1994). 신뢰, 그리고 결속의 설명 변수인 커뮤니케이션은 파트너 간에 의미있는 비공식적 공유 및 시의적절한 정보뿐만이 아니라, 공식적 정보의 공유를 뜻하며(Anderson and Narus, 1990, p.44) 계획, 프로그램, 기대 목표, 그리고 평가기준의 상호개방과도 관련되는 등 광범위하게 정의를 내리고 있다(Anderson and Narus, 1984; Anderson and Weitz, 1989). 커뮤니케이션 특히, 시의적절한 커뮤니케이션(Moorman, Zaltman and Deshpandé, 1993)은 논쟁과 갈등을 해결하고, 지각과 기대를 결합함으로써 지원에 의해 신뢰가 싹튼다(Etgar, 1979). Anderson and Narus(1990, p.45)는 과거의 커뮤니케이션은 신뢰의 전제조건이지만, 일련의 기간에 있어서 이러한 신뢰의 누적은 더 좋은 커뮤니케이션을 낳을 수 있다고 했다. 이와 같이 본 연구는 커뮤니케이션이 서로 다른 관계자로부터 과거의 커뮤니케이션이 빈번하고 매우 높은 질 즉, 적합하고, 시의적절하며, 그리고 신뢰할 수 있다는 것에 대한 파트너의 인식은 곧 더 큰 신뢰를 낳을 것이라고 단언한다. 비록 커뮤니케이션이 유통경로를 함께 유지하는 접착제(glue)로 설명할 수 있을지라도, 경로 커뮤니케이션에 대한 실증적 연구는 매우 많지 않다(Mohr and Nevin, 1990, p.36). 그럼에도 불구하고 Anderson and Narus는 제조업체와 유통업자의 관점에서 과거의 커뮤니케이션이 긍정적으로 신뢰와 관계하고 있다는 것을 발견하였다. 또한 Anderson and Weitz(1989)도 커뮤니케이션은 긍정적으로 경로상에서 파트너 간에 상호 이해를 제고시킴으로써 관계강화와 촉진에 긍정적인 역할을 한다고 검정하였다.

한편, 지각된 유통경로상에서의 유통경로 관리자의 커뮤니케이션 기술이 경로구성원의 신뢰성에 영향을 미치는 실증적 연구에 의하면, 전화상의 대화, 개인적 방문, 정보의 충분한 제공, 커뮤니케이션에 대한 만족도 등으로 측정된 커뮤니케이션 기술의 적합성에 따라서 분류한 2개의 집단 간에 있어서 신뢰에 유의한 차이가 나타난 것으로 보아 경로 관리자들이 신뢰성을 증진시키는 방안을 강구하여야 함을 시사한다. 그러나 이 연구는 신뢰와 커뮤니케이션 기술의 적합성간의 상관관계의 존재를 보여 주었을 뿐, 이 관계의 방향성을 제시하지 못했다는 한계점이 있다. 뿐만 아니라, Dwyer, Schurr and Oh(1987)도 신뢰와 커뮤니케이션 간의 관계에 있어서 신뢰가 커뮤니케이션의 원인이 된다고 간주하였으며, Anderson and Weitz(1989)는 커뮤니케이션이 신뢰에 선행한다고 주장하였다. 또한 Morgan and Hunt(1994)는 신뢰와 관계결속에 관한 연구모형을 구축하는데 있어 커뮤니케이션을 하나의 변수로 다루고 있는데, 이것은 Anderson and Narus(1990)의 "커뮤니케이션이 신뢰를 제고시킨다"라는 주장과 일치하고 있다.

따라서 협력의 편익을 성취하기 위한, 파트너 간의 효과적인 커뮤니케이션은 매우 중요하며, 커뮤니케이션은 곧 파트너 간의 가치있는 정보공유와 목표의 계획 및 설정에 지대한 영향을 미칠 것이다.

(3) PR

PR[47]이란 기업이 공중의 관심사를 조사·추적하고 공중과 우호적인 관계를 형성하는 일련의 과정에서 기업 및 공중의 이익을 조정하기 위해 의도적으로 계획되고 수행되는 커뮤니케이션 활동을 말한다.

PR 모형의 고전이라고 일컬어지는 PR 4모형은 Grunig & Hunt(1984)에 의해 체계화되었으며, 이 모형은 각 나라마다 다양한 조직별로 PR 커뮤니케이션이 어떻게 수행되고 있는가를 평가하는데 중요한 기준이 되어왔다. Grunig & Hunt는 PR이 발전해 온 역사를 네 개의 모형을 통해 설명하고 있다. 이들이 구분한 PR모형은 언론대행 모형(press agentry), 공공정보 모형(public information), 쌍방불균형 모형(two-way asymmetrical communication model), 쌍방균형 모형(two-way symmetrical communication model)이다. 이들 PR 4모형을 간단히 살펴보면 다음과 같다.[48)]

PR 4모형 중 언론대행과 공공정보 모형은 폐쇄적인 모형으로서, 주로 매체를 통하여 공중에게 정보를 배포하는 PR의 일방적인 접근방식을 말한다. 즉, 19세기 중엽, 언론 대행업자들(press agents)이 미국 영웅들을 부각시키기 위해 선전 위주로 PR을 수행했던 언론대행과 20세기초 기업에 관해 좋은 일만 보도자료로 내보낸 공공정보 모형 모두 정보의 전파를 통해 조직을 우호적으로 보이도록 하기 위한 노력이라고 볼 수 있다.

쌍방불균형 모형은 사람들의 동기를 이해하고 연구결과를 바탕으로 조직이 원하는 방향으로 공중을 설득하여 행동하게 하는 메시지를 개발하는데 중점을 둔다. 이 모형은 2차 세계대전 당시 선전가들의 성공에서 확인한 바 있듯이, 인간은 조종 가능한 대상이라는 전제하에, 때로는 기업 입장에서 미디어 의제를 조작하려고 시도하며 언론인들과 갈등을 겪기도 한

47) 마케터에게 PR 가능이 중요하게 등장하게 된 배경으로 ① 매스미디어의 영향력과 중요성의 감소, ② 정보의 신뢰성, ③ 소비자들의 환경에 대한 관심의 증대, ④ 위기관리의 중요성 부각, ⑤ 새로운 커뮤니케이션의 발전, ⑥ 글로벌 경제의 부각 등을 들 수 있다.

48) G. E. Grunig(1992), *Excellence in Public Relations and Communication Management*, Hillsdale: Lawrence Erlbaum Associates Publishers, pp.286-312.

다. 즉, 기업 자체의 변화를 시도하지 않은 채 공중을 변화시키려 한다는 입장에서 균형을 잃은 모형이다.

쌍방균형 모형은 '진실을 말하는 것', '고객과 공중 사이의 상호 이해를 넓히는 것', 그리고 '구성원과 지역주민이 경영을 이해함은 물론 경영진이 구성원과 지역주민의 견해를 이해하는 것' 을 전제로, 연구결과를 활용하고 쌍방 커뮤니케이션을 이용하는 PR 방식이다. 이는 쌍방불균형 모형처럼 공중에게 동기를 부여하고 설득하기 위한 메시지를 찾아내기보다는 조사와 연구를 통하여 공중과의 이해를 돈독히 하고 원활한 커뮤니케이션을 중요시하는 PR 모형이다. 즉 균형모형에서는 설득보다 이해가 PR의 기본목표가 되는 셈이다.

Grunig는 네 모형의 바탕을 이루는 두 변인을 방향과 목적으로 제시하고 있는데, 이때 '방향' 이란 모형이 일방적이냐 아니면 쌍방향이냐를 가리키는 것으로서, 독백 성격의 일방적인 커뮤니케이션은 정보 배포를 주목적으로 하는데 반해, 대화에 해당하는 쌍방향 커뮤니케이션은 정보교환을 의미한다.

'목적' 은 모형이 불균형이냐 균형이냐를 지칭하는데, 불균형 커뮤니케이션은 조직이 자체의 변화를 시도하지 않은 채 공중을 변화시키려 한다는 의미에서 균형을 잃은 커뮤니케이션이다. 이에 반해, 균형 커뮤니케이션은 조직간, 공중간의 관계 이해를 통하여 조정한다는 의미에서 균형을 유지하는 커뮤니케이션이라고 할 수 있다. 이런 기준에 따라 Grunig와 Hunt(1984)는 언론대행 모형을 일반 불균형 모형으로, 공공정보 모형을 일방 균형모형으로 개념화하였다.

조직이 채택하는 이러한 PR 모형은 조직의 구조 및 환경과 일정한 상관관계가 있을 것이라는 전제하에 Grunig(1992)는 조직의 환경이 복잡하고 변화가 심할수록 쌍방향균형 커뮤니케이션이 적합하다고 제시했지만, 실증적 연구에서는 그런 환경하의 조직들은 이론이 예측한 대로 PR을 수행하지 않음이 밝혀졌다. 따라서 PR의 모형과 조직의 환경 및 구조의 이론적 관계는 실증적이기보다는 규범적인 것에 가깝다고 할 수 있다.

(4) 명 성

기업의 명성(名聲)[49]은 미래의 임차(rents)를 발생시킬 수 있는 자산이라는 공식화된 아이디어를 개발하였다(Wilson, 1995). 명성을 구축하는 행동은 불완전한 정보환경에서 전략적으로 매우 중요하다(Weigelt and Camerer, 1988, p.443). 긍정적인 명성(positive reputation)이란 어떤 조직이 높이 평가받으며, 가치가 있거나 우수함이 있는 것을 뜻하는 것(Dollinger, Golden and Saxton, 1997, p.127)으로서, 평균 이상의 이익을 획득하는 데 이용될 수 있다(Barney, 1986). 또한, 명성은 파트너들의 기술적 또는 전문적 행위(professional conduct), 윤리(ethics), 그리고 표준(standards)에 대한 좋은 명성 혹은 나쁜 명성을 가지는 정도의 인식을 말한다. 특히 서비스 시장에서는 서비스 질(quality)의 사전 구매평가가 모호하고 부분적이기 때문에 더 중요한 역할을 수행한다(Weigelt and Camerer, 1988, p.450).

명성은 사업전략의 무형적 요소(intangible element)로서 파트너십의 관계에 있는 파트너들은 다른 경로관계에서 그들의 행동을 통해 미래 활동의 신호(signals)를 제공한다. 예를 들면, 보복에 대한 명성은 경쟁을 억제시키

49) Dollinger, Golden and Saxton(1997), p.128에 의하면, 긍정적인 명성이 순수한 자산으로 간주할 수 있을지라도, 명성의 요소가 파트너 간에 가장 돌출된 현안인가에 있다. 즉, 파트너십을 형성하려는 경향에 관해 명성의 정보에 대한 복합된 속성이 존재한다는 것이다. 예를 들면, 기업은 재무적 안정성에 뛰어난 명성을 가질 수도 있지만, 제품은 비혁신적이고 평균수준 이하의 품질로서 볼 수 있다는 것이다.

는 한편, 희생을 하고 기타 경로 구성원들에게 관심을 보이는 개별적 파트너들은 산업 내에서 공정성(fairness)에 대한 명성을 개발할 수 있다(Anderson and Weitz, 1992). 공정성에 대한 명성을 얻게 된 파트너를 인식한 상대 파트너는 파트너에 대한 신뢰가 돈독해질 것이며, 제휴(alliance)나 또 다른 조직간 관계를 생성시키는 데 영향을 준다(Oliver, 1988). 호의적인 믿음, 신뢰, 그리고 심리적 결속을 수반한 명성은 기업가적인 단기간의 협조적 관계(honeymoon)의 토대로서 사용할 수 있는 자산이다(Fichman and Levinthal, 1991). 반면, 관계를 종결하고 그리고 높은 이익(high profits)을 추구하는데 대한 부정적 명성(negative reputations)을 얻게 된 파트너는 그 파트너 자신이 파트너 쌍방간의 상호 복지(mutual welfare)에 대한 관심보다는 오히려 자신의 이해관계에만 몰두하는 파트너에게 신호를 보낼 것이다. 그러한 부정적인 명성은 경로 구성원들 간에 신뢰를 저하시킬 것이다.

공정성에 대한 명성(reputation for fairness)은 호의에 기반을 구축하지 않는 파트너를 제외하고 파트너의 신뢰에 대한 긍정적인 효과를 획득하게 한다(Ganesan, 1994, p.189). 공정성에 대한 명성은 지속적으로 신뢰할 만하고 일관성이 있는 행동의 체계(edifice)를 구축하게 한다. 효과적인 성과에 대한 그러한 명성은 용이하게 파트너 간을 초월하여 이전될 수 있으며, 그리고 파트너에 대한 신뢰를 제고시켜 준다. 반대로, 호의(benevolence)는 경로 파트너에 대한 주의와 희생을 기반으로 하고 있으며, 그러한 동기는 오로지 구전 효과(word of mouth effects)가 아닌 실제적인 상호작용을 통해서만이 실현될 수 있다.

결과적으로, 긍정적인 명성은 거래비용을 감소시킬 수 있다. 강력한 긍정적인 명성을 가지거나, 부정적인 명성을 가진 기업은 어떤 명성도 가지고 있지 않는 기업들보다 더 많은 매체의 보도를 받을 것이다. 그러므로 수용할 수 있는 파트너 기업에 대한 탐색비용(searching costs)이 현저히 낮아진다. 또한, 긍정적인 명성의 시사점은 표적기업의 활동이 현저하고 그것의 성과가 더 공적이기 때문에 쉽게 감독과 평가할 수 있다. 표적기업에 의한 기회주의적 위협은 표적의 긍정적인 명성에 의하여 감소된다. 설사 기회주의적 행동이 파트너십 관계 동안에 발생할지라도 관계자는 다소 부정적 영향으로부터 보호된다(Dollinger, Golden and Saxton, 1997, p.129).

6. 고객만족

(1) 고객만족의 개념

고객만족(CS: Customer Satisfaction)이라고 하면, 그저 고객을 만족스럽게

[그림 3-4] 고객만족의 등식

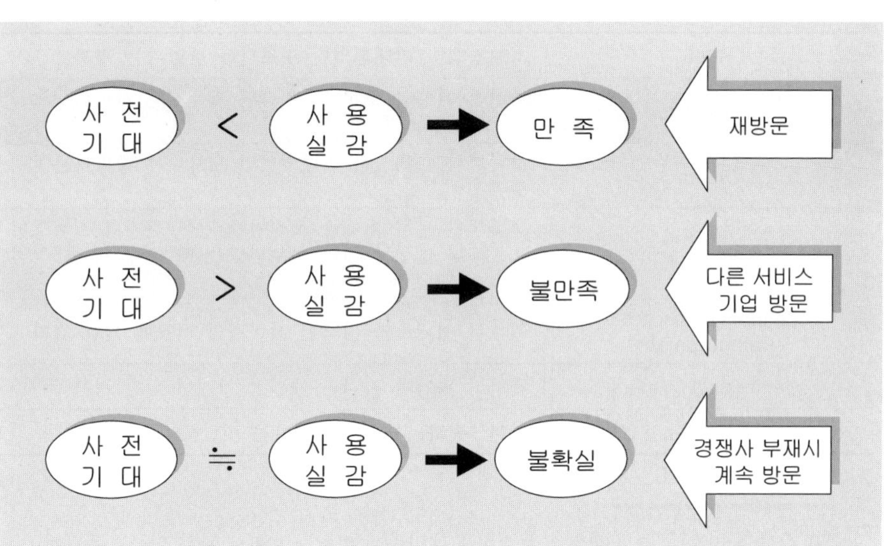

* 자료원 : 손광수(1997), 『알기쉬운 CS, 하기쉬운 CS』, 21세기 북스, p. 19.

대하거나 고객 서비스를 잘 하라는 이야기 등으로 단순하게 생각하게 쉽다. 일반적으로 만족을 욕구충족, 기쁨, 인지적 상태, 속성 혹은 편익평가, 경험의 주관적 평가로 정의한다. 고객만족을 그저 보통명사의 하나로 단순하게 생각하면 안 되며, 지금까지의 회사 위주 경영을 말 그대로 고객 위주로 바꾸지 않으면 회사 자체가 존립조차 할 수 없는 생존과 번영에 위협을 받게 된다.

따라서 앞의 [그림 3-4]에서와 같이 우선 고객만족의 뜻을 확실하게 정의해 둘 필요가 있다. 고객만족은 상품이나 서비스에 대한 고객의 사전기대(expectation)보다 사용실감(perception)이 크거나 높은 것을 말한다. 또한, 고객만족은 고객의 성취반응이므로 정해진 수준 이상으로 고객의 기대를 충족하는 것을 의미한다.[50]

〈표 3-10〉 고객만족의 정의

학 자	정 의
Hunt	소비경험이 기대되었던 것보다는 좋았다는 평가
Tse & Wilton	사전적 기대와 소비 후 지각된 제품성과 사이의 차이를 보이는 소비자의 반응
Oliver	소비경험이 최소한 기대되었던 것보다는 좋았다는 평가
Westbrook	충족되지 못한 기대를 둘러싼 감정이 과거의 소비경험으로부터 얻은 느낌과 결부되었을 때 초래되는 개괄적 심리 상태
Zeithaml, Berry & Parasuraman	기대된 서비스와 지각된 서비스의 비교에 의한 결과
Zeithaml & Bitner	전반적 평가가 아니라 개별적 거래에 의한 평가
Voss, Parasuraman & Grewal	가격, 성과, 시대가 결정하는 것

50) 주형근(1999), 「고객 서비스 품질이 고객만족에 미치는 영향에 관한 연구」, 동덕여자대학교 박사학위논문, pp. 58-70.

학자들에 따라 고객만족의 정의를 달리하지만, 단일 변수가 아닌 상호 관련된 여러 변수들을 포함하고 있다는 점에서 의견을 같이하며 이는 앞의 〈표 3-10〉과 같다.

(2) 고객만족의 중요성

소비자들은 대안들의 비교·평가과정을 거쳐 가장 호의적인 태도를 갖는 대안, 즉 가장 마음에 드는 대안을 구매한다. 구매행위가 이루어진 후에 소비자들이 거치게 되는 과정은 [그림 3-5]와 같이 크게 세 단계로 나누어 볼 수 있다.

소비자의 구매 후의 행동은 제품에 대한 소비 또는 사용경험 후의 제품성과(product performance)에 대한 만족·불만족 평가과정(satisfaction-dissatisfaction evaluation process), 만족·불만족의 원인 또는 책임에 대한 인과를 추론하는 귀인과정(attribution process), 귀인 결정후 재구매의도 형성과

[그림 3-5] 구매 후 행동과정

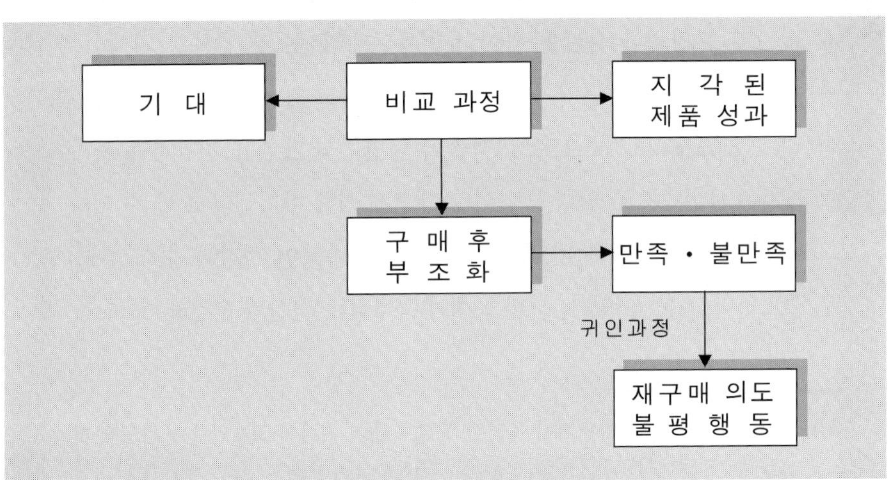

제품성과에 불만족한 소비자의 다양한 불평행동 등 세 가지 단계로 나누어진다.

만약 소비자가 구매한 제품에 만족한다면, 그 제품을 계속해서 구매할 것이며, 자신의 긍정적 제품 경험을 다른 사람들에게 이야기할 가능성이 높다. 반면, 구매한 제품에 만족하지 않는다면, 상표 전환을 하거나 제조업자, 소매업자 혹은 다른 소비자들에게 그 제품에 대한 불만을 이야기하게 될 것이다.

고객들은 구매-구매후 평가-재구매 결정의 과정을 통해서 서비스에 대한 만족 및 불만족을 형성하게 되며 여러 가지 결과물이 나오게 된다. 기존의 문헌 고찰을 통한 고객만족의 결과변수는 다음과 같다.[51] 첫째, 고객 태도의 변화는 행동을 예측하는 가장 중요한 요인이며, 고객만족은 기대와 성과간의 일치의 함수로 정의될 수 있다. 둘째, 반복구매 행동으로 불만족을 경험한 고객들은 재구매를 할 가능성이 훨씬 적어지며, 고객들의 구매의지 및 구매행동은 이전의 소비자 만족도에 크게 영향을 받는다고 할 수 있다. 셋째, 고객이 만족한 결과로 높은 고객만족을 통한 가격 민감도의 약화, 기업 평판의 증대 등을 기할 수 있게 된다. 넷째, 구전(word of mouth)으로 불만족한 사람들 사이의 커뮤니케이션으로서 사전 지식이 부족한 고객들에게 부정적인 역할을 미치게 된다고 할 수 있다. 다섯째는 불평행동(complaint behavior)으로, 고객들이 불만족의 표현을 전달하는 즉, 주로 인지된 불만족으로 인한 느낌이나 감정에 의해 야기된다고 할 수 있다.

고객만족의 결과변수 및 효과는 기업의 지속적인 성장과 수익성에 매우 중요하다고 볼 수 있다. 서비스 마케팅에서는 진실의 순간(the moment of

---

51) 구영덕(2000), 「대형 할인점의 물리적 환경에 대한 지각이 고객만족과 의도에 미치는 영향」, 영남대학교 박사학위논문, pp. 50-80.

truth)이라는 개념을 설명하면서, 고객의 만족은 서비스의 제공자, 제공되는 절차와 시스템, 물리적 환경의 상호작용에서 발생한다고 본다.

(3) 고객만족의 선행연구 검토

고객만족에 대한 연구는 크게 두 가지 관점에서 이루어져 왔다. 첫 번째 관점은 거래 특유적 고객만족(transaction specific customer satisfaction)으로서 개별거래에 대한 성과(performance)를 기대(expectation)와 비교함으로써 만족 여부를 판단하는 것이며, 두 번째 관점은 누적적 고객만족(cumulative customer satisfaction)으로서 개별거래 각각에 대한 경험들이 모여서 제품 또는 서비스에 대한 전체적인 평가결과로서의 고객만족을 결정짓는 것이다.

첫 번째로 거래 특유적(transaction specific) 고객만족 환경이다. 그 동안의 거래 특유적 고객만족에 관한 여러 연구들이 가장 중점을 두어 온 것은 고객만족의 결정요인이 무엇인가에 대한 것이었으며, 이러한 연구들로부터 광범위한 지지를 받아온 것은 기대-불일치 패러다임이었다.

Oliver(1980)는 "개인은 단지 적응수준과 관련지어 자극을 지각한다"라고 가정하는 적응수준이론(adaption level theory)을 고객만족연구에 도입하여 기대-불일치 패러다임을 제안하였으며, 성과에 대한 기대가 적응수준으로 작용한다고 주장하였다. 기대-불일치 패러다임은 특정 거래에 대해 소비자들이 성과를 기대와 비교함으로써 만족 여부를 판단한다고 가정한다. 만일, 성과가 기대와 같거나 초과하면 만족의 증가가 기대되고, 성과가 기대에 못 미치면 불만족이 나타나게 된다는 것이다.[52] Oliver(1993)는

52) Richard L. Oliver(1980), "A Cognative Model of the Antecedents and Consequences of Satisfaction Decisions," *Journal of Marketing Research*, 17, Novermber, pp. 46-49.

고객만족에 대해 "특정 거래에 대해 선택후 내리는 지각된 성과를 기대와 비교한 평가적 판단"으로 정의를 내리고 있다.[53]

두 번째 관점은, 누적적 고객만족으로서 거래 특유적 고객만족 각각에 대한 경험들이 모여서 제품이나 서비스에 대한 전체적인 평가결과로써 고객만족이 결정된다는 것이다. 고객만족을 누적적 고객만족 관점에서 "시간의 경과에 따른 여러 번의 거래 및 서비스 경험에 근거한 평가"로 정의하였다. 그들은 거래 특유적 고객만족이 특정 제품 또는 서비스 접점에 대해 구체적인 진단정보를 제공해 줄 수 있는 반면, 누적적 고객만족은 제품 또는 서비스에 대한 과거, 현재, 미래의 성과를 나타내 주는 보다 근본적인 지표가 될 수 있다고 주장하였다. 모든 경험에 기초한 만족은 반복적인 거래 또는 소수의 경험에 기초하고, 고객이 얼마나 많이 특정의 서비스 제공자를 이용했는지와 관련된다는 것이다.

만족과 관련된 또 다른 이슈는 서비스 만족과 품질간의 구별 및 인과관계에 관한 것이다. 경우에 따라 서비스 품질과 만족은 순환적으로 발생되기도 한다. 최근의 연구결과에서는 서비스 품질은 만족을 선행한다는 개념에 일치성을 보여주고 있다. Oliver(1993)는 만족과 서비스 품질 관계에 있어 몇 가지 중요한 개념적 구별을 설명하였다. 그는 만족을 서비스 품질의 상위개념으로 설명하면서, 서비스 품질은 고객만족과 관련된 많은 요인들 중의 하나임을 주장하였다. 고객들은 서비스 수준이 높은 것을 경험하지만 그렇다고 해서 반드시 만족하지는 않는다. 예를 들어, 한 개인이 최고의 서비스 품질을 가진 친환경농산물을 구매하였지만, 만약에 친환경

---

53) Richard L. Oliver(1993), "A Conceptual model of Service Quality and Service Satisfaction," in Advances in *Services Marketing and Management*, Teresa A. Swarts, Davis E. Bowen and Stephen W. Brown, eds., Greenwich, CT: JAI Press, pp. 65-86.

농산물의 비용이 그가 생각했던 것보다 터무니없이 높았다면 고객을 불쾌하게 만들 것이다. 그 개인은 아마도 그 친환경농산물에 대하여 전반적으로 만족하지는 않을 것이다.[54] 또 다른 구별점으로는 이 두 변수간 관계에서 발생된다. 고객은 구전이나 광고에 의한 지식에 기초하여 실제적인 서비스의 경험 없이도 품질을 평가할 수 있다. 그러나 만족은 서비스 제공자와의 실제적인 접점에 기초하여 발생한다. 많은 연구에서 밝혀졌듯이 만족은 서비스 품질과 상관관계를 보인다. 대체로 최근의 연구결과에서 서비스 품질은 고객의 전반적인 만족수준과 관련된 요인들 중 하나로서, 만족을 서비스 품질의 상위개념으로 인식한다.

한편, 본 연구에서 종속변수인 고객만족에 대해 주의할 점은 앞에서 정의한 의미가 아니라 재구매의도, 브랜드 충성도, 구전효과의 변수를 연구의 목적상 임의로 '고객만족변수' 로 간주하는데 있다. 이에 보다 구체적으로 고객만족변수에 해당되는 재구매의도, 브랜드 충성도, 그리고 구전효과에 대해 살펴보고자 한다.

1) 재구매의도

① 재구매의도의 정의

재구매의도(repeat purchase intention)란 "고객이 미래에도 특정한 친환경농산물 브랜드를 반복하여 구매·이용할 가능성' 을 뜻한다. 일반적으로 의도(intention)란 개인의 예기된 혹은 계획된 미래 행동" 을 의미하는 것으로 신념과 태도가 행동으로 옮겨질 확률이라고 할 수 있다(Engel and Blackwell, 1982).

54) *Ibid.*, pp. 65-86.

소비자 재구매행동 연구분야에서 일반적으로 재구매의도는 만족 측정의 한 유형으로 취급되어, 만약 의사결정을 다시 한다면 동일 구매를 할 것인지를 질문하여 만족의 정도를 측정한 것이다. 구매의사결정 과정은 구매결정을 함으로써 끝나는 것이 아니라, 구매한 제품이나 서비스를 사용해 가면서 만족이나 불만족을 경험하게 되고, 자신의 구매의사 결정에 대한 잘잘못을 평가하고, 나아가 그 제품에 대한 재구매 여부를 결정하게 되는 일련의 과정을 포함한다. 소비자들이 재구매의사를 갖게 된다는 것은 기업의 입장에서 고객 확보에 따른 지속적인 산출을 획득하는 것이므로 즉, 경쟁 우위를 확보하게 되는 것이다. 특히 친환경농산물의 경우, 반복구매로 인한 지속적인 수요창출이 마케팅의 핵심이므로 생산자 또는 유통업자의 입장에서는 고객만족 변수로 대용하여 활용할 수 있을 것이다.

마찬가지로 Monre and Guiltinan(1975)은 인터넷 쇼핑몰의 특정 상점을 주로 찾는 과정을 통해 소비자 재구매행동을 설명하였다. 소비자들이 상점을 선택하는 것도 브랜드를 평가할 때와 마찬가지 근거로 삼는 기준과 상점들이 가지고 있는 특성들을 비교하게 되며, 상점에 대한 태도를 형성하고 그 중 가장 호감이 가는 상점을 선택하는 것이 일반적이다.

② 재구매의도에 관한 선행연구

재구매의도는 친환경농산물을 구매하고자 하는 불특정 다수의 소비자가 친환경농산물 브랜드 메이커 또는 유통업체를 이용할 경우, 현재 거래중인 친환경농산물 브랜드 메이커 또는 유통업체와 다시 거래할 것인가의 여부를 뜻한다.

또한, 재구매의도는 상호접촉의 목표로서 구매자와 판매자간의 계속적인 교류가 높게 기대되는 것은 사회적 교환이론에서 그 이론적 근거를 찾을 수 있다.

한국학술정보(http://www.kstudy.com/)에 의하면 Keyword를 이용하여 '재구매의도' 에 관한 선행연구를 검토해 본 결과 2005년 3월 현재 총 29편의 연구들이 분석되었다. 재구매의도와 관련된 연구분야로는 주로 스포츠, 관광업, 서비스 산업에 국한되었으며, 본 저서 주제의 특징인 브랜드 유형과 소비자의 상품가치 및 고객만족과 직접적으로 관계되는 친환경 농산물 브랜드 연구는 실제적으로 전무한 실정이었으며, 재구매의도는 주로 결과변수로써 활용하고 있었으며, 구체적으로 재구매의도 개념의 정의도 소홀하였다. 그러나 재구매의도의 연구와 본 연구주제와 유사한 연구 6편을 중심으로 〈표 3-11〉과 같이 선행연구를 정리하였다.

〈표 3-11〉 '재구매의도' 에 관한 국내의 선행연구

연구자(소속)	연구연도	연구내용	게재지
배병렬 · 이민우 (전북대 · 서남대)	2001	의료 서비스 구매자를 대상으로 서비스 제공자의 고객지향성이 관계질 및 재구매의도에 미치는 영향 연구	한국마케팅저널, Vol.3(2), pp.21-40.
이유재 · 안정기 (서울대)	2001	서비스 충성도와 의사 충성도가 재구매의도에 미치는 영향연구로서 대학생을 대상으로 음식점과 이·미용실 두 종류의 서비스가 선정된 연구	소비자학연구, Vol.12(1), pp.53-74.
배병렬 · 김종채 (전북대)	2001	가상시장에서의 소비자 재구매의도 연구로 전주지역의 인터넷 사용자 대상 분석	한국마케팅저널, Vol.3(1), pp.30-47.
이주영 · 이선재 (숙명여대)	2000	할인점의 제품 차원과 서비스 차원이 의류제품 재구매의도에 미치는 영향연구로 할인점에서 의류제품 구매의 경험이 있는 여성소비자들을 대상으로 분석·연구	복식, Vol.50(8), pp.17-28.
안광호 외 (인하대)	2000	측정방법에 따른 고객만족도와 재구매의도간의 상관 관계의 차이 연구, 수도권의 자동차 보험 가입자 대상 분석·연구	소비자학, 11(1), pp.37-48.
최낙환 외 (전북대)	2000	관계지향적 고객의 구전 및 재구매의도에 대한 전반적인 만족과 거래의 신뢰성 및 몰입의 매개적 역할 연구	한국마케팅저널, Vol.2(4), pp.13-35.

* 자료 : 필자가 본 연구에 적합하도록 자료를 재정리함.

2) 브랜드 충성도

① 브랜드 충성도의 정의

브랜드 충성도란 "고객들이 과거의 경험과 미래에 대한 기대하에 특정 친환경농산물 제공자에 대한 호의적인 태도로서 미래에도 계속하여 이용할 가능성"으로 정의하고자 한다. 그런데 브랜드 충성도에 대한 정의는 마케팅 연구자들에 의해 행동적 및 태도적 접근방법에 의한 정의, 양 접근방법을 통합한 정의로 분류할 수 있다(Jacoby and Chestnut, 1978; Dick and Basu, 1994; Oh, 1995). 행동적 접근방법에 의한 브랜드 충성도의 정의는 특정 친환경농산물 브랜드 제공자에 대해 일정기간 동안 고객이 반복적으로 구매를 하는 경향(Enis and Paul, 1970; Massey, Montgomery & Morrison, 1970)을 의미하며, 행동적 접근방법에 의한 브랜드 충성도의 조작적 정의를 내리면 반복구매 행동으로서 구매비율, 구매빈도, 반복구매 행동 등으로 측정할 수 있다고 하였다(Raj, 1982). 이는 측정의 객관성이 유지될 수 있으며, 여러 친환경농산물 브랜드 각각에 대해 충성도를 구별할 수 있다는 장점이 있으나, 측정에 있어 연구자의 자의성이 개입되기 쉬울 뿐만 아니라, 특정 친환경농산물 생산자에 대한 브랜드 충성도가 어떻게 형성되며, 왜 변화하는지에 대한 설명이 어렵다는 문제점을 가지고 있다(Enis and Paul, 1970; Raj, 1982; Dick and Basu, 1994). 태도적 접근방법에 의한 브랜드 충성도는 고객선호 또는 심리적 몰입(psychological commitment)을 뜻한다. 그러므로 브랜드 충성도를 특정 친환경농산물 제공자에 대한 호의적 태도로 보며 구매의도, 즉 미래의 구매가능성으로 측정할 수 있다. 이러한 태도의 척도는 반복구매와 같은 행동척도에 비하여 브랜드 충성도의 형성과 변화와 같은 심리적 형성과정을 파악함에 있어서 충성도와 관련된 여러 변수들에 더 깊은 이해와 통찰력을 제공한다(Oliver and MacMillan, 이문규, 1999). 다만, 브랜드 충성도가 어떻게 형성되고 변화하는지에 대한 설명은 가능한 대신 미래에 있어서 실제 구매행동으로 옮겨질지는 단언하지 못한다는 단점이 있다(Oh, 1995).

한편, Dick and Basu(1994)는 행동적 접근방법과 태도적 접근방법을 종합하여 브랜드 충성도를 고객의 호의적 태도 및 반복구매 행동으로 정의하는 것이 브랜드 충성도 개념을 포괄적으로 이해할 수 있다는 점에서 바람직한 접근방법이라고 주장하였다. 즉, 브랜드 충성도의 지표로서 반복구매 행동 또는 호의적인 태도만으로는 필요·충분조건을 충족시키지 못하며, 고객 입장에서의 호의적인 태도와 반복구매 행동이 함께 수반되어야 한다는 것이다.

이상의 연구결과들을 종합하면 여기에서는 이러한 통합적 접근방법에 의거 친환경농산물 브랜드에 대한 브랜드 충성도를 "고객이 특정 친환경농산물 브랜드에 대해 일정기간 동안 보이는 호의적 태도 및 그에 따른 반복구매 행동을 보이는 성향" 또는 "한 브랜드나 점포에 대한 반복구매나 반복방문 정도와 브랜드나 점포에 대한 호의적인 태도"로 정의하고자 한다.

② 브랜드 충성도에 관한 선행연구

브랜드 충성도에 대한 연구가 활발한 이유는 기존고객보다 신규고객의 숫자를 늘리는 것만이 진정으로 회사의 수익과 성장에 도움이 되는가에 대한 비용 관점에서 적지 않은 논쟁거리로부터 발단되었다. 즉, 신규고객의 확보에 드는 비용이 기존고객의 유지비용보다 다섯 배나 많이 든다는 점이다(Barsky, 1994; Reichheld and Sasser, 1990). 이것은 신규고객의 확보를 위한 광고비, 잠재고객에 대한 인적판매 비용, 고객관리를 위한 신규계정 설정비용, 기업·제품·서비스의 설명비용, 서비스나 제품에 대한 불충분한 이해에서 오는 낭비가 있기 때문이다(Peppers and Rogers, 1993). 이러한 비용 절감의 이유뿐만 아니라 기존고객의 유지는 그 이상의 수익을 낳을 수 있다는 논리이다. 상품가치 생애에 관한 연구에 따르면 해당 기업에 친숙해진 기존 고객들은 그들의 사용량, 이용 횟수를 증가시킴으로써 기업의 미래 수익성 증대에 기여한다고 한다. 실제로 고객의 이탈율이 5%감소할 때 자동차 서비스 체인은 30%, 보험회사는 50%, 그리고 은행은 85% 이상의 수익증대를 가져온다고 한다(Reichheld and Sasser, 1990). 따라서 많은 기업들이 주로 고객만족의 기치를 내걸고 고객의 이탈률을 줄이기 위해 노력하고 있다. 하지만 만족한 고객들이 반드시 해당 기업을 이탈하지 않는 것은 아니다. 만족고객의 경우 심지어 90%의 이탈률을 보이기도 한다. 이러한 질문에 대해서는 고객만족을 포함하는 충성도 연구에서 그 해답을 찾을 수 있다는 점이다.

이러한 이유들로 인해 고객이 특정 브랜드에 대해 긍정적인 태도를 가지고 반복적인 구매를 하는 충성도는 매우 중요한 테마인 것이다. 충성도에 대한 연구는 여러 학자들에 의해 연구되어 왔으나, 그 중 많은 연구는 제품의 브랜드 충성도에 대한 연구였으며(Cunningham, 1966; Jacoby and Chestnut, 1978; Tranberg and Hansen 1986), 최근에는 점포 충성도나 서비스 충성도에도 많은 관심을 가지고 연구가 진행되고 있다(조광행·임채운, 1999; 조광행·박봉규, 1999; 이문규, 1999; Oliver, 1999).

한국학술정보(http://www.kstudy.com/)에 Keyword를 이용하여 '브랜드 충성도' 에 관한 선행연구를 검토해 본 결과 2005년 3월 현재 총 20편의 연구들이 게재되어 있었다. 브랜드 충성도와 관련된 연구분야로는 관광업, 서비스업, 온라인 분야에 집중되었다.

본 연구 주제의 특징인 브랜드 유형과 소비자의 상품가치 및 고객만족과 직접적으로 관계되는 친환경농산물 브랜드 연구는 실제적으로 전무한 실정이었으며, 브랜드 충성도 연구는 브랜드 충성도 결정요인, 결과변수 또는 조절변수를 활용하여 연구·분석되었다. 그리고 브랜드 충성도 연구

〈표 3-12〉 '브랜드 충성도' 에 관한 국내의 선행연구

연구자(소속)	연구연도	연구내용	게재지
김상욱 (한신대)	2004	온라인 커뮤니티와 브랜드 충성도의 관계에 관한 연구로서 설문지를 활용하여 분석	마케팅관리연구, Vol.9(1), pp.161-188
이용기 외 (충주대)	2002	관계혜택이 고객의 종업원과 식음료업장에 대한 만족, 그리고 브랜드 충성도에 미치는 영향연구를 구조모형을 이용하여 분석	경영학연구, Vol.31(2), pp.373-404.
안준모 · 이국희 (건국대)	2001	인터넷 쇼핑 환경에서의 브랜드충성도에 영향을 미치는 요인에 관한 연구 ; 국내 인터넷 쇼핑몰 산업을 중심으로 분석	경영정보학연구, Vol.11(4), pp.135-153.
박진영 · 신도길 (김천대 · 대구대)	1999	항공사 속성의 지각이 고객만족과 브랜드 충성도에 미치는 영향 연구로 항공사를 이용한 내국인 고객을 중심으로 분석	관광연구, Vol.14, pp.287-306.
조광행 (성심외국어대)	1999	호텔업에서의 브랜드 충성도 결정요인에 관한 연구 : 부산지역 특급호텔을 중심으로 분석한 것으로 국내에서 처음 브랜드 충성도 연구를 집대성	관광학연구, Vol.22(3), pp.134-156.

* 자료 : 필자가 본 연구에 적합하도록 자료를 재정리함.

와 본 연구주제와 유사한 연구를 중심으로 〈표 3-12〉와 같이 선행연구를 정리하였다.

3) 구전효과

① 구전효과의 정의

구전(口傳, word of mouth communication)이란 "소비자들이 이해관계를 떠나서 비공식적으로 긍정적이거나 부정적인 정보를 교환하는 의사소통 행위나 과정"이라고 할 수 있다(김창호·황의록, 1997). 즉, 고객들 간의 직접대화나 전화는 물론 편지 등을 이용하여 개인적으로 의견을 교환하는 방식을

의미하며, 구전의 결과 고객의 태도나 구매행동에 어떤 효과나 변화를 초래하는 작용을 구전효과라 한다. Blodgett(1994)는 부정적인 구전효과의 영향에 대해 소비자에게 제공되는 서비스의 중요성과 소비자만족의 중요성을 강조하면서, 만족한 소비자는 신규소비자를 끌어들이는 역할을 한다고 주장하였다.

일반적으로 사람들은 제품이나 서비스에 대해 주위의 사람들에게 이야기하는 것은 분명히 어떤 보상이나 만족 같은 것을 기대한다. 특히, 전달자의 입장에서 관여도나 이타성의 정도에 따라 불만족 경험으로 인한 불평행동으로 구전이 발생한다는 점이다. 여기에서 전달자는 상업적인 정보제공자보다 거래가 신뢰성을 지닌다. 소비자는 상업적인 정보제공자가 특정 내용을 구전으로 전달할 때 광고와 같이 과장된 정보를 우려하는 반면에, 동일한 상황에 처해 있는 다른 소비자가 개인적인 경험에 대해 구전하는 경우 거래의 신뢰성도와 수용도가 높게 받아들여진다.

요컨대, 구전이 하나의 인적 매체로서 중요시되는 이유로는 첫째, 소비자들은 구매경험을 통해 대체로 구전을 믿을 수 있고 거래의 신뢰있는 정보원천으로 생각하는 경향이 있다. 둘째, 대중매체와는 달리 인적 접촉은 구매에 대해 사회적 지지와 승인을 제공해 줄 수 있다. 셋째, 구전에 의해 제공된 정보는 흔히 추세에 순종토록 하는 사회적 집단으로 뒷받침되고 있다. 넷째, 소비자들은 대체로 대금이 지불된 상업적 커뮤니케이션보다는 구전과 같이 비상업적 커뮤니케이션을 더욱 믿으려는 경향이 있다. 이밖에도 소비자들이 구매평가 과정에서 불만족한 경우 부정적 구전활동을 수행하게 되며, 이것은 비록 간접적이기는 하지만 기업에 심각한 영향을 미칠 수 있다는 점에서 중요시되어야 한다.

따라서 이러한 연구는 경영관리 측면에서 가치가 있는데, 소비자의 불평행동을 조절할 수 있는 정책을 개발하고 소비자만족과 상품가치를 제고시키는 전략을 구사함으로써 기회비용을 극대화할 수 있다는 것이다. 또한, 제공된 친환경농산물에 만족을 하고 충성도가 생긴 소비자들은 강력한 구전광고 전달자가 된다(Zeithaml and Bitner, 1996).

② **구전효과에 관한 선행연구**

구전이란 앞에서도 언급하였듯이 "커뮤니케이션이 자신의 상업적 이익의 증진을 목표로 하지 않으면서 수행하는 비공식적인 의사소통(oral communication)"을 말한다. 즉, 소비자들 간의 직접적인 전화는 물론 개인적 편지 등을 이용하여 개인적으로 의견을 교환하는 것을 뜻한다. 한편, 소비자들이 구전정보를 추구하는 동기를 3가지로 제시하고 있다(Assael, 1983). 첫째, 소비자들이 구전정보를 추구하는 동기는 구전정보를 전달하는 정보원이 제품정보에 대하여 거래의 신뢰할 만한 정보원이기 때문이다. 둘째, 인적 정보원으로부터의 구전정보가 소비자들의 구매과업을 보다 용이하게 할 수 있기 때문이다. 셋째, 소비자들은 구전정보를 통하여 제품위험을 감소시킬 수 있다고 간주하기 때문이다. 즉, 구매에 있어 위험을 지각한 소비자들은 제품과 관련하여 대화를 형성하며, 거래의 신뢰할 만한 정보원으로부터 제품과 관련된 정보를 추구하는 경향이 있다.

구전은 성숙기시장에 있어서 특정한 브랜드의 거래의 신뢰성 여부를 판단하는 중요한 잣대로 활용되는 동시에 신규고객을 쉽게 끌어들일 수 있는 매개적 역할을 한다. 앞으로 기업에서의 마케팅 전략은 무엇보다도 구전효과를 중요하게 간주하고 강조할 것이다. 그 이유는 특정 기업의 기존고객 이탈 예방과 신규고객 확보의 잣대로 활용할 수 있기 때문이다. 앞에서도 언급하였듯이 신규고객의 확보에 드는 비용이 기존고객의 유지비용보다 다섯 배나 많이 든다는 점이다(Barsky, 1994; Reichheld and Sasser, 1990). 즉, 이것은 신규고객의 확보를 위한 광고비, 잠재고객에 대한 인적판매 비용, 고객관리를 위한 신규계정 설정비용, 기업·제품·서비스의 설명비용, 서비스나 제품에 대한 불충분한 이해에서 오는 낭비가 있기 때문이다 (Peppers and Rogers, 1993). 이러한 비용절감의 이유뿐만 아니라 기존고객의 유지는 그 이상의 수익을 낳을 수 있다는 논리이다. 상품가치생애에 관한 연구에 따르면 해당 기업에 친숙해진 기존 고객들은 그들의 사용량, 이용 횟수를 증가시킴으로써 기업의 미래 수익성 증대에 기여한다고 볼 수 있기 때문이다.

〈표 3-13〉 '구전효과'에 관한 국내의 선행연구

연구자(소속)	연구 연도	연구내용	게재지
한상린 · 홍성태 (한양대)	2004	유통업체의 서비스 품질이 고객유지와 구전효과에 미치는 영향 : 측정방법 비교연구를 구조 방정식 모형으로 분석 및 시사점 제공	유통연구, Vol.9(4), pp.29-42
서원식 · 김미경 (경희대)	2004	호텔브랜드자산의 구성요소가 재구매와 구전 효과에 미치는 영향에 관한 연구로서 구조 방정식 모델을 이용하여 분석 및 브랜드자산의 중요성 피력	관광연구, Vol.18(2), pp.111-127.
전성률 · 박현진 (서강대)	2004	부정적 구전정보의 유형에 따른 구전효과의 차이에 관한 연구·분석을 통해 이론적 및 실무적 시사점 제공	소비자학연구, Vol.14(4), pp.21-44.
이인식 · 김화순 (청주대)	2003	구매후 A/S 품질이 재구매 및 구전효과에 미치는 영향 : 가전제품을 중심으로의 연구로서 우리나라 가전회사들의 구매후 A/S품질전략으로 A/S 품질 구성요인들의 확장 및 고객이 지각하는 A/S 품질 수준의 향상을 통한 재구매 및 구전 등 애프터 마케팅전략에 활용함으로써 지속적인 경쟁우위 창출의 필요성 제기	품질경영학회지, Vol.31(2), pp.1-16.
박주성 외 (조사대)	2002	대학교육서비스품질요인이 학생만족, 재입학의도 및 구전효과에 미치는 영향의 연구로 교육 시장 환경의 변화로 경쟁적 상황에 처한 대학의 운영 방향을 제시하는데 활용 가능	한국마케팅저널, Vol.4(4), pp.51-74.

* 자료 : 필자가 본 연구에 적합하도록 자료를 재정리함.

한국학술정보(http://www.kstudy.com/)에 Keyword를 이용하여 '구전효과' 에 관한 선행연구를 검토해 본 결과 2005년 3월 현재 총 5편의 연구들이 게재되어 있었다. 구전효과와 관련된 연구분야로는 관광업, 서비스업, 교육사업에 집중되었다.

본 연구의 주제와 관계되는 브랜드 연구는 실제적으로 전무한 실정이었으며, 구전효과 연구는 주로 결과변수로서 활용하여 연구·분석되었다. 그리고 구전효과 연구와 본 연구주제와 유사한 연구를 중심으로 〈표 3-13〉과 같이 선행연구를 정리하였다.

Ⅳ. 연구모형과 가설설정

1. 연구모형의 설계

제3장에서는 농산물마케팅 전략에 관한 이론적 토대와 선행연구들에 대해 검토하였다. 이를 보다 구체적으로 여기에서 도입되는 변수의 정의를 재정리하고, 다시 각 변수를 조합하여 시도하고자 하는 연구의 모형을 수립하고자 한다.

첫째, 농산물 브랜드 유형의 선택은 모두(冒頭)에서 언급한 것처럼 농산물 마케팅 전략의 연구과제 목적을 달성하기 위해 시장에 유통되는 친환경적 농산물을 중심으로 브랜드 유형을 A형, B형, C형, D형, E형으로 연구 실정에 적합하게 조작화한 것이다. 여기에서 친환경적 농산물의 브랜드 유형은 다음과 같다.

A형(일명: 기업형 브랜드) : 풀무원과 같이 친환경적(유기농법 재배 또는 무농약, 청정재배) 농산물(곡식, 채소, 과일, 가공식품)을 생산·가공·판매하는 기업으로서, 전국적이고 체계적인 유통망을 구축한 전국 브랜드(예: 풀무원, 청정원, 해찬들 등)

B형(일명: 농협 브랜드) : 농협 또는 작목반, 마을 단위(예: 인제 평화마을쌀)와 같이 비영리조직을 구성하여 조합원이 친환경적 방법으로 생산한 농산물의 이익을 대변하여 판매하는 공동 브랜드(예: 영양고추, 의성옥사과, 안성배)

C형(일명: 농산물 생산업자 브랜드) : 단독 또는 소수의 독립된 농산물 생산자가 농원을 운영하여 친환경적 방법으로 자가생산한 농산물에 생산자 자신의 사진이나 브랜드를 부착하여 시장에 판매하는 개별농산물(예: 이기수 옥사과, 농민후계자 김부수 참외)

D형(일명: 지방자치단체 브랜드) : 지방자치단체가 참여하여 생산자조직과 함께 개발한 브랜드 또는 여러 생산자조직이 시·군 단위 규모로 공동으로 사용·판매되는 친환경적 농산물 공동 브랜드(예: 의성 우수농특산물, 죽향담양, 당진쌀, 예산토마토)

E형(기타)(일명: 유통업체 브랜드) : A, B, C, D형을 제외한 전국망을 갖고 있는 유통업체로서, 자체 생산보다는 친환경농산물에 대해 주문자상표생산(OEM)을 통한 유통업체 브랜드를 부착해서 판매하는 농산물(예: 홈플러스, E마트, 까르푸 등)

둘째, 고객의 가치(customer value)는 경제적 가치(economical value; Zeithaml, 1988)와 경험적 가치(experiential value; Holbrook, 1994)를 근간으로 모든 가능한 경쟁대안을 고려한 상태에서 편익과 비용간 상쇄를 토대로 고객이 지각하는 농산물 품질에 대한 전반적인 평가(가격을 고려한 농산물 품질), 농산물 품질에 대한 우수성(excellence) 및 효율성(efficiency)·편리성(convenience)에 대한 전반적인 평가로 정의한다. 이 세 가지 차원의 고객가치는 모두 경쟁대안과의 비교를 통해 지각하는 고객의 평가를 의미한다. 경제적 가치는 다른 경쟁대안과 비교했을 때의 편익과 비용간 상쇄에 기초하여 고객이 지각하는 농산물 품질에 대한 전반적인 평가이다. 즉, 경제적 가치는 금전적 희생으로부터 얻는 것으로서, 고객이 받은 편익과 지불한 비용에 기반하여 고객이 지각하는 농산물 품질의 전반적인 평가를 반영하는 것이다(Naumann, 1995; Zeithaml, 1988). 우수성은 의도된 기능을 수행하기 위한 농산물 품질과 관련되는 것으로 농산물 품질의 우수성에 대한 고객의 전반적인 평가를 뜻한다(Holbrook, 1994). 그러므로 우수성은 농산물 제공자가 궁극적으로 수행하는 농산물 품질과 관련된다(Cronin and Taylor, 1992; Holbrook, 1994). 편리성은 시간이나 노력과 같은 비금전적 희생을 최소화하면서 가장 효율적으로 목적을 달성하는 것과 관련된 고객의 지각이므로 시간절약, 장소의 편리성, 이용의 용이성을 의미한다.

셋째, 친환경적 농산물의 브랜드 유형과 고객가치에 소비자의 라이프스타일 또는 사이코그래픽스(psychographics)[1)]가 중요한 매개적 역할을 할 것으로 판단된다.

넷째, 고객만족 또는 소비자만족이란 소비자들이 구매상황에서 제공한 희생의 대가가 적절히 또는 부적절하게 보상되고 있다고 보는 인식적 상태(Howard and Sheth, 1969), 혹은 선택된 대안이 구매전 신념과 일치한다는 평가(Engel and Blackwell, 1982)라고 정의를 내리고 있으나 학자들마다 다양하게 정의되고 있다. 요컨대, 고객만족은 고객이 더 많은 양을 빈번하게 구매하며, 그들이 창출하는 긍정적인 구전효과는 신규고객을 유치하는 데 중요한 역할을 한다(Reichheld and Sasser, 1990). 그러므로 동태적인 시장환경에서 마케팅의 핵심은 신규고객의 유치와 시장점유율 확대 등의 공격적 마케팅 전략보다 고객충성도 제고와 기존고객 유지의 방어적 마케팅 전략의 실행을 통한 기존고객들의 유지율에 그 중요성이 점증하고 있으며, 방

1) 소비자의 라이프스타일(lifestyle)을 행위, 관심, 그리고 의견 등 사이코그래픽 변수와 인구통계적 변수에 의해 측정하여 소비자행동을 설명하려는 것이다. 라이프스타일은 소비자의 동기, 사전학습(prior learning), 사회계층, 인구통계적 특성 등 여러 가지의 함수이며 소비자의 가치를 반영한다.

어적 마케팅 전략의 핵심인 고객만족, 재구매의도, 고객충성도 등에 대한 관심이 증대되고 있는 것이다(Fornell, 1992). 더욱이 친환경적 농산물에 대한 고객만족은 친환경농산물 생산자의 고투자에 따른 재정적 위험을 완화시켜 주는 일종의 고객관계관리(CRM: Customer Relationship Management)에 해당된다.

여기에서 종속변수인 고객만족에 대해 주의할 점은 앞에서 정의한 의미가 아니라 재구매의도, 고객충성도, 구전효과 변수를 연구의 목적상 임의로 고객만족 변수로 간주하고자 한다. 재구매의도는 고객이 미래에도 친환경적 농산물을 반복하여 이용할 가능성을 의미한다. 일반적으로 의도(intention)란 개인의 예기된 혹은 계획된 미래행동을 의미하는 것으로 신념과 태도가 행동으로 옮겨질 확률이라고 할 수 있다(Engel and Blackwell, 1982). 고객충성도는 고객들이 과거의 경험과 미래에 대한 기대하에 특정 친환경농산물 제공자에 대한 호의적인 태도로서 미래에도 계속하여 이용할 가능성으로 정의하고자 한다. 그런데 고객충성도에 대한 정의는 마케팅 연구자들에 의해 행동적 및 태도적 접근방법에 의한 정의, 양 접근방법을 통합한 정의로 분류할 수 있다(Dick and Basu, 1994; Jacoby and Chesnut, 1978).

행동적 접근방법에 의한 고객충성도의 정의는 특정 농산물 제공자에 대해 일정기간 동안 고객이 반복적으로 구매를 하는 경향(Enis and Paul, 1970)을 의미하며, 행동적 접근방법에 의한 고객충성도의 조작적 정의를 내리면 반복구매 행동으로서 구매비율, 구매빈도, 반복구매 행동 등으로 측정할 수 있다고 하였다(Raj, 1982). 이는 측정의 객관성이 유지될 수 있으며, 여러 농산물 각각에 대해 충성도를 구별할 수 있다는 장점이 있으나, 측정에 있어 연구자의 자의성이 개입되기 쉬울 뿐만 아니라, 특정 농산물 생산자에 대한 고객충성도가 어떻게 형성되며, 왜 변화하는지에 대한 설명이 어렵다는 문제점을 가지고 있다(Dick and Basu, 1994).

태도적 접근방법에 의한 고객충성도는 고객선호 또는 심리적 몰입으로 간주한다. 그러므로 고객충성도를 특정 농산물 제공자에 대한 호의적 태도로 보며 구매의도, 즉 미래의 구매 가능성으로 측정할 수 있다. 이러한 태도의 척도는 반복구매와 같은 행동척도에 비하여 고객충성도의 형성과 변화와 같은 심리적 형성과정을 파악함에 있어서 충성도와 관련된 여러 변수들에 더 깊은 이해와 통찰력을 제공한다(Oliver and MacMillan, 이문규, 1999).

구전효과는 소비자들이 농산물을 구매한 후에 나타나는 외부 커뮤니케이션이다. Blodgett(1994)는 부정적인 구전효과의 영향에 대해 설명하면서, 소비자에게 제공되는 서비스의 중요성과 소비자만족의 중요성을 강조하며, 만족한 소비자는 신규 소비자를 끌어들이는 역할을 한다고 주장하였다. 이러한 연구는 경영관리 측면에서 가치가 있는데, 소비자의 불평행동을 조절할 수 있는 정책을 개발하고 소비자만족과 고객가치를 제고시키는 전략을 구사함으로써 기회비용을 극대화할 수 있다는 것이다. 또한, 제공된 농산물에 만족을 하고 충성도가 생긴 소비자들은 강력한 구전광고 전달자가 된다(Zeithaml and Bitner, 1996).

다섯째, 고객가치와 생산자의 마케팅 능력(신뢰, 커뮤니케이션, PR, 명성)에 따라 고객만족의 변수들이 어떻게 달라지는지 알아보는 것도 매우 흥미로울 것이다. 생산자의 마케팅 능력에 있어서 신뢰(trust)에 기반한 친환경농산물에 따라 고객만족 변수에 긍정적 영향을 미칠 것이며(권기대, 1998),[2] 또

2) 필자들이 최근 방송매체에서 '쌀의 전쟁' 이라는 프로그램에서, 한국은 원산지에 생산한 쌀이 포장과정에서 원산지효과가 반감한 반면, 일본은 원산지에서 생산한 쌀이 그대로 포장 판매되는 과정에서 볼 때, 생산자의 신뢰에 기반한 브랜드의 유통은 품질을 신뢰하게 하는 소비자에게 매우 중요한 결정적 요소이다.

한 생산자와 소비자간의 원활한 커뮤니케이션(communication)도 고객만족을 제고시킬 수 있는 요인으로 작용할 것이다. 마케팅 촉진변수의 하나인 PR(Public Relation : 공중관계)[3]이 매스컴과의 관계강화가 의도적이든 왜곡되든지 간에 소비자의 고객만족 변수에 영향을 미칠 것이다. 그리고 브랜드 유형과 생산자의 마케팅 능력의 하나인 명성효과(reputation effect)와도 고객만족에 차이를 줄 것으로 예측되어진다.

이상의 내용을 중심으로 연구의 모형을 도시하면 [그림 4-1]과 같다.

[그림 4-1] 연구의 모형

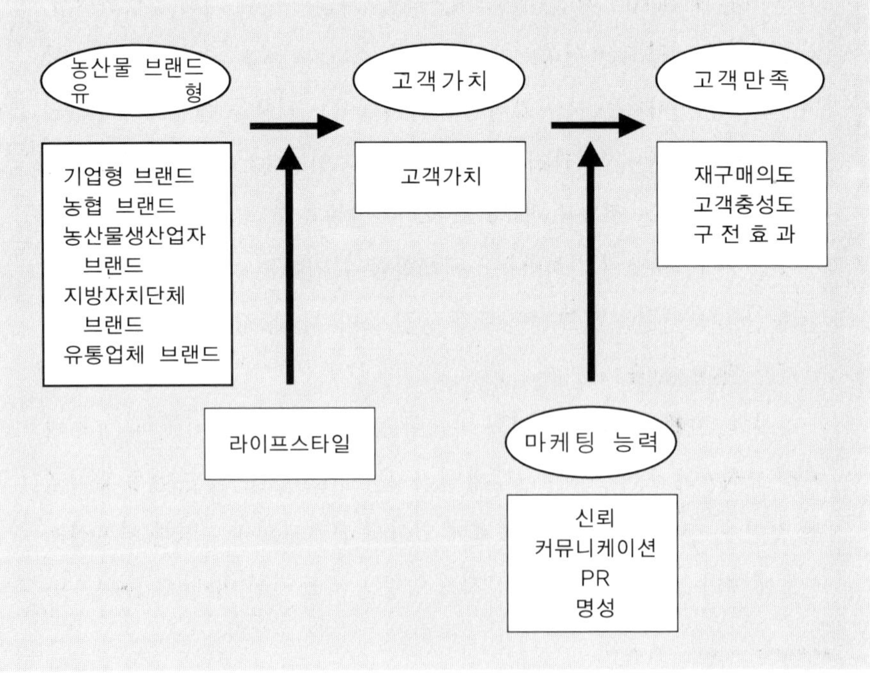

3) 브랜드나 제품에 대한 신뢰를 형성하는 데에는 효과적인 반면, 기업이나 당사자의 수익성 향상에는 직접적으로 기여하는 바가 없다고 할 수 있다.

2. 연구가설의 설정

(1) 농산물 브랜드 유형 선택에 따른 고객가치

친환경농산물의 브랜드 유형은 앞 절에서 언급한 것처럼 기업형 브랜드, 농협 브랜드, 농산물 생산자 브랜드, 지방자치단체 브랜드, 유통업체 브랜드를 들 수 있다. 여기에서 친환경적 농산물 브랜드명은 소비자에게 제품개념을 전달하며 제조업자, 소매업자, 고객 그리고 기타 대중에 의한 제품 확인의 수단으로 사용되고, 제품의 법적인 보호를 위해서도 중요한 의미를 갖는다. 그러므로 브랜드 자산(brand equity)은 소비자가 특정한 브랜드에 호감을 갖게 되어 그 브랜드의 상품가치가 증가된 부분으로 볼 수 있는데, 이러한 브랜드 자산의 가치는 경쟁 브랜드에 비해 더 높은 가격과 마진을 얻을 수 있는 능력에 기초한다(이유재 · Batra, 1999).

한편, 가치(value)란 "소비자들이 얻고자 하는 가장 기본적이고 근본적인 욕구와 목표"의 인지적 표현을 뜻한다. 즉, 가치의 의미에는 소비자 자신의 생애에서 성취하고자 하는 중요한 최종상태에 대한 정신적 표현과 기능적 혜택이나 사회심리적 혜택보다 추상적이며, 가치만족은 주관적이며, 무형적 · 상징적 의미를 내포한다(Peter and Olson, 1990).

RoKeach(1973)는 가치를 추상적인 정도에 따라 수단적 가치(instrumental value)와 최종가치(terminal value)로 분류하면서 전자는 개인에 의해 선호되는 행위방식이나 행동양상을, 후자는 수단적 가치보다 더 추상적인 목표의 표현이며, 소비자의 인생에서 궁극적으로 달성하고자 하는 목표라고 주장하였다. 또한 Sheth, Newman and Gross(1991)는 ① 제품의 품질을 기능, 가격, 서비스 등과 같은 실용성 또는 물리적 기능과 관련된 기능적 가치(functional value), ② 제품을 소비하는 사회계층 집단과 관련된 사회적 가치(social value), ③ 제품의 소비에 의해 긍정적 또는 부정적 감정 등의 유발과 관련된 정서적 가치(emotional value), ④ 제품 소비의 특정 상황과 관련된 상황적 가치(conditional value), ⑤ 제품 소비를 자극하는 새로운 호기심 등과 관련된 지식적 또는 인식적 가치(epistemic value) 등 다섯 가지의 가치가 시장선택의 가장 커다란 영향요인이 될 수 있음을 시사하고 있다. 이러한 소비가치에 대한 분류는 지금까지의 가치연구를 종합하여, 특히 소비와 관련된 가치만을 정리하였다는데 그 의의가 있지만, 특정상의 어려움과 각 소비가치가 명확히 구분되지 않는다는 단점도 가지고 있다. 이것은 소비자의 가치를 측정하는 어떠한 방법도 아직까지는 완벽하지 못하다는 것을 뜻한다.

고객가치(customer value)란 소비자들이 지각하는 이성적 소비가치와 즐거움이나 미적 특성과 같은 경험적 소비가치가 복합된 것(Hirschman and Holbrook, 1982), 농산물에 대한 지각된 품질이나 내생적·외생적인 모든 속성을 고려하고, 비용은 소비자가 희생하는 금전적·비금전적인 모든 시간, 노력 그리고 편리성을 포함한 평가(Zeithaml, 1988), 금전적·비금전적 모든 희생을 포함하여 농산물에 대한 지각된 품질과 지각된 희생간의 상쇄관계(trade off)로서 지각된 가치(Dodds, Monroe and Grewal, 1991), 제품 및 농산물 품질 그리고 가치에 의한 가격이라는 세 가지 구성요소에 의해 희생과 이를 통해 얻어진 이익의 비율(Naumann, 1995), 고객의 목적을 달성하기 위해 제공되는 제품 및 서비스로 인해 고객들이 특정한 사용환경에서 느끼는 지각(Woodruff and Gardial, 1996), 그리고 가치창출이나 소비경험을 유발하는 제품이나 서비스와의 상호작용에 기반한 교환활동에서 형성된다고 주장하면서 소비경험 차원에서 8가지 유형을 제시하였다(Holbrook, 1994).

이처럼 선행연구들을 종합한 결과, 여기에서 고객가치의 개념은 소비자의 편익과 비용간의 상쇄를 토대로 소비자가 지각하는 농산물 품질에 대한 전반적인 평가와 농산물 품질에 대한 우수성, 그리고 효율성에 의한 전반적인 평가로 정의를 내리고자 한다(김상현·오상현, 2002).

그러므로 친환경적 농산물 브랜드의 고객가치를 제고시키는 방법은 소비자들이 지불하는 비용에 대해 다양한 가치를 소비자들에게 제공하는 혜택이 많고 적음에 따라 달라질 수 있을 것이다. 즉, 최근 소비자들의 소득증가의 결과로 건강증진과 레저 활동에 관한 관심이 고조됨에 따라 친환경적 농법들인 환경보전형 농업, 환경친화적 농업, 환경조화형 농업, 유기농업을 토대로 생산한 친환경적 농산물 브랜드에 대한 관심도 예외가 아니라고 판단된다.

따라서 친환경적 농산물 브랜드 유형과 고객가치에 대한 선행연구 및 이론적 기반하에 다음과 같은 가설을 도출할 수 있다.

가설 1 : 고객가치는 농산물 브랜드 유형 선택에 따라 차이가 있을 것이다.

즉, "고객가치는 농산물 브랜드 유형 선택에 따라 차이가 있을 것이다"라는 의미는 소비자의 농산물 브랜드 유형에 해당되는 기업형 브랜드, 농협 브랜드, 농산물 생산자 브랜드, 지방자치단체 브랜드, 유통업체 브랜드 등의 선택에 따라 고객가치(경제적 가치, 우수성, 편리성)가 달라짐을 의미할 것이다.

(2) 농산물 브랜드 유형 선택 및 라이프스타일에 따른 고객가치

친환경농산물이란 "농업과 환경의 조화를 통하여 수량, 소득, 농산물 안전성 등을 가장 효과적으로 얻으면서 그 과정중에서 발생할 수 있는 생태계 파괴, 지력저하 등 환경에 바람직하지 않은 영향을 최대한 줄이고자 하는 농업"으로, 환경보전형 농업, 환경친화적 농업, 환경조화형 농업, 유기농업 등의 의미를 포함하고 있다. 다시 말해서, 환경농업이란 "농약의 안전사용기준 준수, 작물별 시비기준령 준수, 적절한 가축사료 첨가제 사용 등 화학자재 사용을 적정수준으로 유지하고 가축분뇨의 적절한 처리 및 재활용 등을 통하여 환경을 보전하고 안전한 농·축·임산물을 생산하는 농업"을 뜻한다. 마찬가지로 친환경농산물이라 함은 "환경농업을 영위하는 과정에서 생산된 농산물"을 뜻한다.

친환경농산물 브랜드란 앞에서 친환경농법에 의해 생산된 농산물에 붙여진 이름(brand)을 의미하는 것으로 브랜드명은 소비자에게 제품개념을 전달하며, 제조업자, 소매업자, 고객 그리고 기타 대중에 의한 제품확인의 수단으로 사용되고 제품의 법적 보호를 위해서도 중요한 의미를 가진다. 즉, 브랜드는 제품의 식별, 출처표시, 품질보증, 광고, 시장점유율 유지 및 통제, 자산기능 등이 복합적으로 어우러져 커다란 경제적 기능을 발휘하게 됨으로써, 브랜드는 상표권으로서의 재산권을 행사하게 되고 동시에 소비자를 보호하는 작용을 하게 되는 것이다.

최근 소비자들이 제품 구매의사 결정시 제품 자체의 기능적 면보다 브랜드 이미지를 중시하여, 제품보다는 브랜드 자체를 구매하는 브랜드 지향적 구매행동을 보이면서 브랜드 가치는 더욱 그 중요성이 강화되고 있는 실정이다(Aaker, 1994). 즉, 소비자가 특정한 브랜드에 호감을 갖게 되면 그 브랜드의 상품가치가 증가된 것으로 평가할 수 있는데, 이러한 브랜드 자산의 가치는 경쟁 브랜드에 비해 더 높은 가격과 마진을 얻을 수 있는 능력인 이른바 브랜드 자산에 해당된다. 따라서 강한 브랜드에 대한 선호와 충성도는 제품의 객관적인 기능보다는 브랜드 파워 때문에 존재하며, 브랜드는 소비자의 마음속에 지각된 사실과 느낌들의 집합체인 주관적 개념으로 존재하기 때문이다(이유재·Batra, 1999).

그러므로 WTO 출범과 더불어 농산물시장 개방에 따른 생산자들의 보호와 농산물의 차별화를 추구하는 맥락에서 농산물의 지역 브랜드와 마케팅 전략 개발은 매우 중차대한 관심사이다(이병오·고종태, 1999). 이에 소비자가 친환경적 농산물을 구매하고자 할 때 친환경적 농산물 브랜드의 생산주체가 기업, 농협, 농산물 생산자, 지방자치단체, 유통업체냐에 따라 소비자가 특정 브랜드에 대해 지각하는 정도가 다르므로 소비자의 만족도 달라질 수 있을 것이다. 농산물은 인간의 근본적인 욕구를 해결해 주는 맥락에서는 저관여제품에 해당될 수 있으나, 온 가족의 건강을 염려하고 무병장수를 바라는 관점에서 매우 고관여제품으로 분류될 수 있을 것이다. 비록 친환경적 농산물 브랜드가 부착되어 시중에서 판매될지라도 한번 구매후 만족하지 못한 브랜드일 경우에는 재구매를 꺼려하는 행동으로 표출될 수 있을 것이다. 사실, 구매자들은 불특정의 제품을 구입하고 나서 구매부조화 현상에 직면하는 경우를 적지 않게 발견할 수 있는 것은 구매 전과 구매 후의 만족의 차이에서 비롯된 것으로서, 특정의 친환경적 농산물 브랜드가 소비자만족 차원에서 재구매의도, 고객충성도, 구전효과에 따라 그 제품이 기업의 현금창출 역할을 할 것인지 아니면 퇴출에 직면하게 되는 것이다.

이미 앞에서 논의하였듯이 고객가치란 소비자의 편익과 비용간의 상쇄를 토대로 소비자가 지각하는 농산물 품질에 대한 전반적인 평가와 농산물 품질에 대한 우수성 그리고 효율성에 의한 전반적인 평가를 뜻한다(김상현·오상현, 2002).

라이프스타일(lifestyle)이란 생활의 특징적 양상이며 문화, 가치관, 라이선스, 자산, 규제(saction)의 소산으로서 소비자행동을 이해하고 설명하는데 매우 중요하며(Lazer, 1963), 사람들이 살아가면서 금전과 시간을 소비하는 유형(patterns)을 의미한다(Engel, Blackwell and Miniard, 1995). 또한, 라이프스타일은 개인마다 독특한 삶의 양식(a unique pattern of living) 또는 생활양식일 뿐만 아니라 소비행동에 영향을 미치는 동시에 영향을 받는다(Kotler, 1997). 그래서 오늘날 시장에서 많이 볼 수 있는 제품들을 통상적으로 '라이프스타일 제품' 이라고 간주한다(권기대·김승호·이순자, 2002). 라이프스타일은 소비자의 동기, 사전학습(prior learning), 사회계층, 인구통계적 특성 등 여러 가지의 함수이며, 소비자의 가치를 반영한다(이학식·안광호·하영원, 2002) 소비자의 가치가 안정적인데 반해 라이프스타일은 보다 쉽사리 변화하기도 한다.

라이프스타일은 개인뿐만 아니라 가정(household)에서도 정형화된 패턴을 찾아볼 수 있다. 가정의 라이프스타일은 주로 가정을 구성하는 개인들의 라이프스타일에 의해 결정되지만, 반대로 개인의 라이프스타일은 그 가정의 라이프스타일에 의해 영향을 받기도 한다. 이는 가족 구성원들끼리 서로의 라이프스타일에 영향을 미치고 있음을 뜻한다.

요약하면, 소비자의 라이프스타일은 자신의 욕구에 영향을 미치며, 따라서 구매와 소비·사용행동에 영향을 미친다. 이러한 맥락에서 친환경적 농산물에 대한 고객가치와 소비자의 라이프스타일에 따라 친환경적 농산물 브랜드를 선택하는 것도 예외없이 라이프스타일에 근거하고 있다고 볼 수 있다.

따라서 친환경적 농산물 브랜드 유형, 라이프스타일에 대한 선행연구 그리고 고객가치에 대한 이론적 기반하에 다음과 같은 가설을 도출할 수 있다.

가설 2 : 고객가치는 소비자의 농산물 브랜드 유형 선택과 라이프스타일에 따라 차이가 있을 것이다.

즉, "고객가치는 소비자의 농산물 브랜드 유형 선택과 라이프스타일에 따라 차이가 있을 것이다"라는 의미는 농산물 브랜드 유형 선택과 소비자의 라이프스타일에 따라 고객가치에 해당되는 편리성, 경제적 가치, 우수성의 정도가 달라진다는 것을 의미한다.

(3) 고객가치에 따른 고객만족

고객가치란 소비자의 편익과 비용간의 상쇄를 토대로 소비자가 지각하는 농산물 품질에 대한 전반적인 평가와 농산물 품질에 대한 우수성 그리고 효율성에 의한 전반적인 평가를 뜻한다(김상현·오상현, 2002).

고객만족 또는 소비자만족이란 소비자들이 구매상황에서 제공한 희생의 대가가 적절히 또는 부적절하게 보상되고 있다고 보는 인식적 상태(Howard and Sheth, 1969), 혹은 선택된 대안이 구매전 신념과 일치한다는 평가(Engel and Blackwell, 1982)라고 정의를 내리고 있으나 학자들마다 다양하게 정의되고 있다. 요컨대 고객만족은 고객이 더 많은 양을 빈번하게 구매하며, 그들이 창출하는 긍정적인 구전효과는 신규고객을 유치하는 데 중요한 역할을 한다(Reichheld and Sasser, 1990). 그러므로 동태적인 시장환경에서 마케팅의 핵심은 신규고객의 유치와 시장점유율 확대 등의 공격적 마케팅 전략보다, 고객충성도 제고와 기존고객 유지의 방어적 마케팅 전략의 실행을 통한 기존고객들의 유지율에 그 중요성이 점증하고 있으며, 방어적 마케팅 전략의 핵심인 고객만족, 재구매의도, 고객충성도 등에 대한 관심이 증대되고 있는 것이다(Fornell, 1992). 더욱이 친환경적 농산물에 대한 고객만족은 친환경농산물 생산자의 고투자에 따른 재정적 위험을 완화시켜 주는 일종의 고객관계관리에 해당된다.

여기에서 종속변수인 고객만족에 대해 주의할 점은 앞에서 정의한 의미가 아니라 재구매의도, 고객충성도, 구전효과의 변수를 연구의 목적상 임의로 고객만족 변수로 간주하고자 한다. 재구매의도는 고객이 미래에도 친환경적 농산물을 반복하여 이용할 가능성을 의미한다. 일반적으로 의도(intention)란 개인의 예기된 혹은 계획된 미래행동을 의미하는 것으로 신념과 태도가 행동으로 옮겨질 확률이라고 할 수 있다(Engel and Blackwell, 1982).

고객충성도는 고객들이 과거의 경험과 미래에 대한 기대하에 특정 친환경 농산물 제공자에 대한 호의적인 태도로서 미래에도 계속하여 이용할 가능성으로 정의하고자 한다. 그런데 고객충성도에 대한 정의는 마케팅 연구자들에 의해 행동적 및 태도적 접근방법에 의한 정의, 양 접근방법을 통합한 정의로 분류할 수 있다(Dick and Basu, 1994; Jacoby and Chesnut, 1978). 행동적 접근방법에 의한 고객충성도의 정의는 특정 농산물 제공자에 대해 일정기간 동안 고객이 반복적으로 구매를 하는 경향(Enis and Paul, 1970)을 의미하며, 행동적 접근방법에 의한 고객충성도의 조작적 정의를 내리면 반복구매 행동으로서 구매비율, 구매빈도, 반복구매 행동 등으로 측정할 수 있다고 하였다(Raj, 1982). 이는 측정의 객관성이 유지될 수 있으며, 여러 농산물 각각에 대해 충성도를 구별할 수 있다는 장점이 있으나, 측정에 있어 연구자의 자의성이 개입되기 쉬울 뿐만 아니라 특정 농산물 생산자에 대한 고객충성도가 어떻게 형성되며, 왜 변화하는지에 대한 설명이 어렵다는 문제점을 가지고 있다(Dick and Basu, 1994). 태도적 접근방법에 의한 고객충성도는 고객선호 또는 심리적 몰입으로 간주한다. 그러므로 고객충성도를 특정 농산물 제공자에 대한 호의적 태도로 보며, 구매의도, 즉 미래의 구매가능성으로 측정할 수 있다. 이러한 태도의 척도는 반복구매와 같은 행동척도에 비하여 고객충성도의 형성과 변화와 같은 심리적 형성과정을 파악함에 있어서 충성도와 관련된 여러 변수들에 더 깊은 이해와 통찰력을 제공한다(Oliver and MacMillan, 이문규, 1999).

구전효과는 소비자들이 농산물을 구매 후에 나타나는 외부 커뮤니케이션이다. Blodgett(1994)는 부정적인 구전효과의 영향에 대해 소비자에게 제공되는 서비스의 중요성과 소비자만족의 중요성을 강조하면서 만족한 소비자는 신규소비자를 끌어들이는 역할을 한다고 주장하였다. 이러한 연구는 경영관리 측면에서 가치가 있는데, 소비자의 불평행동을 조절할 수 있는 정책을 개발하고 소비자만족과 고객가치를 제고시키는 전략을 구사함으로써 기회비용을 극대화할 수 있다는 것이다. 또한, 제공된 농산물에 만족을 하고 충성도가 생긴 소비자들은 강력한 구전광고 전달자가 된다(Zeithaml and Bitner, 1996)

따라서 여기에서는 고객의 입장에서 이러한 고객가치와 고객만족은 관계가 있을 것이라는 다음과 같은 가설을 설정하고자 한다.

가설 3 : 고객가치는 고객만족에 정(+)의 영향을 미칠 것이다.

즉, "고객가치는 고객만족에 정(+)의 영향을 미칠 것이다"라는 의미는 고객가치 즉, 편리성, 경제적 가치, 우수성이 고객만족에 해당되는 재구매의도, 고객충성도, 구전효과와 관계가 있을 것이라는 뜻이다.

(4) 고객가치 및 마케팅 능력에 따른 소비자만족

앞에서 언급하였듯이 고객가치란 소비자의 편익과 비용간의 상쇄를 토대로 소비자가 지각하는 농산물 품질에 대한 전반적인 평가와 농산물 품질에 대한 우수성 그리고 효율성에 의한 전반적인 평가를 뜻한다(김상현·오상현, 2002).

소비자들의 농산물 브랜드 선호도는 친환경적 농산물을 생산하는 투명한 절차를 기반으로 하고 농산물을 생산·공급자의 마케팅 능력도 무시할 수 없는 요소이다. 이에 여기에서 다루고자 하는 친환경적 농산물 공급자의 마케팅 능력 변수로는 신뢰, 커뮤니케이션, PR, 그리고 명성이다.

먼저, 신뢰하는 관계자 입장에서의 자신감이란 신뢰할 만한 관계자가 믿을 수 있고, 높은 완전 무결성, 즉 일관성·적합성·정직성·공정성·책임·지원, 그리고 선의와 같은 그러한 질과 관련되어 있다는 기업의 확신에서 기인된 것이라고 한다(Dwyer & LaGace, 1986). 신뢰는 기업이 서로 부정적인 결과를 낳는 기대치 못한 행동을 취하지 않으며, 기업이 긍정적 성과를 낳도록 활동할 것이라는 기업의 확신이다(Anderson & Narus, 1990). 또한, 신뢰란 자신이 믿고 있는 교환 상대방에 의존하려는 의지를 뜻한다(Moorman, Deshpandé & Zaltman, 1993; 권기대·정락채·신정화, 2003). 이러한 신뢰에 대한 중요한 의미는 상대 파트너의 전문가적 식견·신뢰성·의도로부터 발생한 교환 파트너에 대한 믿음, 감정, 또는 기대로서의 개념이 내포되어 있기 때문이다(Ganesan, 1994).

농산물 마케팅 전략에서 제공되는 신뢰의 정의는 신용과 호의의 두 가지 요소를 반영하고 있다. 먼저, 신용(credibility)이란 소비자의 입장에서 친환경농산물 공급자가 효과적 및 신뢰할 수 있을 정도로 업무를 수행하는데 전문적 지식을 획득하고 있다고 믿는 정도에 기반하고 있으며, 다음으로 호의(benevolence)는 친환경적 농산물 공급자가 결속에 방해 요소인 새로운 조건이 발생하였을 때, 소비자에게 호의적인 의향과 동기를 갖고 있다는 것을 소비자들이 믿는 정도에 있다. 전자는 교환 상대방의 객관적인 신용, 즉 파트너의 전문성과 신뢰성을 토대로 한 신뢰이다. 즉, 파트너의 구두(口頭) 또는 문서에 의존할 수 있는 개인에 의해 유지되는 기대에 초점을 두게 된다. 이것은 일관성, 안정성, 표출되는 행동에 대한 통제 등을 뜻한다. 후자는 교환 파트너의 의도와 동기에 초점을 둔다. 이러한 차원은 파트너의 특정한 행동보다는 파트너의 품질, 의도, 특성 등을 포함한다. 농산물 공급자의 이득뿐만 아니라, 소비자의 이득까지 함께 고려하는 농산물 공급자는 자신의 이득만을 고려하는 농산물 공급자에 비하여 더 많은 신뢰를 얻을 것이다. 이러한 점에서 신뢰는 한 명의 구성원(공급자의 관점)이 가지고 있는 다른 구성원(유통업자, 소매상, 소비자)에 대한 신뢰—파트너십의 주춧돌을 말한다(Spekman, 1988). 신용과 호의는 파트너십 지향성에 비슷한 효과를 지니고 있으며, 이것은 특정한 신뢰 행위와 의도 모두가 기회주의적 행동으로 인한 위험의 인지를 완화시켜 준다.

거래비용 관점(Williamson, 1975, 1981)에서는, 쌍방 파트너 측에 대한 만족스러운 합의의 도출 비용, 예견치 못한 상황에 대한 합의에 대한 적응 비용, 그것의 조건을 시행할 수 있는 비용을 수반한다. 제한된 합리성과 문서화의 비용, 협상, 계약의 이행, 협력을 수반하는 포괄적 계약 등의 문제 때문에 거래의 성사 가능성은 용이하지 않으나, 신뢰가 존재한다면 기회주의적 행동은 줄어들 수 있다. 요컨대, 신뢰에 기반한 관계에서의 불완전한 계약은 쌍방이 상호간의 이익에 관한 행동에서 예측할 수 없는 상황을 수용하기로 동의함을 뜻한다(Ganesan, 1994). 그러므로 신뢰가 존재할 때, 친환경적 농산물 공급자—소비자(구매자) 관계는 장기간의 특유투자가 지니는 위험정도는 제한적이며, 이는 쌍방이 서로의 편의 속에서 이익을 얻기 위해 환경을 바꾸거나 계약을 위반하는 행동을 하지 않기 때문에 신뢰관계는 보다 낮은 거래비용을 낳는다.

결론적으로 친환경적 농산물 공급자—소비자에 있어서 농산물 공급자에 대한 구매자의 신뢰는 3가지 방식에서 구매자의 협력에 영향을 미친다. ① 신뢰는 공급자에 의한 기회주의적 행동과 관련된 위험의 지각을 감소시킨다. ② 신뢰는 단기간의 불평등을 장기간에 걸쳐서 소멸할 것이라는 구매자의 자신감을 증가시킨다. ③ 신뢰는 교환 관계에서의 거래비용을 감소시킬 것이라는 점이다.

둘째, 커뮤니케이션(communication)은 파트너 간에 의미있는 비공식적 공유 및 시의적절한 정보, 공식적 정보의 공유를 뜻하며(Anderson & Narus, 1990) 계획, 프로그램, 기대 목표, 그리고 평가기준의 상호개방과도 관련되는 등 광범위하게 정의를 내리고 있다(Anderson & Weitz, 1989). 특히, 시의적절한 커뮤니케이션(Moorman, Zaltman & Deshpandé, 1992)은 논쟁과 갈등을 해결하고, 지각과 기대를 결합함으로써 신뢰를 잉태할 뿐만 아니라 대인간 및 조직적 기능의 중요한 토대이기 때문에, 커뮤니케이션 행동은 대인간 및 조직의 성공에 결정적이다(Mohr and Spekman, 1994). Anderson and Narus(1990)에 따르면 "과거의 커뮤니케이션은 신뢰의 전제조건이지만, 일련의 기간에 있어서 신뢰의 누적은 더 좋은 커뮤니케이션을 낳는다"라고 했다.

본 연구 역시 커뮤니케이션이 서로 다른 관계자로부터 과거의 커뮤니케이션이 빈번하고 매우 높은 질, 즉 적합하고, 시의적절하며, 그리고 신뢰할 수 있다는 것에 대한 파트너의 인식은 곧 더 큰 신뢰를 낳을 것이라고 주장한다. 비록 커뮤니케이션이 공급 체인상의 조직들을 함께 유지하는 접착제(glue)로 설명할 수 있을지라도, 경로 커뮤니케이션에 대한 실증적 연구는 매우 많지 않다(Mohr & Nevin, 1990). 그럼에도 불구하고 Anderson & Weitz(1989)에 따르면 커뮤니케이션은 긍정적으로 경로상에서 파트너간에 상호 이해를 제고시킴으로써 관계강화와 촉진에 긍정적인 역할을 한다고 검정하였다. 특히, Dwyer, Schurr & Oh(1987)도 신뢰와 커뮤니케이션간의 관계에 있어서 신뢰가 커뮤니케이션의 원인이 된다고 간주하였으며, Morgan & Hunt(1994)는 신뢰와 관계결속에 관한 연구모형에서 커뮤니케이션을 중요한 변수로 다룸에 따라 커뮤니케이션이 신뢰를 제고시킨다는 주장과 일치하고 있다.

그러므로 농산물 공급자와 소비자의 협력의 편익을 성취하기 위한 파트너 간의 효과적인 커뮤니케이션은 매우 중요하며, 커뮤니케이션은 곧 파트너 간의 가치있는 정보공유와 목표의 계획 및 설정에 지대한 영향을 미칠 것이다.

셋째, PR이란 친환경적 농산물 공급자가 공중의 관심사를 조사·추적하고 공중과 우호적인 관계를 형성하는 일련의 과정에서, 기업 및 공중의 이익을 조정하기 위해 의도적으로 계획되고 수행되는 커뮤니케이션 활동을 말한다.

PR 모형의 고전이라고 일컬어지는 PR 4모형은 언론대행(press agentry) 모형, 공공정보(public information) 모형, 쌍방불균형(two-way asymmetrical communication) 모형, 쌍방균형(two-way symmetrical communication) 모형으로 Grunig와 Hunt(1984)에 의해 체계화되었다. PR 4모형에서 가장 이상적인 쌍방균형 모형은 '진실을 말하는 것', '고객과 공중간의 상호 이해를 넓히는 것', 그리고 '구성원과 지역주민이 경영을 이해함은 물론 경영진이 구성원과 지역주민의 견해를 이해하는 것'을 전제로, 연구결과를 활용하고 쌍방 커뮤니케이션을 이용하는 PR 방식이다. 이는 쌍방불균형 모형처럼 공중에게 동기를 부여하고 설득하기 위한 메시지를 찾아내기보다는 조사와 연구를 통하여 공중과의 이해를 돈독히 하고 원활한 커뮤니케이션을 중요시하는 PR 모형이다. 즉, 균형모형에서는 설득보다 이해가 PR의 기본 목표가 되는 셈이다.

일반적으로 조직이 채택하는 이러한 PR 모형은 조직의 구조 및 환경과 일정한 상관관계가 있을 것이라는 전제하에 Grunig와 Hunt(1984)는 조직의 환경이 복잡하고 변화가 심할수록 쌍방향균형 커뮤니케이션이 적합하다고 제시했지만, 실증적 연구에서는 그런 환경하의 조직들은 이론이 예측한 대로 PR을 수행하지 않음이 밝혀졌다. 따라서 PR의 모형과 조직의 환경 및 구조의 이론적 관계는 실증적이기보다는 규범적인 것에 가깝다고 할 수 있다.

넷째, 친환경적 농산물 공급자의 명성(reputation)은 기업의 자산 중 다른 무형자산과는 달리 축적·모방·이전이 용이하지 않고, 매매가 불가능한 자산, 쉽게 손상을 입고, 손상을 입었을 때 대응할 수 있는 법적 효력이 약한 자산 또는 미래의 임차(rents)를 발생시킬 수 있는 자산이다(Wilson, 1985). 명성은 사업전략의 무형적 요소로서 파트너십의 관계에 있는 파트너들이 다른 경로관계에서 그들의 행동을 통해 미래 활동의 신호를 제공한다. 가령, 보복에 대한 명성은 경쟁을 억제시키는 한편, 희생을 하고 기타 경로 구성원들에게 관심을 보이는 개별적 파트너들은 산업 내에서 공정성에 대한 명성을 개발할 수 있다(Anderson & Weitz, 1992). 공정성에 대한 명성을 얻게 된 상대 파트너는 파트너에 대한 신뢰가 돈독해질 것이며, 제휴나 또 다른 조직간 관계를 생성시키는데 영향을 준다(Oliver, 1988). 호의적인 믿음, 신뢰, 그리고 심리적 결속을 수반한 명성은 기업가적인 단기간의 협조적 관계의 토대로서 사용할 수 있는 자산이다(Fichman & Levinthal, 1991).

요컨대, 긍정적인 명성은 파트너의 신뢰에 대한 긍정적인 효과의 획득, 지속적이고 일관성있는 행동의 체계 구축(edifice)(Ganesan, 1994)과 거래비용을 감소시킬 수 있다. 긍정적인 명성을 가지거나 부정적인 명성을 가진 기업은 어떤 명성도 가지고 있지 않는 기업들보다 더 많은 매체의 보도를 받을 것이다. 그래서 수용할 수 있는 파트너 기업에 대한 탐색비용이 현저히 낮아진다. 긍정적인 명성의 시사점은 표적기업의 활동이 현저하고 그것의 성과가 더 공적이기 때문에 쉽게 감독과 평가를 할 수 있다. 표적기업에 의한 기회주의적 위협은 표적의 긍정적인 명성에 의하여 감소된다. 설사 기회주의적 행동이 파트너십의 관계동안 발생할지라도 관계자는 다소 부정적 영향으로부터 보호된다(Dollinger, Golden & Saxton, 1997).

이상을 정리하면, 친환경 농산물 공급자는 소비자들에게 자사가 생산·공급하는 농산물 브랜드의 인지도를 제고하기 위해 신뢰, 커뮤니케이션, PR 그리고 명성을 개별적으로 판매촉진하는 것이 아니라, 종합적이고 전방위적인 활동을 통해 브랜드 자산의 강화와 고객만족을 유도해 낼 수 있을 것이다.

따라서 여기에서는 고객가치와 친환경적 농산물 공급자의 마케팅 능력이 고객만족과 관계가 있을 것이라는 의미의 가설을 설정하고자 한다.

가설 4 : 고객가치가 고객만족에 미치는 영향에 있어서 판매점의 마케팅 능력에 따라 달라질 것이다.

즉, "고객가치가 고객만족에 미치는 영향에 있어서 판매점의 마케팅 능력에 따라 달라질 것이다"라는 의미는 고객가치 즉, 편리성, 경제적 가치, 우수성이 친환경적 농산물 공급자의 마케팅 능력에 해당되는 신뢰, 커뮤니케이션, PR, 명성에 따라 소비자만족 변수인 재구매의도, 고객충성도, 구전효과에 영향을 미칠 것이라는 뜻이다.

V. 연구조사 방법

1. 변수의 조작적 정의와 측정

제4장 [그림 4-1]의 연구모형과 제 가설에 나타난 변수들은 다양하고 추상적인 개념으로 구성되어 있다. 사실상 이러한 개념들을 측정하여 제안된 연구의 가설들을 검정하기 위해서는 여러 개념들에 대한 조작적 정의(operational definition)가 선결되어야 한다. 즉, 통상적으로 연구방법에 있어서 구성개념의 조작적 정의와 측정문제가 가설검정을 통한 실증적 연구에 있어서 가장 결정적인 요소이다.

개념의 조작적 정의는 첫째, 개념을 실증적으로 파악할 수 있도록 측정의 관점에서 구체적이어야 하며, 둘째, 동일한 개념을 측정하기 위해서 다양한 차원에서의 정의가 요구된다(Stone, 1978, p.29). 이러한 관점에서 친환경농산물 마케팅 연구는 고객가치가 친환경적 농산물 브랜드 유형 선택 및 소비자만족간의 다양한 개념에 관한 조작적 정의가 이루어졌으며, 이를 요약한 것이 다음 〈표 5-1〉이다.

〈표 5-1〉 연구의 구성개념

연구의 구성 요소	구성 변수
친환경농산물의 브랜드 유형	① 기업형 브랜드 ② 농협 브랜드 ③ 농산물 생산업자 브랜드 ④ 지방자치단체 브랜드 ⑤ 유통업체(도·소매업체) 브랜드
고객가치	① 편리성 ② 경제적 가치 ③ 우수성
라이프스타일	① 전통적 알뜰 지향형 ② 개성 지향형 ③ 사회 지향형 ④ 소극편의주의 지향형
공급자의 마케팅 능력	① 커뮤니케이션 ② PR ③ 명 성 ④ 신 뢰
소비자 만족	① 재구매 의도 ② 고객 충성도 ③ 구전 효과

그리고 이 개념에 대한 조작적 정의를 실증적으로 파악하기 위하여 설정된 변수의 구성항목을 측정함에 있어서 통계처리의 편의성을 고려하여 5점 구간척도(interval scale)를 중심으로 측정하였다.

(1) 친환경농산물 브랜드 유형

친환경농산물의 브랜드는 "친환경적 농법에 의해 생산된 농산물에 붙여진 이름(brand)"을 의미하는 것으로 브랜드명은 소비자에게 제품개념을 전달하며 제조업자, 소매업자, 고객 그리고 기타 대중에 의한 제품 확인의 수단으로 사용되고, 제품의 법적인 보호를 갖는다.

여기에서는 친환경적 농산물 브랜드 유형을 다음과 같이 조작화하였으며, 명목척도(nominal scale)로 측정하였다.

기업형 브랜드 : 풀무원과 같이 친환경적(유기농법 재배 또는 무농약, 청정재배) 농산물(곡식, 채소, 과일, 가공식품)을 생산·가공·판매하는 기업으로서 전국적이고 체계적인 유통망을 구축한 전국 브랜드(예: 풀무원, 청정원, 해찬들 등)

농협 브랜드 : 농협 또는 작목반, 마을 단위(예: 인제 평화마을쌀)와 같이 비영리조직을 구성하여 조합원이 친환경적 방법으로 생산한 농산물의 이익을 대변하여 판매하는 공동 브랜드(예: 영양고추, 의성옥사과, 안성배)

농산물 생산업자 브랜드 : 단독 또는 소수의 독립된 농산물 생산자가 농원을 운영하여 친환경적 방법으로 자가생산한 농산물에 생산자의 사진이나 브랜드를 부착하여 시장에 판매하는 개별 농산물

지방자치단체 브랜드 : 지방자치단체가 참여하여 생산자조직과 함께 개발한 브랜드 또는 여러 생산자 조직이 시·군 단위 규모로 공동으로 사용·판매되는 친환경적 농산물 공동 브랜드(예: 경산지역의 옹골찬)

유통업체 브랜드 : 앞의 기업형 브랜드, 농협 브랜드, 농산물 생산업자 브랜드, 지방자치단체 브랜드를 제외한 전국망을 갖고 있는 유통업체로서 자체 생산보다는 주문자상표생산(OEM)을 통한 유통업체 브랜드를 부착해서 판매하는 농산물(예: 홈플러스, E 마트, 까르푸 등)

(2) 고객가치

가치(value)란 "모든 관련 평가기준을 고려한 상태에서 주관적 가치대상(subjective worth)에 대한 전반적인 평가"라고 할 수 있다. 여기서는 고객가치를 경제적 가치(economic value), 우수성(excellence), 편리성(convenience)의

세 가지 차원으로 분류하였다.[1] [2] 이러한 고객가치의 세 가지 차원은 다른 경쟁 대안(competitive alternatives)과 비교해 보았을 때, 편익과 비용간 상쇄(trade-off)에 기초하여 고객이 지각하는 서비스 품질의 우수성 및 편리성(효율성)에 대한 전반적인 평가로 정의할 수 있다.

경제적 가치(economic value)란 "다른 경쟁 대안(competitive alternatives)과 비교해 볼 때, 편익과 비용간 trade-off에 기초하여 고객이 지각하는 농산물 품질에 대한 전반적인 평가"로 정의하였다. 즉, 경제적 가치는 '금전적 희생으로부터 얻는 것'으로서 "고객이 주고 받는 것(비용과 혜택간의 상쇄)에 기초하여 고객이 지각하는 농산물 품질의 전반적인 평가"를 반영한다. Dodds와 Colleagues의 연구 및 Zeithaml의 연구에서 사용된 측정항목들을 근거로 하여 ① 전혀 그렇지 않다 ~ ⑤ 매우 그렇다의 5점 척도로 측정하였다.

우수성이란 "다른 경쟁 대안과 비교해 볼 때, 농산물 품질의 우수성에 대한 고객의 전반적인 평가"로 정의하였다. 우수성은 농산물 제공자가 궁극적으로 수행하고자 하는 농산물 품질과 밀접하게 관련된다.[3] Brown 등(1993)과 Taylor·Baker(1994) 및 Mathwick(1997)의 연구에서 사용된 측정항목들을 근거로 하여 ① 전혀 그렇지 않다 ~ ⑤ 매우 그렇다의 5점 척도로 측정하였다.

편리성이란 "시간절약 및 장소의 편리성과 같이 고객이 농산물 제공자

---

1) V. A. Zeithaml(1988), "Consumer Perceptions of Price, Quality, and Value: A Means-End Model and Synthesis of Evidence," *Journal of marketing*, 52(July).

2) Morris B. Holbrook(1994), "The Nature of Customer Value. An Axiology of Services in the Consumption Experience, in Service Quality", *Theory and Practice*, eds., Roland L. Oliver, Sage Publications, pp.21-71.

3) *Ibid.*, pp.21-71.

를 이용하는데 있어 편리하다고 느끼는 정도"로 정의하였다. Barbin과 Darden(1995)과 Mathwick(1997)의 연구에서 사용된 측정항목들을 근거로 하여 ① 전혀 그렇지 않다 ~ ⑤ 매우 그렇다의 5점 척도(5 points likert scale)로 측정하였다.

(3) 라이프스타일

라이프스타일(life style)이란 태도, 가치의식, 견해, 흥미와 실제적 행동과 상호통합된 하나의 체계를 말하며, 사람의 생활 또는 시간과 돈을 소비하는 유형으로 AIO 즉, 활동, 관심 및 의견의 통합적 체계를 의미한다. 물론, 소비자행동에 영향을 받아 습득한 것이지만 구체적으로는 "개인의 가치체계와 개성의 파생물" 또는 "개인마다 독특한 삶의 양식(a unique pattern of living)" 이다.

여기에서는 라이프스타일을 ① 전통적 알뜰 지향형, ② 개성 지향형, ③ 사회 지향형, ④ 소극편의주의 지향형 등 4 가지 차원으로 분류하였다. 따라서 Mitchell(1983)[4]의 연구에서 사용된 측정항목들을 근거로 하여 ① 전혀 그렇지 않다 ~ ⑤ 매우 그렇다의 5점 척도로 측정하였다.

(4) 마케팅 능력

마케팅 능력이란 농산물 공급자가 친환경적 농산물을 판매촉진하는데 도움이 되는 일련의 활동이라고 정의를 내릴 수 있다. 여기에는 신뢰, 커

4) Mitchell, Arnold(1983), *Nine American Lifestyles: Who We are and Where We are Going*, MacMillan Publishing Co., pp. 25-80.

뮤니케이션, PR, 명성 등의 변수로 기농산물 공급자의 마케팅 능력으로 간주하였다.

첫째, 신뢰는 자신이 믿고 있는 교환 상대방에게 의존하려는 의지(Moorman, Deshpandé and Zaltman, 1990; 권기대·정락채·신정화, 2003)로서 신뢰에 대한 중요한 의미는 상대 파트너의 전문적인 식견·신뢰성·의도로부터 발생하는 교환 파트너에 대한 믿음, 감정, 또는 기대로서의 개념이다(Ganesan, 1994). 신뢰의 측정항목은 신뢰성과 타당성이 검정된 Ganesan(1994)의 연구에서 사용하였던 개념을 본 연구에 적합하도록 수정하였으며 거래의 정직성, 향후 경계(역방향 측정), 경영방침 적응, 관계의 평등, 협조적 관계의 기대 등 5항목으로 구성되었다. 역시 각 항목들은 사용된 측정항목들을 근거로 하여 ① 전혀 그렇지 않다 ~ ⑤ 매우 그렇다의 5점 척도(5 points likert scale)로 측정하였다.

둘째, 커뮤니케이션(communication)은 파트너 간에 의미있는 비공식적 공유 및 시의적절한 정보뿐만이 아니라, 공식적 정보의 공유를 뜻하며(Anderson and Narus, 1990, p.44) 계획, 프로그램, 기대 목표 그리고 평가기준의 상호개방과도 관련되는 등 광범위하게 정의를 내리고 있다(Anderson and Narus, 1984; Anderson and Weitz, 1989). 커뮤니케이션 특히, 시의적절한 커뮤니케이션(Moorman, Zaltman and Deshpandé, 1992)은 논쟁과 갈등을 해결하고, 지각과 기대를 결합함으로써 지원에 의해 신뢰가 싹튼다(Etgar, 1979). Anderson and Narus(1990, p.45)는 과거의 커뮤니케이션은 신뢰의 전제조건이지만, 일련의 기간에 있어서 이러한 신뢰의 누적은 더 좋은 커뮤니케이션을 낳을 수 있다고 했다. 본 연구의 커뮤니케이션 개념은 양식·방향·빈도·내용의 차원들을 측정할 수 있는 6개 항목들로 구성되었다(Mohr and Nevin, 1990). 사용된 측정항목들을 근거로 하여 ① 전혀 그렇지 않다 ~ ⑤ 매우 그렇다의 5점 척도로 측정하였다.

셋째, PR은 친환경적 농산물 공급자가 공중의 관심사를 조사·추적하고 공중과 우호적인 관계를 형성하는 일련의 과정에서 기업 및 공중의 이익을 조정하기 위해 의도적으로 계획되고 수행되는 커뮤니케이션 활동을 말한다. 여기에서는 농산물 공급자가 실행할 수 있는 4가지 PR 모형 유형－언론대행 모형, 공공정보 모형, 쌍방불균형 모형, 쌍방균형 모형(Grunig, Grunig, Dozier, Ehling Reooer and White, 1991)에 대해 ① 전혀 그렇지 않다 ~ ⑤ 매우 그렇다의 5점 척도로 측정하였다.

넷째, 명성(reputation)이란 어떤 조직이 높이 평가받으며, 가치가 있거나 우수함이 있는 것을 뜻하는 것(Dollinger, Golden and Saxton, 1997, p.127)으로서, 평균 이상의 이익을 획득하는 데 이용될 수 있다(Barney, 1986). 또한, 명성은 파트너들의 기술적 또는 전문적 행위(professional conduct), 윤리(ethics) 그리고 표준(standards)에 대한 좋은 명성 혹은 나쁜 명성을 가지는 정도의 인식을 말하며, 특히 서비스 시장에서는 서비스 질(quality)의 사전 구매평가가 모호하고 부분적이기 때문에 더 중요한 역할을 수행한다(Weigelt and Camerer, 1988, p.450). 시장에서 농산물 공급자의 명성에 대한 구매자의 지각에 대해 농산물 공급자의 공정성 고려, 정직성을 측정하는 4개의 항목으로 측정된다. 이러한 척도는 Anderson and Weitz(1992)에 의해 사용되었다. 마찬가지로 사용된 측정항목들을 근거로 하여 ① 전혀 그렇지 않다 ~ ⑤ 매우 그렇다의 5점 척도로 측정하였다.

(5) 고객만족

고객만족은 "시간의 경과에 따른 여러 번의 거래 및 농산물 서비스 경험에 근거하여 고객이 내리는 전반적 평가"로 정의할 수 있다. 본 연구에서는 고객만족을 재구매의도, 고객충성도, 구전효과의 세 가지 차원으로 분류하였다.

이러한 고객만족의 세 가지 차원은 Oliver와 Linda(1981) 및 Churchill과 Suprenant(1982)의 연구에서 사용된 측정항목들과 Cronin과 Taylor[5]와 Dodds 등[6] 및 Yi(1990)의 연구에서 사용된 측정항목들을 근거로 하여 ① 전혀 그렇지 않다 ~ ⑤ 매우 그렇다의 5점 척도로 측정하였다.

2. 표본설계, 자료수집 및 분석방법

(1) 표본설계 및 설문지 구성

본 연구과제의 모집단은 우리나라 주부를 대상으로 한다. 이를 연구하기 위한 표본은 2003년 9월 25일부터 10월 24일까지 30일간 전국 각 대학 마케팅 교수의 협조를 받아 친환경농산물을 구매할 수 있는 경제적 능력이 있는 대학생 및 학부모 750명을 대상(영남: 대구·부산·제주, 전남북: 광주·전주, 충청: 청주, 경인지역: 서울·경기)으로 설문조사를 실시하고자 한다. 실증적 연구를 수행하기 위해서 측정도구를 활용한 설문지는 다음 〈표 5-1〉과 같이 구성하였다.

---

5) Cronin, J. Joseph, Jr. and Steven A. Taylor(1992), "Measuring Service Quality: A Reexamination and Extension," *Journal of Marketing*, 56(July), pp. 55-68.

6) William B. Dodds, Kent B. Monroe and Dhruv Grewal(1991), "Effect of Price Brand and Store Information on Subjective Product Evaluations," *Advances in Consumer Research*, Vol.12, pp.85-90.

〈표 5-2〉 설문지 구성

변수명	하위변수	설문문항	항목수
친환경농산물 브랜드		Ⅱ.1~Ⅱ.5	5
고객가치	경제적 가치	Ⅲ.1~Ⅲ.6	6
	우수성	Ⅲ.7~Ⅲ.12	6
	편리성	Ⅲ.13~Ⅲ.16	4
라이프스타일	전통적 알뜰 지향형	Ⅳ.1~Ⅳ.15	15
	개성 지향형	Ⅳ.16~Ⅳ.30	15
	사회 지향형	Ⅳ.31~Ⅳ.45	15
	소극편의주의 지향형	Ⅳ.46~Ⅳ.63	18
농산물 생산자의 마케팅 능력	신뢰	Ⅴ11~Ⅴ.16	6
	커뮤니케이션	Ⅴ5~Ⅴ.10	6
	PR	Ⅴ19~Ⅴ.28	10
	명성	Ⅴ1~Ⅴ.4	4
소비자만족	재구매의도	Ⅵ.1~Ⅵ.2	2
	고객충성도	Ⅵ.3~Ⅵ.5	3
	구전효과	Ⅵ.6~Ⅵ.7	2
인구통계적 특성		Ⅶ.1~Ⅶ.7	7

(2) 자료수집 및 분석방법

본 연구의 목표는 첫째, 생산자 관점에서 소비자의 친환경 농산물 브랜드 유형 선택과 고객만족에 관한 정보의 획득으로 보다 체계적인 시장접근의 노하우(know-how)를 축적할 수 있다는 점과 둘째, 소비자 관점에서 친환경농산물의 대량생산을 통한 양질의 먹거리를 밥상에서 즐길 수 있다는 점이다. 즉, 지금까지 소외된 농산물 마케팅에 대한 시장지향적 데이터에 기반한 종합적이고 체계적인 친환경농산물 마케팅의 집대성으로서, 우리나라 친환경농업 분야의 바이블 또는 지침서가 되도록 하는 데 있다.

이러한 연구의 목적을 달성하기 위한 방법은 기본적으로 문헌연구와 설계된 모델로부터 도출된 가설을 실증적으로 검정하는 것이다. 문헌연구에서는 본 연구 모델의 설명력을 제공해 주는 구매의사 결정과정과 다루고자 하는 주요 변수들—친환경농산물의 브랜드 유형, 고객가치, 라이프스타일, 생산자의 마케팅 능력, 고객만족 변수(재구매의도, 고객충성도, 구전효과)—을 중심으로 친환경농산물 마케팅 전략을 수립하고 더 나아가 친환경농업 육성을 위한 정책적 제안을 도출하는데 있다.

이 연구에서의 자료에 대한 통계처리는 SPSS 10.0 for Windows를 이용할 것이며, 생산적 연구결과의 도출을 위한 분석기법으로는 빈도분석, 측정도구의 타당성 검정을 위한 요인분석 그리고 신뢰성 검정에는 신뢰성계수(Cronbach's α)를 활용할 것이다. 그리고 가설을 검정하는데 Two way ANOVA, T-test, 다중회귀분석(multiple regression) 등의 기법을 사용하였다.

Ⅵ. 자료분석 및 가설검정

1. 표본의 특징

친환경적 농산물 마케팅 연구의 설문에 응답한 표본의 특성으로는 다음 〈표 6-1〉과 같다.

응답자가 모집단을 대표할 수 있는가를 가장 간단히 알아볼 수 있는 방법은 응답자의 인구통계적 특성에 대한 기술적 분석을 해보는 것이다. 선호하는 농산물 브랜드는 농협 브랜드가 133명(35.1%)으로 가장 많았다. 그리고 기업형 브랜드가 100명(26.4%), 농산물 생산업자 브랜드 90명(23.7%), 유통업체 브랜드 41명(10.8%), 지방자치단체 브랜드 15명(4%)의 순이었다. 성별로는 남성이 85명(22.4%), 여성이 294명(77.6%)이었다. 연령은 40세-50세 미만이 131명(34.6%)으로 가장 많았고, 200세-30세 미만이 106명(32.4%), 30세-40세 미만 79명(20.8%), 50세-60세 미만이 59명(15.6%)의 순으로 나타났다.

직업은 가정주부 133명(35.1%), 회사원 81명(21.4%), 공무원 72명(19%)의 순이었다. 가정의 월 소득수준은 150만원에서 250만원 미만이 119명

〈표 6-1〉 응답자의 인구통계적 특성

특 성	구 분	빈도	구성비	특 성	구 분	빈도	구성비
선호하는 농산물 브랜드	기업형 브랜드	100	26.4	학력	고졸 이하	122	32.2
	농협 브랜드	133	35.1		대학 재학(전문대 졸)	93	24.5
	농산물 생산업자 브랜드	90	23.7		대졸	142	37.5
	지방자치단체 브랜드	15	4.0		대학원 졸업 이상	22	5.8
	유통업체 브랜드	41	10.8	결혼 여부	미혼	97	25.6
성별	남	85	22.4		기혼	282	74.4
	여	294	77.6	직업	학생	34	9.0
연령	20세-30세 미만	106	32.4		가정주부	133	35.1
	30세-40세 미만	79	20.8		회사원	81	21.4
	40세-50세 미만	131	34.6		공무원	72	19.0
	50세-60세 미만	59	15.6		전문직	26	6.9
	60세 이상	4	1.1		자영업	20	5.3
					기타	13	3.4
				가정 월 소득수준	150만원 미만	49	12.9
					150-250만원 미만	119	31.4
					250-350만원 미만	109	28.8
					350-450만원 미만	57	15.0
					450만원 이상	45	11.9

(31.4%)으로 가장 많았으며, 250만원-350만원 미만 109명(28.8%), 350만원-450만원 미만이 57명(15%)의 순으로 나타났다.

2. 변수의 신뢰성과 타당성 분석

(1) 신뢰성 검정

신뢰성은 측정된 결과치의 일관성, 정확성, 의존 가능성, 안정성, 예측

가능성과 관련된 개념으로 동일한 개념에 대해 측정을 되풀이하였을 때 동일한 측정값을 얻을 가능성을 말한다. 이러한 신뢰성의 측정방법으로는 동일 측정도구 2회 측정상관도, 동등한 두 가지 측정도구에 의한 측정치의 상관도, 그리고 항목분할 측정치의 상관도, 내적 일관도 등이 사용되고 있다.[1)]

본 연구에서는 신뢰성 검정을 위해서 측정항목간에 내적 일관성이 있는지를 알아보기 위하여 Cronbach's Alpha(α) 계수를 이용하였다. Cronbach's Alpha는 다항목으로 된 변수의 내적 일관성을 알아보기 위한 것으로 임계치는 정해져 있지 않으나, 기초조사에서는 0.5~0.6 수준이면

〈표 6-2〉 변수의 내적 일관성 측정

변 수 명		항목수	Cronbach's α
고객가치	편리성	4	0.8143
	경제적가치	5	0.7397
	우수성	4	0.6108
라이프스타일	전통적 알뜰 지향형	11	0.6990
	개성 지향형	12	0.6879
	사회 지향형	6	0.5111
	소극편의주의 지향형	7	0.5367
마케팅 능력	커뮤니케이션	5	0.7638
	PR	5	0.7052
	명성	4	0.7607
	신뢰	3	0.7341
고객만족	고객충성도	3	0.6686
	구전효과	2	0.8326
	재구매의도	2	0.5163

1) 채서일(1997), 『마케팅 조사론』 3판, 학현사, pp.173-216.

척도로서 신뢰성을 확보한 것으로 본다. 〈표 6-2〉에서 보는 바와 같이 본 연구에 사용된 변수들의 Cronbach' s Alpha 값이 0.5111에서 0.8326까지인 것으로 나타나 내적 일관성이 확보된 것으로 확인되었다.[2)]

(2) 타당성 검정

변수의 판별타당성 검정을 위해 선택된 변수가 각각 분리되어 고유한 특성을 측정하고 있는지를 알아보고자 각각의 변수를 구성하고 있는 항목에 대하여 요인분석을 실시하였다. 이때 기대되는 것처럼 각각의 요인에 대하여 각 변수의 항목들이 자신이 속하는 요인에 높은 적재치를 가지고 있어야만 변수가 타당성이 높다고 볼 수 있다. 요인분석은 정보의 손실을 최소화하면서 대수의 변수들을 소수의 차원(요인)으로 축소시켜 정보를 압축하는데 그 목적이 있다. 좀 더 구체적으로 말하자면 변수들의 차원 규명을 회귀분석과 판별분석과 같은 추가적 분석을 위한 요인점수로서의 환산, 타당성 저해 변수의 추출 등을 위해 이용된다.

1) 고객가치의 타당성 검정

본 연구에서는 타당성 검정을 위하여 선택된 변수들이 각각 분리되어 고유한 특성을 측정하고 있는지 알아보고자, 요인 회전방법에 있어서 요인들 간의 상호독립성을 검정하는 데 유용한 직교회전법(Vari-Max)을 이용하여 회전하였다.

다음 〈표 6-3〉은 고객가치 측정항목에 대한 요인분석 결과이다.

---

2) 강병서 · 김계수(1999), 『사회과학 통계분석』 2판, 고려정보산업, p.242.

〈표 6-3〉 고객가치 측정항목 요인분석

설문문항 (변수)	요인			공유치
	편리성(F1)	경제적 가치(F2)	우수성(F3)	
고객14	.854	4.310E-02	8.224E-02	.738
고객15	.788	6.831E-02	.212	.670
고객16	.763	.219	9.620E-02	.640
고객13	.736	2.195E-02	8.650E-02	.550
고객 3	9.739E-02	.797	2.253E-02	.646
고객 2	7.002E-02	.741	.165	.581
고객 1	.163	.656	-7.145E-03	.457
고객 4	-6.197E-04	.606	.322	.471
고객 6	1.871E-02	.557	.338	.425
고객 8	.109	.173	.759	.618
고객 9	.192	.146	.664	.499
고객 7	3.592E-02	4.032E-02	.654	.431
고객12	.294	.293	.452	.377
고유치	3.956	1.948	1.198	
누적분산비	30.429	14.983	9.217	
KMO	0.829			
구형성검정치	1309.065			
유의확률	0.000			

변수들 간의 상관관계가 다른 변수에 의해 설명되는 정도를 나타내는 KMO(Kaise-Meyer-Olkin)의 값은 0.829로 요인분석을 위한 변수 선정이 바람직함을 알 수 있다. 또한, 요인분석 모형의 적합성 여부를 나타내는 Bartlett의 구형성검정치가 1309.065이며, 유의확률 .000이므로 공통요인이 존재한다고 볼 수 있다. 따라서 농산물 마케팅 전략에서 이용되고 있는 고객가치의 설문항목에 대한 요인분석은 별 문제가 없는 것으로 판단된다. 이와 같은 기본적인 가정과 제약조건에 따라 검정한 이들의 타당성 검정결과는 〈표 6-3〉과 같다.

2) 라이프스타일의 타당성 검정

여기에서는 타당성 검정을 위하여 선택된 변수들이 각각 분리되어 고유한 특성을 측정하고 있는지 알아보고자, 요인 회전방법에 있어서 요인들 간의 상호독립성을 검정하는 데 유용한 직교회전법(Vari-Max)을 이용하여 회전하였다.

다음 〈표 6-4〉는 라이프스타일의 측정항목에 대한 요인분석 결과로서 전통적 알뜰 지향형, 개성지향형, 사회지향형, 소극편의주의 지향형 등 4개의 요인으로 분류되었다.

변수들 간의 상관관계가 다른 변수에 의해 설명되는 정도를 나타내는 KMO의 값은 .724로 요인분석을 위한 변수 선정이 바람직함을 알 수 있다. 또한, 요인분석 모형의 적합성 여부를 나타내는 Bartlett의 구형성검정치가 2150.963이며, 유의확률 .000이므로 공통요인이 존재한다고 볼 수 있다. 따라서 여기에서 이용되고 있는 라이프스타일의 설문항목에 대한 요인분석은 별 문제가 없는 것으로 판단된다. 이와 같은 기본적인 가정과 제약조건에 따라 검정한 이들의 타당성 검정결과는 다음 〈표 6-4〉와 같다.

첫째, 요인 1인 '전통적 알뜰 지향형' 은 경제적 여유와 무관한 절약정신, 부유하더라도 소비보다 저축하고자 하는 자세, 사소한 것이라도 구매시 가격확인 자세, "돈이 돈을 번다"는 사고, 투자시 이윤보다 안전지향, 세일(Sale) 기간에 의류 구입, 확실한 A/S 제품의 구매, 결혼준비의 검소성, 주로 한식을 좋아하는 자세, 비싸더라도 환경친화적 제품의 구매, 인스턴트 식품의 부정적 인식 등에서 높은 요인적재량을 보여 주고 있다. 둘째, 요인 2인 '개성지향형' 은 최신 유행하는 패션의류 보유, 과감한 이미지로의 변신, 스포츠나 여가의 향유, 장소와 분위기에 따른 의류착용, 주말에 건강을 위해 자기생활 즐김, 일상생활에도 변화추구, 의류구입시 가격보

〈표 6-4〉 고객가치 측정항목 요인분석

설문문항 (변수)	요인				공유치
	전통적 알뜰 지향형(F1)	개성지향형 (F2)	사회지향형 (F3)	소극편의주의 지향형(F4)	
라이60	.740	4.074E-02	1.308E-02	3.980E-02	.550
라이54	.602	6.890E-03	6.725E-02	.102	.378
라이61	.577	-5.725E-02	-8.482E-02	6.360E-02	.347
라이33	.545	.200	-.150	-.131	.376
라이62	.440	1.284E-02	.103	-2.907E-02	.205
라이37	.421	9.670E-02	8.781E-03	.172	.217
라이12	.406	.194	.208	-.178	.277
라이38	.385	-6.584E-02	.132	3.920E-02	.172
라이40	.355	-4.091E-03	.267	.181	.230
라이52	.352	.136	5.549E-03	8.978E-02	.151
라이13	.315	.132	.194	9.377E-02	.163
라이23	-.196	.568	-3.002E-02	.130	.379
라이 9	.225	.563	-.133	-7.094E-02	.390
라이14	-.168	.542	.220	2.251E-02	.371
라이44	.267	.536	6.302E-02	-6.470E-02	.367
라이49	9.380E-02	.516	.158	.127	.316
라이43	.272	.505	.226	-.165	.407
라이21	-2.490E-02	.423	.312	-.104	.287
라이26	.318	.414	-7.121E-02	.131	.295
라이46	-.130	.381	-.178	.204	.235
라이51	-.112	.368	.363	.125	.295
라이 3	8.440E-02	.353	2.286E-02	-2.306E-02	.132
라이17	9.694E-02	.339	-.137	.203	.184
라이20	9.084E-02	-5.077E-02	.652	4.154E-02	.438
라이 1	-9.309E-02	-1.196E-02	.477	2.429E-02	.237
라이27	1.458E-02	.326	.449	-6.147E-02	.312
라이 7	.329	-9.759E-02	.437	2.431E-02	.309
라이15	.131	2.977E-02	.421	.262	.264
라이57	.221	.123	.345	6.392E-03	.183
라이34	-.118	6.251E-02	3.040E-02	.717	.533
라이29	.150	6.028E-02	.148	.566	.369
라이35	.419	-.153	-.212	.430	.429
라이53	-2.833E-02	-5.150E-02	1.824E-02	.427	.186

라이18	.119	2.393E-02	5.289E-02	.417	.192
라이22	7.521E-02	8.901E-02	-4.808E-03	.411	.182
라이11	.219	8.815E-02	.131	.223	.123
고유치	4.257	2.595	1.889	1.741	
누적분산비	11.825	7.209	5.247	4.836	
KMO	.724				
구형성검정치	2150.963				
유의확률	0.000				

다 디자인이나 칼라 선호, 음식의 맛과 향기 중요하다는 인식 등에서 높은 요인적재량을 보여 주었다. 셋째, 요인 3인 '사회지향형'은 이웃의 경조사에 적극 참여, 여성들에 대한 평등의식, 취미활동에의 적극 참여, 가족과 함께하는 휴가 선호, 나보다 조직의 일이 중요하다고 간주, 노후보장을 위해 보험가입에 적극적인 사고 등에서 높은 요인적재량을 보여 주었다. 넷째, 요인 4의 '소극편의주의 지향형' 프로포즈는 남자가 먼저 해야 한다는 사고, 여성의 행복은 남편에 달려 있다는 인식, 돈이 들지 않는 여가생활 선호, 주거환경에 있어서 교통의 편리성 강조, TV를 통한 정보 입수, 주부는 남편의 급여를 전액 관리해야 한다는 지배적 생각, 법과 질서를 지키는 사람이 손해라는 사고 등에서 높은 요인적재량을 보여 주었다.

3) 마케팅 능력의 타당성 검정

여기에서는 타당성 검정을 위하여 선택된 변수들이 각각 분리되어 고유한 특성을 측정하고 있는지 알아보고자, 요인 회전방법에 있어서 요인들 간의 상호독립성을 검정하는 데 유용한 직교회전법(Vari-Max)을 이용하여 회전하였다.

다음 〈표 6-5〉는 마케팅 능력의 측정항목에 대한 요인분석 결과이다.

변수들 간의 상관관계가 다른 변수에 의해 설명되는 정도를 나타내는 KMO(Kaise-Meyer-Olkin)의 값은 .849로 요인분석을 위한 변수 선정이 바람직함을 알 수 있다. 또한, 요인분석 모형의 적합성 여부를 나타내는 Bartlett의 구형성검정치가 1781.102이며, 유의확률 .000이므로 공통요인이 존재

〈표 6-5〉 마케팅 능력 측정항목 요인분석

설문문항 (변수)	요인				공유치
	커뮤니케이션 (F1)	PR(F2)	명성(F3)	신뢰(F4)	
능력 8	.741	.115	.177	.195	.632
능력 9	.715	.132	.105	.182	.573
능력 7	.684	.130	.196	−.140	.543
능력10	.660	.102	9.525E−02	.320	.557
능력 6	.569	.191	.131	.154	.401
능력25	.146	.735	5.054E−02	2.563E−02	.565
능력24	.169	.684	4.323E−02	9.731E−03	.498
능력26	5.178E−02	.614	8.400E−02	.258	.454
능력23	.108	.612	.148	.151	.430
능력27	.109	.595	.148	.121	.402
능력 1	.132	.123	.791	.201	.699
능력 2	.191	5.595E−02	.785	.147	.678
능력 3	.106	.220	.658	−.101	.503
능력 4	.205	7.271E−02	.654	.233	.529
능력15	7.629E−02	.194	.161	.775	.669
능력13	.218	.161	7.015E−02	.751	.642
능력14	.207	.110	.147	.694	.558
고유치	5.050	1.572	1.405	1.307	
누적분산비	29.704	9.247	8.266	7.685	
KMO	0.849				
구형성검정치	1781.102				
유의확률	0.000				

한다고 볼 수 있다. 따라서 여기에서 이용되고 있는 라이프스타일의 설문항목에 대한 요인분석은 별 문제가 없는 것으로 판단된다. 이와 같은 기본적인 가정과 제약조건에 따라 검정한 이들의 타당성 검정결과는 〈표 6-5〉와 같다.

4) 고객만족의 타당성 검정

본 연구에서는 타당성 검정을 위하여 선택된 변수들이 각각 분리되어 고유한 특성을 측정하고 있는지 알아보고자, 요인 회전방법에 있어서 요인들 간의 상호독립성을 검정하는 데 유용한 직교회전법(Vari-Max)을 이용하여 회전하였다.

〈표 6-6〉은 고객만족의 측정항목에 대한 요인분석 결과이다.

〈표 6-6〉 고객만족의 측정항목 요인분석

설문항목 (변수)	요인			공유치
	고객충성도(F1)	구전효과(F2)	재구매의도(F3)	
만족3	.801	8.846E-02	-7.612E-02	.655
만족4	.794	.266	.142	.722
만족5	.546	.305	.345	.510
만족6	.177	.903	.153	.870
만족7	.234	.882	4.505E-02	.835
만족2	-.112	3.668E-02	.870	.770
만족1	.356	.160	.700	.643
고유치	2.923	1.157	.925	
누적분산비	41.754	16.533	13.212	
KMO	0.712			
구형성검정치	729.007			
유의확률	0.000			

변수들 간의 상관관계가 다른 변수에 의해 설명되는 정도를 나타내는 KMO의 값은 .712로 요인분석을 위한 변수 선정이 바람직함을 알 수 있다. 또한, 요인분석 모형의 적합성 여부를 나타내는 Bartlett의 구형성검정치가 729.007이며, 유의확률 .000이므로 공통요인이 존재한다고 볼 수 있다. 따라서 여기에서 이용되고 있는 라이프스타일의 설문항목에 대한 요인분석은 별 문제가 없는 것으로 판단된다. 이와 같은 기본적인 가정과 제약조건에 따라 검정한 이들의 타당성 검정결과는 〈표 6-6〉과 같다.

3. 가설의 검정

(1) 농산물 브랜드 유형 선택과 고객가치에 관한 가설

가설 1 : 고객가치는 농산물 브랜드 유형 선택에 따라 차이를 보일 것이다.

가설 1은 고객가치는 농산물 브랜드 유형에 따라 차이가 있는지를 알아보기 위한 것으로, 가설 1의 검정을 위해 5개의 농산물 브랜드(기업형 · 농협 · 농산물 생산업자 · 지방자치단체 · 유통업체)를 기업형 · 농협 · 유통업체 브랜드를 National 브랜드로, 농산물 생산업자 · 지방자치단체 브랜드를 Private 브랜드로 재분류하여 T-test를 실시하였다.

가설 1-1: 편리성은 농산물 브랜드 유형 선택에 따라 차이가 있을 것이다.

가설 1-2 : 경제적 가치는 농산물 브랜드 유형 선택에 따라 차이

〈표 6-7〉 농산물 브랜드 유형에 따른 고객가치 차이 분석

	농산물 브랜드	N	평균	표준편차	T값	유의확률	연구가설
편리성	National 브랜드	274	2.9179	.6554	1.197	0.232	기각
	Private 브랜드	105	2.8262	.6969			
경제적 가치	National 브랜드	274	2.7752	.4952	.224	0.823	기각
	Private 브랜드	105	2.7619	.5691			
우수성	National 브랜드	274	2.9355	.5115	-.237	0.813	기각
	Private 브랜드	105	2.9492	.4799			

가 있을 것이다.

가설 1-3 : 우수성은 농산물 브랜드 유형 선택에 따라 차이가 있을 것이다.

가설 1의 검정결과는 〈표 6-7〉과 같다. 분석결과, 고객가치는 농산물 브랜드 유형 선택에 따라 통계적으로 유의한 영향을 미치지 않는 것으로 나타났다.

(2) 농산물 브랜드 유형 선택 및 라이프스타일에 따른 고객가치

가설 2 : 고객가치는 소비자의 농산물 브랜드 유형 선택과 라이프스타일에 따라 차이가 있을 것이다.

가설 2는 고객가치가 농산물 브랜드 유형과 라이프스타일에 따라 차이가 있는지를 알아보기 위한 것으로, 가설 2의 검정을 위해 5개의 농산물 브랜드(기업형 · 농협 · 농산물 생산업자 · 지방자치단체 · 유통업체)를 기업형 · 농협 · 유통업체 브랜드를 National 브랜드로, 농산물 생산업자 · 지방자치단체

브랜드를 Private 브랜드로 재분류하고, 라이프스타일을 정규분포를 중심으로 3집단으로 재분류하여 Two-way ANOVA를 실시하였다.

가설 2-1 : 편리성은 소비자의 농산물 브랜드 유형 선택과 라이프스타일에 따라 차이가 있을 것이다.

〈표 6-8〉 농산물 브랜드 유형과 라이프스타일에 따른 상호작용 효과 검정

변수		제곱합 (SS)	평균제곱 (MS)	F값	유의확률
종속변수	독립변수				
편리성	농산물 브랜드	.793	.793	1.852	.175
	전통적 알뜰	.530	.265	.618	.539
	개성	1.035	.518	1.208	.300
	사회	.425	.213	.497	.609
	소극편의주의	3.071	1.536	3.584	.029
	농산물 브랜드 * 전통적 알뜰	.581	.291	.678	.508
	농산물 브랜드 * 개성	6.733E-02	3.367E-02	.079	.924
	농산물 브랜드 * 사회	1.311	.656	1.530	.218
	농산물 브랜드 * 소극편의주의	1.533	.767	1.789	.169
	전통적 알뜰 * 개성	.986	.493	1.151	.318
	전통적 알뜰 * 사회	1.131	.377	.880	.452
	전통적 알뜰 * 소극편의주의	1.052	.526	1.228	.294
	개성 * 사회	1.200	.300	.700	.592
	개성 * 소극편의주의	1.960	.490	1.144	.336
	사회 * 소극편의주의	.503	.126	.293	.882
	농산물 브랜드 * 전통적 알뜰 * 개성	.390	.390	.911	.341
	농산물 브랜드 * 전통적 알뜰 * 사회	.750	.375	.875	.418
	농산물 브랜드 * 전통적 알뜰 * 소극편의주의	2.537	2.537	5.923	.016
	농산물 브랜드 * 개성 * 사회	8.143E-03	8.143E-03	.019	.890
	농산물 브랜드 * 개성 * 소극편의주의	.180	9.004E-02	.210	.811
	농산물 브랜드 * 사회 * 소극편의주의	1.466	.489	1.141	.333

전통적 알뜰 * 개성 * 소극편의주의	.808	.404	.943	.391
전통적 알뜰 * 개성 * 사회	.140	.140	.326	.568
전통적 알뜰 * 사회 * 소극편의주의	.538	.269	.628	.534
개성 * 사회 * 소극편의주의	.292	.292	.681	.410
농산물 브랜드 * 전통적 알뜰 * 개성 * 사회	.000	.	.	.
농산물 브랜드 * 전통적 알뜰 * 개성 * 소극편의주의	.000	.	.	.
농산물 브랜드 * 전통적 알뜰 * 사회 * 소극편의주의	.253	.253	.591	.443
농산물 브랜드 * 개성 * 사회 * 소극편의주의	.000	.	.	.
전통적 알뜰 * 개성 * 사회 * 소극편의주의	.000	.	.	.
농산물 브랜드 * 전통적 알뜰 * 개성 * 사회 * 소극편의주의	.000	.	.	.

가설 2-1의 검정결과는 〈표 6-8〉과 같다. 분석 결과, 농산물 브랜드 유형과 라이프스타일 유형은 편리성 정도에 대해 주효과가 존재하지 않는 것으로 나타났다. 그러나 농산물 브랜드 유형과 전통적 알뜰 지향형 라이프스타일 간의 상호작용 효과가 존재하고, 농산물 브랜드 유형, 전통적 알뜰 지향형 및 소극편의주의 지향형 라이프스타일 간의 상호작용 효과가 존재함으로 편리성에 대해 미치는 영향이 각각 다른 것으로 나타났다.

가설 2-2 : 경제적 가치는 소비자의 농산물 브랜드 유형 선택과 라이프스타일에 따라 차이가 있을 것이다.

가설 2-2의 검정결과는 다음의 〈표 6-9〉와 같다. 분석 결과, 농산물 브랜드 유형과 라이프스타일 유형은 경제적 가치 정도에 대해 주효과와 상호작용 효과가 존재하지 않는 것으로 나타났다.

〈표 6-9〉 농산물 브랜드 유형과 라이프스타일에 따른 상호작용효과 검정

변수		제곱합 (SS)	평균제곱 (MS)	F값	유의확률
종속변수	독립변수				
경제적 가치	농산물 브랜드	4.425E-02	4.425E-02	.167	.683
	전통적 알뜰	1.049	.524	1.979	.140
	개성	.988	.494	1.864	.157
	사회	.141	7.027E-02	.265	.767
	소극편의주의	.726	.363	1.371	.255
	전통적 알뜰 * 농산물 브랜드	.258	.129	.487	.615
	개성 * 농산물 브랜드	.888	.444	1.676	.189
	사회 * 농산물 브랜드	.101	5.045E-02	.190	.827
	소극편의주의 * 농산물 브랜드	.220	.110	.415	.661
	전통적 알뜰 * 개성	.261	.131	.493	.611
	전통적 알뜰 * 사회	.567	.189	.714	.544
	전통적 알뜰 * 소극편의주의	.538	.269	1.015	.364
	개성 * 사회	.801	.200	.756	.554
	개성 * 소극편의주의	2.160	.540	2.038	.089
	사회 * 소극편의주의	2.482	.620	2.342	.055
	전통적 알뜰 * 개성 * 농산물 브랜드	.274	.274	1.035	.310
	전통적 알뜰 * 사회 * 농산물 브랜드	.122	6.111E-02	.231	.794
	전통적 알뜰 * 소극편의주의 * 농산물 브랜드	2.990E-03	2.990E-03	.011	.915
	개성 * 사회 * 농산물 브랜드	3.136E-02	3.136E-02	.118	.731
	개성 * 소극편의주의 * 농산물 브랜드	.958	.479	1.808	.166
	사회 * 소극편의주의 * 농산물 브랜드	.204	6.790E-02	.256	.857
	전통적 알뜰 * 개성 * 소극편의주의	.230	.115	.434	.648
	전통적 알뜰 * 개성 * 사회	5.418E-02	5.418E-02	.205	.651
	전통적 알뜰 * 사회 * 소극편의주의	.173	8.663E-02	.327	.721
	개성 * 사회 * 소극편의주의	9.347E-02	9.347E-02	.353	.553
	전통적 알뜰 * 개성 * 사회 * 농산물 브랜드	.000	.	.	.
	전통적 알뜰 * 개성 * 소극편의주의 * 농산물 브랜드	.000	.	.	.
	전통적 알뜰 * 사회 * 소극편의주의 * 농산물 브랜드	3.155E-03	3.155E-03	.012	.913

개성 * 사회 * 소극편의주의 * 농산물 브랜드	.000	.	.	.
전통적 알뜰 * 개성 * 사회 * 소극편의주의	.000	.	.	.
전통적 알뜰 * 개성 * 사회 * 소극편의주의 * 농산물 브랜드	.000	.	.	.

가설 2-3 : 우수성은 소비자의 농산물 브랜드 유형 선택과 라이프스타일에 따라 차이가 있을 것이다.

가설 2-3의 검정 결과는 〈표 6-10〉과 같다. 분석 결과, 소극편의주의 지향형 라이프스타일은 우수성 정도에 주효과가 존재하는 것으로 나타났다. 그러나 농산물 브랜드 유형과 라이프스타일 간의 상호작용 효과는 존재하지 않는 것으로 나타났다.

〈표 6-10〉 농산물 브랜드 유형과 라이프스타일에 따른 상호작용 효과 검정

변수		제곱합 (SS)	평균제곱 (MS)	F값	유의확률
종속변수	독립변수				
	농산물 브랜드	5.976E-02	5.976E-02	.238	.626
	전통적 알뜰	.636	.318	1.265	.284
	개성	1.371	.685	2.724	.067
	사회	6.538E-02	3.269E-02	.130	.878
	소극편의주의	1.936	.968	3.847	.022
	전통적 알뜰 * 농산물 브랜드	.960	.480	1.909	.150
	개성 * 농산물 브랜드	.851	.426	1.691	.186
	사회 * 농산물 브랜드	.255	.127	.506	.603
	소극편의주의 * 농산물 브랜드	.131	6.529E-02	.260	.772
	전통적 알뜰 * 개성	.136	6.795E-02	.270	.763
	전통적 알뜰 * 사회	.345	.115	.457	.712
	전통적 알뜰 * 소극편의주의	.512	.256	1.018	.362
	개성 * 사회	.569	.142	.566	.688
	개성 * 소극편의주의	2.201	.550	2.187	.070

우수성	사회 * 소극편의주의	.125	3.131E-02	.124	.974
	전통적 알뜰 * 개성 * 농산물 브랜드	8.432E-03	8.432E-03	.034	.855
	전통적 알뜰 * 사회 * 농산물 브랜드	1.023E-02	5.114E-03	.020	.980
	전통적 알뜰 * 소극편의주의 * 농산물 브랜드	1.741E-02	1.741E-02	.069	.793
	개성 * 사회 * 농산물 브랜드	1.462E-02	1.462E-02	.058	.810
	개성 * 소극편의주의 * 농산물 브랜드	.199	9.967E-02	.396	.673
	사회 * 소극편의주의 * 농산물 브랜드	4.805E-02	1.602E-02	.064	.979
	전통적 알뜰 * 개성 * 소극편의주의	.196	9.781E-02	.389	.678
	전통적 알뜰 * 개성 * 사회	.211	.211	.838	.361
	전통적 알뜰 * 사회 * 소극편의주의	9.014E-02	4.507E-02	.179	.836
	개성 * 사회 * 소극편의주의	.196	.196	.781	.378
	전통적 알뜰 * 개성 * 사회 * 농산물 브랜드	.000	.	.	.
	전통적 알뜰 * 개성 * 소극편의주의 * 농산물 브랜드	.000	.	.	.
	전통적 알뜰 * 사회 * 소극편의주의 * 농산물 브랜드	.364	.364	1.445	.230
	개성 * 사회 * 소극편의주의 * 농산물 브랜드	.000	.	.	.
	전통적 알뜰 * 개성 * 사회 * 소극편의주의	.000	.	.	.
	전통적 알뜰 * 개성 * 사회 * 소극편의주의 * 농산물 브랜드	.000	.	.	.

(3) 고객가치와 고객만족에 관한 가설

가설 3 : 고객가치는 고객만족에 영향을 미칠 것이다.

가설 3은 고객가치가 고객만족에 미치는 영향을 알아보기 위한 것으로, 가설 3의 검정을 위해 고객가치의 각 요인점수를 독립변수로 하고, 고객만족을 종속변수로 하는 다중회귀분석을 실시하였다.

가설 3-1 : 고객가치는 재구매의도에 영향을 미칠 것이다.

가설 3-1-1 : 편리성은 재구매의도에 영향을 미칠 것이다.

〈표 6-11〉 고객가치와 재구매의도의 관계에 관한 다중회귀분석 결과

	비표준화 계수		표준화 계수	t	유의확률	R^2	F값	유의확률	연구 가설
	B	표준오차	베타						
(상수)	-1.512E-16	.052		.000	1.000	-0.007	0.096	0.962	
편리성	1.035E-02	.052	.010	.200	.841				기각
경제적 가치	-4.995E-03	.052	-.005	-.097	.923				기각
우수성	2.516E-02	.052	.025	.487	.626				기각

가설 3-1-2 : 경제적 가치는 재구매의도에 영향을 미칠 것이다.

가설 3-1-3 : 우수성은 재구매의도에 영향을 미칠 것이다.

가설 3-1의 검정 결과는 〈표 6-11〉과 같다. 분석 결과, 이들 독립변수들이 종속변수에 통계적으로 유의한 영향을 미치지 않는 것으로 나타났다.

가설 3-2 : 고객가치는 고객충성도에 영향을 미칠 것이다.

가설 3-2-1 : 편리성은 고객충성도에 영향을 미칠 것이다.

가설 3-2-2 : 경제적 가치는 고객충성도에 영향을 미칠 것이다.

가설 3-2-3 : 우수성은 고객충성도에 영향을 미칠 것이다.

가설 3-2의 검정결과는 다음의 〈표 6-12〉와 같다. 분석결과, 이들 독립변수들이 종속변수에 통계적으로 유의한 영향을 미치는 것으로 나타났으며, 종속변수인 고객만족에 대해 투입된 독립변수인 고객만족의 설명력을 나타내는 R^2의 값은 .096이며, 회귀모형의 유의도는 매우 낮은 것으로 나타났다.

가설 3-2의 하위가설인 가설 3-2-2, 3-2-3은 모두 유의확률 .000으로 0.05의 유의수준에서 통계적으로 유의한 것으로 나타났다. 따라서 가설 3-2는

〈표 6-12〉 고객가치와 고객충성도의 관계에 관한 다중회귀분석 결과

	비표준화 계 수		표준화 계 수	t	유의확률	R^2	F값	유의확률	연구 가설
	B	표준오차	베 타						
(상수)	1.449E-18	.049		.000	1.000	0.096	13.305	0.000	
편리성	3.990E-02	.049	.040	.813	.417				기각
경제적 가치	.182	.049	.182	3.704	.000				채택
우수성	.248	.049	.248	5.053	.000				채택

부분적으로 채택되었다. 그리고 베타(β) 값은 각 변수의 회귀계수를 표준화시킨 값으로서 이 수치가 큰 변수들이 종속변수 값의 변화에 더 큰 영향을 미친다고 할 수 있는데, 본 회귀분석에서는 고객만족에 가장 큰 영향을 미치는 변수로 우수성(β=.248), 경제적 가치(β=.182)의 순으로 나타났다.

가설 3-3 : 고객가치는 구전효과에 영향을 미칠 것이다.
가설 3-3-1 : 편리성은 구전효과에 영향을 미칠 것이다.
가설 3-3-2 : 경제적 가치는 구전효과에 영향을 미칠 것이다.
가설 3-3-3 : 우수성은 구전효과에 영향을 미칠 것이다.

가설 3-3의 검정 결과는 다음의 〈표 6-13〉과 같다. 분석결과, 이들 독립변수들이 종속변수에 통계적으로 유의한 영향을 미치는 것으로 나타났으며, 종속변수인 고객만족에 대해 투입된 독립변수인 고객가치의 설명력을 나타내는 R^2의 값은 .051이며, 회귀모형의 유의도는 매우 낮은 것으로 나타났다. 가설 3-3의 하위가설인 가설 3-3-3은 유의확률 .000으로 0.05의 유의수준에서 통계적으로 유의한 것으로 나타났다. 따라서 가설 3-3은 부분적으로 채택되었다.

〈표 6-13〉 고객가치와 구전효과의 관계에 관한 다중회귀분석 결과

	비표준화 계 수		표준화 계 수	t	유의확률	R^2	F값	유의확률	연구 가설
	B	표준오차	베 타						
(상수)	-1.341E-16	.050		.000	1.000	0.051	6.687	0.000	
편리성	1.818E-02	.050	.018	.361	.718				기각
경제적 가치	7.540E-02	.050	.075	1.499	.135				기각
우수성	.212	.050	.212	4.205	.000				채택

(4) 고객가치 및 마케팅 능력에 따른 고객만족

가설 4 : 고객가치가 고객만족에 미치는 영향은 판매점의 마케팅 능력에 따라 달라질 것이다.

가설 4는 고객가치가 고객만족에 미치는 영향이 판매점의 마케팅 능력에 따라 달라질 것인지를 알아보기 위한 것으로, 가설 4를 검정하기 위해 고객가치를 독립변수로 설정하고 조절변수(고객가치, 마케팅 능력)를 설정한 후 고객만족을 종속변수로 설정하여 조절회귀분석을 실시하였다.

가설 4-1 : 편리성이 재구매의도에 미치는 영향은 판매점의 마케팅 능력에 따라 달라질 것이다.

가설 4-1-1 : 편리성이 재구매의도에 미치는 영향은 판매점의 커뮤니케이션 능력에 따라 달라질 것이다.

가설 4-1-2 : 편리성이 재구매의도에 미치는 영향은 판매점의 PR 능력에 따라 달라질 것이다.

가설 4-1-3 : 편리성이 재구매의도에 미치는 영향은 판매점의 명성에 따라 달라질 것이다.

〈표 6-14〉 편리성과 재구매의도에 대한 마케팅 능력의 조절효과(조절회귀분석)

	비표준화 계 수		표준화 계 수	t	유의확률	R^2	F값	유의확률	연구 가설
	B	표준오차	베 타						
(상수)	3.452	.137		25.141	.000	0.016	1.492	0.204	
편리성	-.130	.106	-.150	-1.221	.223				기각
편리성 * 커뮤니케이션	-3.883E-03	.022	-.019	-.177	.860				기각
편리성 * PR	3.720E-02	.022	.179	1.674	.095				기각
편리성 * 명성	-2.109E-02	.022	-.100	-.944	.346				기각
편리성 * 신뢰	2.761E-02	.021	.141	1.334	.183				기각

가설 4-1-4 : 편리성이 재구매의도에 미치는 영향은 판매점의 신뢰에 따라 달라질 것이다.

가설 4-1의 검정결과는 〈표 6-14〉와 같다. 분석결과, 이들 독립변수들이 종속변수에 통계적으로 유의한 영향을 미치지 않는 것으로 나타났다.

가설 4-2 : 편리성이 고객충성도에 미치는 영향은 판매점의 마케팅 능력에 따라 달라질 것이다.

가설 4-2-1 : 편리성이 고객충성도에 미치는 영향은 판매점의 커뮤니케이션 능력에 따라 달라질 것이다.

가설 4-2-2 : 편리성이 고객충성도에 미치는 영향은 판매점의 PR 능력에 따라 달라질 것이다.

가설 4-2-3 : 편리성이 고객충성도에 미치는 영향은 판매점의 명성에 따라 달라질 것이다.

가설 4-2-4 : 편리성이 고객충성도에 미치는 영향은 판매점의 신뢰에 따라 달라질 것이다.

〈표 6-15〉 편리성과 고객충성도에 대한 마케팅 능력의 조절효과(조절회귀분석)

	비표준화 계 수		표준화 계 수	t	유의확률	R^2	F값	유의확률	연구 가설
	B	표준오차	베 타						
(상수)	3.042	.117		26.035	.000	0.144	14.582	0.000	
편리성	-.540	.090	-.684	-5.990	.000				채택
편리성 * 커뮤니케이션	3.119E-02	.019	.170	1.669	.096				기각
편리성 * PR	4.251E-02	.019	.224	2.248	.025				채택
편리성 * 명성	5.453E-02	.019	.283	2.869	.004				채택
편리성 * 신뢰	4.677E-02	.018	.261	2.655	.008				채택

가설 4-2의 검정결과는 〈표 6-15〉와 같다. 분석결과, 이들 독립변수들이 종속변수에 통계적으로 유의한 영향을 미치는 것으로 나타났으며, 종속변수의 전체분산에 대해 투입된 독립변수들의 설명력을 나타내는 결정계수인 R^2는 0.144로 나타났고 두 모형간의 R^2의 변화량이 0.134로 나타나 모형의 설명력이 증가되었음을 알 수 있다. 가설 4-2의 하위가설인 4-2-2, 4-2-3, 4-2-4는 모두 .005의 유의수준에서 통계적으로 유의한 것으로 나타났다. 따라서 가설 4-2는 부분적으로 채택되었다. 그리고 베타(β) 값은 각 변수의 회귀계수를 표준화시킨 값으로서 이 수치가 큰 변수들이 종속변수 값의 변화에 더 큰 영향을 미친다고 할 수 있는데, 본 조절회귀분석에서는 편리성과 고객충성도의 관계에 있어 가장 큰 조절적 역할을 하는 변수는 PR(β=.025), 신뢰(β=.008) 및 명성(β=.004)의 순으로 나타났다.

가설 4-3 : 편리성이 구전효과에 미치는 영향은 판매점의 마케팅 능력에 따라 달라질 것 이다.

가설 4-3-1 : 편리성이 구전효과에 미치는 영향은 판매점의 커뮤

니케이션 능력에 따라 달라질 것이다.

가설 4-3-2 : 편리성이 구전효과에 미치는 영향은 판매점의 PR 능력에 따라 달라질 것이다.

가설 4-3-3 : 편리성이 구전효과에 미치는 영향은 판매점의 명성에 따라 달라질 것이다.

가설 4-3-4 : 편리성이 구전효과에 미치는 영향은 판매점의 신뢰에 따라 달라질 것이다.

가설 4-3의 검정 결과는 〈표 6-16〉과 같다. 분석 결과, 이들 독립변수들이 종속변수에 통계적으로 유의한 영향을 미치는 것으로 나타났으며, 종속변수의 전체분산에 대해 투입된 독립변수들의 설명력을 나타내는 결정계수인 R^2는 0.086으로 나타났고, 두 모형간의 R^2의 변화량이 0.081로 나타나 모형의 설명력이 증가되었음을 알 수 있다. 가설 4-3의 하위가설인 4-3-2, 4-3-4는 모두 .005의 유의수준에서 통계적으로 유의한 것으로 나타났다. 따라서 가설 4-3은 부분적으로 채택되었다. 그리고 베타(β) 값은 각

〈표 6-16〉 편리성과 구전효과에 대한 마케팅 능력의 조절효과(조절회귀분석)

	비표준화 계 수		표준화 계 수	t	유의확률	R^2	F값	유의확률	연구 가설
	B	표준오차	베 타						
(상수)	3.343	.185		18.083	.000	0.086	8.255	0.000	
편리성	-.650	.143	-.538	-4.554	.000				채택
편리성 * 커뮤니케이션	2.004E-02	.030	.071	.678	.498				기각
편리성 * PR	7.481E-02	.030	.257	2.501	.013				채택
편리성 * 명성	4.326E-02	.030	.147	1.438	.151				기각
편리성 * 신뢰	6.863E-02	.028	.251	2.463	.014				채택

변수의 회귀계수를 표준화시킨 값으로서 이 수치가 큰 변수들이 종속변수 값의 변화에 더 큰 영향을 미친다고 할 수 있는데, 본 조절회귀분석에서는 편리성과 구전효과의 관계에 있어 가장 큰 조절적 역할을 하는 변수는 신뢰(β=.014), PR(β=.013)의 순으로 나타났다.

가설 4-4 : 경제적 가치가 재구매의도에 미치는 영향은 판매점의 마케팅 능력에 따라 달라질 것이다.

가설 4-4-1 : 경제적 가치가 재구매의도에 미치는 영향은 판매점의 커뮤니케이션 능력에 따라 달라질 것이다.

가설 4-4-2 : 경제적 가치가 재구매의도에 미치는 영향은 판매점의 PR 능력에 따라 달라질 것이다.

가설 4-4-3 : 경제적 가치가 재구매의도에 미치는 영향은 판매점의 명성에 따라 달라질 것이다.

가설 4-4-4 : 경제적 가치가 재구매의도에 미치는 영향은 판매점의 신뢰에 따라 달라질 것이다.

〈표 6-17〉 경제적 가치와 재구매의도에 대한 마케팅 능력의 조절효과(조절회귀분석)

	비표준화 계수		표준화 계수	t	유의확률	R^2	F값	유의확률	연구가설
	B	표준오차	베타						
(상수)	3.367	.169		19.896	.000	0.016	1.430	0.224	
경제적가치	-9.634E-02	.113	-.086	-.851	.396				기각
경제적 가치 * 커뮤니케이션	3.363E-03	.024	.014	.142	.887				기각
경제적 가치 * PR	2.963E-02	.023	.116	1.278	.202				기각
경제적 가치 * 명성	-2.438E-02	.024	-.101	-1.019	.309				기각
경제적 가치 * 신뢰	3.095E-02	.022	.131	1.377	.169				기각

가설 4-4의 검정 결과는 〈표 6-17〉과 같다. 분석 결과, 이들 독립변수들이 종속변수에 통계적으로 유의한 영향을 미치지 않는 것으로 나타났다.

가설 4-5 : 경제적 가치가 고객충성도에 미치는 영향은 판매점의 마케팅 능력에 따라 달라질 것이다.

가설 4-5-1 : 경제적 가치가 고객충성도에 미치는 영향은 판매점의 커뮤니케이션 능력에 따라 달라질 것이다.

가설 4-5-2 : 경제적 가치가 고객충성도에 미치는 영향은 판매점의 PR 능력에 따라 달라질 것이다.

가설 4-5-3 : 경제적 가치가 고객충성도에 미치는 영향은 판매점의 명성에 따라 달라질 것이다.

가설 4-5-4 : 경제적 가치가 고객충성도에 미치는 영향은 판매점의 신뢰에 따라 달라질 것이다.

가설 4-5의 검정 결과는 다음의 〈표 6-18〉과 같다. 분석 결과, 이들 독립변수들이 종속변수에 통계적으로 유의한 영향을 미치는 것으로 나타났으며, 종속변수의 전체분산에 대해 투입된 독립변수들의 설명력을 나타내는 결정계수인 R^2는 0.169로 나타났고, 두 모형간의 R^2의 변화량이 0.098로 나타나 모형의 설명력이 증가되었음을 알 수 있다. 가설 4-5의 하위가설인 4-5-3, 4-5-4는 모두 .005의 유의수준에서 통계적으로 유의한 것으로 나타났다. 따라서 가설 4-5는 부분적으로 채택되었다. 그리고 베타(β) 값은 각 변수의 회귀계수를 표준화시킨 값으로서 이 수치가 큰 변수들이 종속변수 값의 변화에 더 큰 영향을 미친다고 할 수 있는데, 본 조절회귀분석에서는 경제적 가치와 고객충성도의 관계에 있어 가장 큰 조절적 역할을 하는 변수는 명성(β=.034), 신뢰(β=.004)의 순으로 나타났다.

〈표 6-18〉 경제적 가치와 고객충성도에 대한 마케팅 능력의 조절효과(조절회귀분석)

	비표준화 계수		표준화 계수	t	유의확률	R^2	F값	유의확률	연구 가설
	B	표준오차	베타						
(상수)	2.501	.142		17.630	.000	0.169	11.080	0.000	
경제적 가치	-.267	.095	-.261	-2.812	.005				채택
경제적 가치 * 커뮤니케이션	2.291E-02	.020	.104	1.150	.251				기각
경제적 가치 * PR	2.956E-02	.019	.127	1.521	.129				기각
경제적 가치 * 명성	4.281E-02	.020	.194	2.134	.034				채택
경제적 가치 * 신뢰	5.387E-02	.019	.250	2.860	.004				채택

가설 4-6 : 경제적 가치가 구전효과에 미치는 영향은 판매점의 마케팅 능력에 따라 달라질 것이다.

가설 4-6-1 : 경제적 가치가 구전효과에 미치는 영향은 판매점의 커뮤니케이션 능력에 따라 달라질 것이다.

가설 4-6-2 : 경제적 가치가 구전효과에 미치는 영향은 판매점의 PR 능력에 따라 달라질 것이다.

가설 4-6-3 : 경제적 가치가 구전효과에 미치는 영향은 판매점의 명성에 따라 달라질 것이다.

가설 4-6-4 : 경제적 가치가 구전효과에 미치는 영향은 판매점의 신뢰에 따라 달라질 것이다.

가설 4-6의 검정 결과는 다음의 〈표 6-19〉와 같다. 분석 결과, 이들 독립변수들이 종속변수에 통계적으로 유의한 영향을 미치는 것으로 나타났으며, 종속변수의 전체분산에 대해 투입된 독립변수들의 설명력을 나타내는 결정계수인 R^2는 0.095로 나타났고, 두 모형간의 R^2의 변화량이 0.066으로

〈표 6-19〉 경제적 가치와 구전효과에 대한 마케팅 능력의 조절효과(조절회귀분석)

	비표준화 계 수		표준화 계 수	t	유의확률	R^2	F값	유의확률	연구 가설
	B	표준오차	베 타						
(상수)	2.803	.227		12.362	.000	0.095	6.802	0.000	
경제적 가치	-.377	.152	-.241	-2.485	.013				채택
경제적 가치 * 커뮤니케이션	1.157E-02	.032	.034	.364	.716				기각
경제적 가치 * PR	6.978E-02	.031	.196	2.247	.025				채택
경제적 가치 * 명성	2.345E-02	.032	.069	.731	.465				기각
경제적 가치 * 신뢰	7.567E-02	.030	.230	2.514	.012				채택

나타나 모형의 설명력이 증가되었음을 알 수 있다. 가설 4-6의 하위가설인 4-6-2, 4-6-4는 모두 .005의 유의수준에서 통계적으로 유의한 것으로 나타났다. 따라서 가설 4-6은 부분적으로 채택되었다. 그리고 베타(β) 값은 각 변수의 회귀계수를 표준화시킨 값으로서 이 수치가 큰 변수들이 종속변수 값의 변화에 더 큰 영향을 미친다고 할 수 있는데, 본 조절회귀분석에서는 경제적 가치와 구전효과의 관계에 있어 가장 큰 조절적 역할을 하는 변수는 PR(β=.025), 신뢰(β=.012)의 순으로 나타났다.

가설 4-7 : 우수성이 재구매의도에 미치는 영향은 판매점의 마케팅 능력에 따라 달라질 것이다.

가설 4-7-1 : 우수성이 재구매의도에 미치는 영향은 판매점의 커뮤니케이션 능력에 따라 달라질 것이다.

가설 4-7-2 : 우수성이 재구매의도에 미치는 영향은 판매점의 PR 능력에 따라 달라질 것이다.

가설 4-7-3 : 우수성이 재구매의도에 미치는 영향은 판매점의 명

〈표 6-20〉 우수성과 재구매의도에 대한 마케팅 능력의 조절효과(조절회귀분석)

	비표준화 계 수		표준화 계 수	t	유의확률	R^2	F값	유의확률	연구 가설
	B	표준오차	베 타						
(상수)	3.223	.190		16.990	.000	0.018	1.059	0.377	
우수성	-8.975E-03	.123	-.008	-.073	.942				기각
우수성 * 커뮤니케이션	-3.691E-03	.022	-.016	-.171	.864				기각
우수성 * PR	2.880E-02	.022	.120	1.301	.194				기각
우수성 * 명성	-2.372E-02	.022	-.099	-1.076	.283				기각
우수성 * 신뢰	2.486E-02	.021	.112	1.191	.235				기각

성에 따라 달라질 것이다.

가설 4-7-4 : 우수성이 재구매의도에 미치는 영향은 판매점의 신뢰에 따라 달라질 것이다.

가설 4-7의 검정 결과는 〈표 6-20〉과 같다. 분석 결과, 이들 독립변수들이 종속변수에 통계적으로 유의한 영향을 미치지 않는 것으로 나타났다.

가설 4-8 : 우수성이 고객충성도에 미치는 영향은 판매점의 마케팅 능력에 따라 달라질 것이다.

가설 4-8-1 : 우수성이 고객충성도에 미치는 영향은 판매점의 커뮤니케이션 능력에 따라 달라질 것이다.

가설 4-8-2 : 우수성이 고객충성도에 미치는 영향은 판매점의 PR 능력에 따라 달라질 것이다.

가설 4-8-3 : 우수성이 고객충성도에 미치는 영향은 판매점의 명성에 따라 달라질 것이다.

〈표 6-21〉 우수성과 고객충성도에 대한 마케팅 능력의 조절효과(조절회귀분석)

	비표준화 계 수		표준화 계 수	t	유의확률	R^2	F값	유의확률	연구 가설
	B	표준오차	베 타						
(상수)	2.374	.158		15.067	.000	0.186	9.516	0.000	
우수성	−.205	.102	−.195	−2.004	.046				채택
우수성 * 커뮤니케이션	1.207E−02	.018	.059	.673	.501				기각
우수성 * PR	3.366E−02	.018	.154	1.830	.068				기각
우수성 * 명성	4.440E−02	.018	.202	2.425	.016				채택
우수성 * 신뢰	4.861E−02	.017	.239	2.803	.005				채택

가설 4-8-4 : 우수성이 고객충성도에 미치는 영향은 판매점의 신뢰에 따라 달라질 것이다.

가설 4-8의 검정 결과는 〈표 6-21〉과 같다. 분석 결과, 이들 독립변수들이 종속변수에 통계적으로 유의한 영향을 미치는 것으로 나타났으며, 종속변수의 전체분산에 대해 투입된 독립변수들의 설명력을 나타내는 결정계수인 R^2는 0.186으로 나타났고, 두 모형간의 R^2의 변화량이 0.083으로 나타나 모형의 설명력이 증가되었음을 알 수 있다. 가설 4-8의 하위가설인 4-8-3, 4-8-4는 모두 .005의 유의수준에서 통계적으로 유의한 것으로 나타났다. 따라서 가설 4-8은 부분적으로 채택되었다. 그리고 베타(β) 값은 각 변수의 회귀계수를 표준화시킨 값으로서 이 수치가 큰 변수들이 종속변수 값의 변화에 더 큰 영향을 미친다고 할 수 있는데, 본 조절회귀분석에서는 우수성과 고객충성도의 관계에 있어 가장 큰 조절적 역할을 하는 변수는 명성(β=.016), 신뢰(β=.005)의 순으로 나타났다.

가설 4-9 : 우수성이 구전효과에 미치는 영향은 판매점의 마케팅 능력에 따라 달라질 것이다.

가설 4-9-1 : 우수성이 구전효과에 미치는 영향은 판매점의 커뮤니케이션 능력에 따라 달라질 것이다.

가설 4-9-2 : 우수성이 구전효과에 미치는 영향은 판매점의 PR 능력에 따라 달라질 것이다.

가설 4-9-3 : 우수성이 구전효과에 미치는 영향은 판매점의 명성에 따라 달라질 것이다.

가설 4-9-4 : 우수성이 구전효과에 미치는 영향은 판매점의 신뢰에 따라 달라질 것이다.

가설 4-9의 검정 결과는 〈표 6-22〉와 같다. 분석 결과, 이들 독립변수들이 종속변수에 통계적으로 유의한 영향을 미치는 것으로 나타났으며, 종속변수의 전체분산에 대해 투입된 독립변수들의 설명력을 나타내는 결정계수인 R^2는 0.115로 나타났고, 두 모형간의 R^2의 변화량이 0.052로 나타

〈표 6-22〉 우수성과 구전효과에 대한 마케팅 능력의 조절효과(조절회귀분석)

	비표준화 계수		표준화 계수	t	유의확률	R^2	F값	유의확률	연구가설
	B	표준오차	베타						
(상수)	2.499	.252		9.931	.000	0.115	5.407	0.000	
우수성	-.226	.163	-.141	-1.387	.166				기각
우수성 * 커뮤니케이션	1.613E-03	.029	.005	.056	.955				기각
우수성 * PR	6.568E-02	.029	.196	2.236	.026				채택
우수성 * 명성	2.830E-02	.029	.084	.968	.334				기각
우수성 * 신뢰	6.578E-02	.028	.211	2.375	.018				채택

나 모형의 설명력이 증가되었음을 알 수 있다. 가설 4-9의 하위가설인 4-9-2, 4-9-4는 모두 .005의 유의수준에서 통계적으로 유의한 것으로 나타났다. 따라서 가설 4-9는 부분적으로 채택되었다. 그리고 베타(β) 값은 각 변수의 회귀계수를 표준화시킨 값으로서 이 수치가 큰 변수들이 종속변수 값의 변화에 더 큰 영향을 미친다고 할 수 있는데, 본 조절회귀분석에서는 우수성과 구전효과의 관계에 있어 가장 큰 조절적 역할을 하는 변수는 PR(β=.026), 신뢰(β=.018)의 순으로 나타났다.

Ⅶ. 결 론

1. 요약 및 전략적 시사점

본 저서는 농산물시장 개방의 급변에 따라 우리 농산물의 경쟁력 제고와 생산자에게 친환경농산물의 마케팅 과정을 통해 보다 체계적인 시장접근 전략을 제공하는 동시에, 소비자에게는 건강한 먹거리의 제공으로 건강유지와 삶의 질을 제고시키는데 그 의의가 있다.

이에 친환경농산물을 구매하는 소비자를 대상으로 친환경농산물 브랜드 선택에 따라 고객가치에는 어떠한 차이가 있는지와 고객의 라이프스타일과 상호작용효과를 가지는지를 살펴보고, 고객가치가 고객만족에 어떠한 영향을 미치는지와 농산물 공급자의 마케팅 능력이 조절작용을 하였을 경우 이들의 관계를 분석하고자 하였다.

실증적 분석 결과 친환경농산물 마케팅 전략의 실행을 위해 다음과 같은 전략적 시사점을 얻었다.

첫째, 우리나라 농산물 브랜드 유형은 크게 기업형 브랜드, 농협 브랜드, 농산물 생산업자 브랜드, 지방자치단체 브랜드, 유통업자 브랜드로 나누어 볼 수 있으며, 농산물 공급자에 대한 고객가치는 편리성, 경제적 가치 및 우수성이 존재하지만 농산물 브랜드 유형에 따라서 고객가치는 변화하지 않는 것으로 나타났다.

둘째, 소비자의 농산물 브랜드 유형 선택과 라이프스타일에 따라 고객가치에 차이가 존재할 것이라는 가설에서는 라이프스타일 유형 중 소극편의주의 지향형 소비자가 농산물 공급자에 대해 가지는 가치 중 편리성과 우수성에서 차이를 느끼는 것으로 나타났다. 또한, 농산물 브랜드 유형 선택, 전통적 알뜰 지향형 소비자 및 소극편의주의 지향형 소비자 사이에는 상호작용 효과가 존재하므로 고객가치에 대해 미치는 영향이 각각 다름을 알 수 있다. 그 밖의 변수들 간에는 차이가 존재하지 않는 것으로 나타났으며, 이는 F검정에서 정규성을 확보하기 위해 각 셀(cell)의 수가 20개 이상을 충족하여야 하나, 본 연구에서는 더 많은 데이터를 확보하지 못하였으므로 이러한 결과가 나온 것으로 파악된다.

셋째, 고객가치가 고객만족에 미치는 영향을 분석한 결과 편리성, 경제적 가치 및 우수성은 재구매의도에 영향을 미치지 않는 것으로 나타났다. 다만, 소비자들은 얼마나 편리하게 농산물 브랜드를 구입할 수 있는지보다 그 농산물 브랜드가 경제적으로 얼마나 가치가 있는지, 우수한지를 기준으로 충성도를 형성하는 것으로 나타났다. 또한, 우수성은 구전효과에 영향을 미치는 것으로 나타났으며, 소비자가 농산물 브랜드에 대해 가지는 편리성이나 경제적 가치보다는 우수성이 타 고객에게 더 많은 구전활동을 할 수 있는 가치인 것을 알 수 있다. 따라서 농산물 브랜드의 고객가치 증대와 고객만족을 제고시키기 위해서는 무엇보다도 친환경농산물 품질의 우수한 부문, 친환경재배, 판매 서비스의 차별성과 신속한 서비스, 고객욕구의 이해와 신뢰할 만한 친환경농산물 정보의 제공 등을 부각시킬 필요성이 있을 것이다.

넷째, 고객가치가 고객만족에 미치는 영향은 농산물 공급자의 마케팅 능력에 따라 달라질 것이라는 가설을 분석한 결과, 고객가치 즉, 편리성, 경제적 가치·우수성이 재구매의도에 영향을 미칠 경우 마케팅 능력은 조절작용을 하지 않는 것으로 나타났다. 그리고 편리성·경제적 가치·우수성은 고객충성도에 영향을 미침에 있어 마케팅 능력 중 명성(reputation)과 신뢰가 조절적 작용을 하는 것으로 나타났다. 또한, 편리성·경제적 가치·우수성은 구전효과에 영향을 미침에 있어 마케팅 능력 중 PR과 신뢰가 조절작용을 하는 것으로 나타났다. 따라서 고객만족 변수의 고객충성도와 구전효과의 제고를 위해서는 기업의 명성 유지, 신뢰, 지속적 PR 활동이 수반되어야 함을 시사하고 있다. 더욱이 농산물시장 개방에 따라 선진기업들의 차별적 마케팅 능력을 극복하기 위해서는 친환경농산물 판매자와 구매자간의 신뢰에 기반하여 지속적 기업이미지 고객관계관리(CRM)가 요구된다(권기대, 1998).

2. 한계점 및 미래의 연구방향

농산물 마케팅에 관한 본 연구과제는 앞에서 언급한 다양한 시사점을 지니고 있음에도 불구하고 연구결과의 해석을 제한하는 몇 가지의 한계점과 이와 관련된 향후조사의 방향은 다음과 같다.

첫째, 「친환경농산물 브랜드 유형 및 고객가치가 만족에의 영향」 연구에 관한 선행연구가 거의 진행된 바가 없었기 때문에 실험적인 연구의 성격을 지니고 있다. 따라서 이러한 고객가치를 통해 도출되는 고객만족이 어떻게 변화하는가에 대한 논의가 상대적으로 부족하였다. 그러나 친환경농산물 브랜드 유형과 고객가치, 그리고 고객만족에 관한 실증적 연구의 시도는 향후 시장지향적 관점에서 농업경영을 실천해야 한다는 방향성을 제시하였다는데 그 의의가 있다.

둘째, 전국을 대상으로 설문지를 수집하였으나 시간과 예산상의 제약으로 인하여 서울·대구·부산지역이 주류를 이룸에 따라 표본의 대표성 문제가 대두될 수 있다. 연구의 광범위한 성격을 감안한다면, 원칙적으로 전국적인 모집단을 대표할 수 있는 엄밀한 확률표본을 선정하여야 할 것이다. 연구결과가 일반화되기 위해서는 예산의 확보를 통한 전국적 규모의 공동연구(co-worker)가 진행되어야 한다.

셋째, 본 과제에서 다룬 신뢰, 커뮤니케이션, PR, 명성 등만의 농산물 공급자의 마케팅 능력 변수가 활용되었으나 친환경농산물의 마케팅 활동에 있어서 인적판매와 광고 등의 변수도 앞으로 확대 적용해야 할 연구과제이다.

넷째, 라이프스타일에 있어서 ① 전통적 알뜰 지향형, ② 개성지향형, ③ 사회지향형, ④ 소극편의주의 지향형 등 네 가지 차원으로 분류하였다. 그러나 소비자의 친환경농산물 라이프스타일에 적합한 설문지의 개발을 통해 새로운 차원의 유형 즉, 건강지향·미용지향·가격지향·친환경지향 등으로 분류해 보는 것도 유익할 것이다. 이는 농산물 관련업자가 대중마케팅을 극복하고 친환경농산물 구입 소비자를 대상으로 보다 분명한 차별적 포지셔닝 전략의 수립을 통해 효율적이고 효과적인 마케팅을 실행하는데 도움을 제공할 것이다(권기대·이상환·허원현, 2002).

다섯째, 고객만족의 평가는 재구매의도, 고객충성도, 구전효과로 분류하여 통계분석을 통한 변수간 영향요인을 분석하는 것도 의미가 있지만, 향후에는 고객만족지수(customer satisfaction index)의 항목을 제시하여 분석하는 것이 필요할 것이다.

여섯째, 「친환경 농산물 브랜드 유형 및 고객가치가 만족에의 영향」의 연구는 정태적 환경하에서 각 변수간의 영향관계를 분석한 것이다. 앞으로는 동태적인 시장환경 변수를 도입하여 '구매자의 친환경농산물 브랜드 선택과 고객가치 그리고 고객만족의 영향'이 어떻게 달라지는가를 분석하여 농산물 관련업자들에게 시장환경의 불확실성에 대해 유연한 대응력을 갖도록 가이드(guide)를 제공해야 할 것이다.

일곱째, 본 연구과제는 친환경농산물 브랜드를 부착한 모든 농산물을 대상으로 하였으므로, 실제적으로 타 농산물과의 경쟁력 비교·분석을 위해서는 향후 일반 농산물과의 제품 차별화가 무엇인지부터 비교·분석을 실시하여 친환경농산물 관련업자들에게 보다 유용한 정보를 제공할 필요성이 있다. 보다 구체적으로 친환경농산물 중에서 서민경제에 영향을 미치는 작목에 해당되는 쌀, 채소류, 사과 등의 먹거리를 중심으로 보다 심도있는 연구를 통한 농업의 경쟁력을 제고시키는 데 기여해야 할 것이다. 또한, 친환경농산물이 아직까지 수입 농산물과의 경쟁력에서 우수하다고 심정적으로 평가하고 있으나, 친환경농산물의 높은 가격대 형성과 판매망의 미확충은 서민층에게 다소 인지도가 낮아 구매장벽을 낳을 수 있다. 그러므로 친환경농산물의 경쟁력은 곧 친환경농산물 구매 저변화에 있으므로 친환경농산물 브랜드의 홍보와 촉진 마케팅을 강화할 필요성이 있다.

부록 1_설문지

부록 2_지역별 농산물 브랜드

부록 3_친환경농업육성법

"친환경농산물 브랜드 유형 및 고객가치가 고객만족에의 영향과 농산물 마케팅 전략"

안녕하십니까?

저는 공주시에 소재한 국립공주대학교 공과대학 산업시스템공학과(전공 : 유통 및 물류)에 재직중인 교수 권기대입니다. 본 설문은 [**친환경 농산물 브랜드유형 및 고객가치가 고객만족**]에 어떠한 영향을 미치는지, 향후 농산물 마케팅 전략은 어떠하여야 할지를 연구하기 위해 직접 친환경 농산물을 구매해 본 소비자를 대상으로 작성되었습니다.

모든 응답은 통계 처리되어 학문적인 목적 이외에는 일체 사용되지 않을 것이며, 응답자의 개인적인 내용이 별도로 평가되지는 않습니다. 귀하께서 성의있게 기입해 주신 내용들은 귀중한 연구 자료로 활용되어질 것입니다.

바쁘시더라도 부디 한 문항도 빠뜨리지 마시고 응답해 주시면 대단히 고맙겠습니다. 감사합니다.

2005년 9월 25일

연 구 자 : 국립공주대학교 공과대학 산업시스템공학과 교수
권기대(kdkwon@kongju.ac.kr)

연 락 처 : 340-702
충남 예산군 예산읍 대회리 1 국립공주대학교
예산캠퍼스 권기대 교수 연구실
전화 : 041-330-1505, 011-555-5678
팩스 : 041-330-1509

Ⅰ. 다음은 귀하의 친환경농산물 구매행동과 관련된 질문입니다. 해당되는 번호에 ✔ 하시거나 직접 기입하여 주십시오.

1. 귀하는 친환경농산물을 구입하신 경험이 있습니까?

① 있다 ② 없다

⇨ **1번을 "있다"라고 답한 경우…**

1-1. 귀하가 친환경농산물을 구입하는 이유는 무엇입니까?

① 맛이 좋아서 ② 농약으로부터 안전한 것 같아서
③ 생태계 보호와 환경오염 문제를 해결하는데 도움이 될 것 같아서
④ 친지나 주위의 권유 때문에
⑤ 기타( )

1-2. 귀하는 현재 친환경농산물을 주로 어디에서 구입하십니까?

① 농민으로부터 직접 구입 ② 생산자, 소비자단체를 통해서 ③ 친환경농산물 전문판매장
④ 농협 판매장 ⑤ 백화점 식품판매장 ⑥ 슈퍼마켓
⑦ 기타( )

1-3. 귀하가 위의 구매처를 자주 이용하시는 이유는 무엇입니까?

① 거리가 가까워서 ② 품질이 좋아서 ③ 농산물의 종류가 많아서
④ 구매처에 대한 신뢰 때문에
⑤ 다른 물품(휴지, 양말 등 일상용품)도 함께 구입할 수 있어서
⑥ 기타( )

⇨ **1번을 "없다"라고 답한 경우…**

1-4. 귀하가 친환경농산물을 구입한 경험이 없는 경우, 친환경농산물을 구입하지 않는 이유는 무엇입니까?

① 특별한 이유가 없어서 ② 기존 농산물에 만족하기 때문
③ 구매가 쉽지 않아서(가까운 곳에 판매장소가 없어서) ④ 신선도와 모양이 나쁘기 때문에
⑤ 가격이 비싸서 ⑥ 농약을 사용하지 않았다는 것을 신뢰할 수가 없어서

2. 한 달을 기준으로 했을 때 식료품 구입비용은 얼마나 됩니까?

(예, 월 200,000원 또는 월소득의 20%)

월 ______________원 또는 월소득의 ______________%

⇨ 1번을 "있다"라고 답한 경우 …

2-1. 귀하는 식료품비 중 친환경농산물 구입비로 얼마를 지출하십니까?

총 식료품비의 ______________%

2-2. 귀하는 아래 보기의 친환경농산물을 구입하신 경험이 있습니까? 구입경험이 있는 품목에 동그라미를 하여 주십시오.

품목: 쌀 배추 상추 감자 고추 포도 배

2-3. 구입하신 경험이 있다면, 구입당시의 수량과 가격을 기입하여 주십시오.(정확한 수량과 가격이 기억나지 않으면 대략의 수량과 가격을 기입하여 주셔도 괜찮습니다.)

(예, 배추 80포기 32,000원 또는 상추 한 봉지 1,000원)

- 쌀 ______________kg ______________원
- 배추 ______________포기 ______________원
- 상추 ______________g ______________원
- 감자 ______________kg(상자) ______________원
- 고추 ______________근 ______________원
- 포도 ______________kg(상자) ______________원
- 사과 ______________개(상자) ______________원

2-4. 얼마나 자주 구입하십니까?

(예, 단 한번, 하루에 한 번, 일주일에 한 번 또는 한달에 세 번 등)

- 쌀 ______________
- 배추 ______________
- 상추 ______________
- 감자 ______________
- 고추 ______________
- 포도 ______________
- 사과 ______________

2-5. 친환경농산물의 품질에 대해 어떻게 생각하십니까? 보기 중 하나를 골라 주십시오.

(품질은 맛, 크기, 색깔, 신선도, 모양, 영양가를 말합니다.)

보기: ① 매우 불만 ② 약간 불만 ③ 보통 ④ 약간 만족 ⑤ 매우 만족

- 쌀 ______________
- 배추 ______________
- 상추 ______________
- 감자 ______________
- 고추 ______________
- 포도 ______________
- 사과 ______________

3. 귀하는 친환경농산물이 농약으로부터 안전하다고 생각하십니까?

① 매우 안전하다 ② 약간 안전하다 ③ 일반농산물과 비슷하다

④ 약간 안전하지 못하다 ⑤ 매우 안전하지 못하다 ⑥ 잘 모르겠다

4. 귀하는 앞으로 친환경농산물을 주로 어느 곳에서 구입하기를 희망하십니까?

① 생산자, 소비자단체를 통해서 ② 유기농산물 전문판매장 ③ 농협 판매장
④ 백화점 식품매장 ⑤ 슈퍼마켓 ⑥ 농민으로부터 직접 구매
⑦ 기타( )

Ⅱ. 다음은 귀하께서 농산물 브랜드 유형 구매선택에 관한 질문입니다. 귀하가 친환경적 농산물 브랜드를 구매선택하려고 할 때 가장 선호하는 항목에 체크(✔)하여 주십시오. (브랜드선택)

브랜드유형 정의	내용	응답(✔)
기업형 브랜드	친환경적(유기농법 재배 또는 무농약, 청정재배) 농산물(곡식, 채소, 과일, 가공식품)을 생산·가공·판매하는 기업으로서 전국적이고 체계적인 유통망을 구축한 전국 브랜드(예: 풀무원, 청정원, 해찬들 등)	( )
농협 브랜드	농협 또는 작목반, 마을 단위(예: 인제 평화마을쌀)와 같이 비영리조직을 구성하여 조합원이 친환경적 방법으로 생산한 농산물의 이익을 대변하여 판매하는 공동 브랜드(예: 영양고추, 의성옥산사과, 안성배)	( )
농산물 생산업자 브랜드	단독 또는 소수의 독립된 농산물 생산자가 친환경적 방법으로 농원을 운영하여 생산한 농산물에 대해 생산자의 사진이나 브랜드를 부착하여 시장에 판매하는 개별 농산물	( )
지방자치단체 브랜드	지방자치단체가 참여하여 생산자 조직과 함께 개발한 브랜드 또는 여러 생산자 조직이 시·군 단위 규모로 공동으로 사용·판매되는 친환경적 농산물 공동 브랜드(예: 경산지역의 옹골찬)	( )
유통업체 브랜드	전국망을 갖고 있는 유통업체로서 자체 생산보다는 주문자상표생산(OEM)을 통한 유통업체 브랜드를 부착해서 판매하는 농산물(예: E마트, 홈플러스, 까르푸 등)	( )

Ⅲ. 다음은 귀하가 친환경농산물 판매점에서 농산물을 구매할 경우, 다른 농산물 판매점에 비해 어떠한 점이 나은지를 묻는 질문입니다. 해당되는 번호에 ✔를 해 주십시오. (고객가치)

	전혀 그렇지 않다	그렇지 않다	보통이다	그렇다	매우 그렇다
1. 서비스 수준을 감안하면 친환경농산물 가격은 적당한 편이다.	① ----	② ----	③ ----	④ ----	⑤
2. 친환경농산물 가격에 비해 매우 우수한 서비스를 제공한다	① ----	② ----	③ ----	④ ----	⑤
3. 서비스가 우수해서 친환경농산물에 지불하는 돈이 아깝지 않다	① ----	② ----	③ ----	④ ----	⑤
4. 친환경농산물에 지불하는 가격 이상의 우수한 가치를 제공한다	① ----	② ----	③ ----	④ ----	⑤
5. 서비스 수준에 비해 친환경농산물 가격이 너무 비싼 편이다	① ----	② ----	③ ----	④ ----	⑤
6. 전반적으로 볼 때, 친환경농산물 가격에 비해 서비스 수준은 만족스러운 편이다	① ----	② ----	③ ----	④ ----	⑤

	전혀 그렇지 않다	그렇지 않다	보통이다	그렇다	매우 그렇다
7. 친환경농산물 재배에 대한 뛰어난 전문적인 지식과 기술을 가지고 있다	①	②	③	④	⑤
8. 고객에게 믿을 수 있는 서비스를 제공한다	①	②	③	④	⑤
9. 고객의 요구를 매우 잘 이해한다	①	②	③	④	⑤
10. 예의가 바르고 공손하다	①	②	③	④	⑤
11. 고객에게 신속한 서비스를 제공한다	①	②	③	④	⑤
12. 전반적으로 볼 때, 친환경적 농산물 판매를 위해 매우 우수한 서비스를 제공한다	①	②	③	④	⑤
13. 친환경농산물을 구입하기 위해 교통이나 주차가 편리해서 이용하기 쉽다	①	②	③	④	⑤
14. 친환경농산물을 구입하기 위해 시간을 절약할 수 있는 이점이 있다.	①	②	③	④	⑤
15. 친환경농산물 판매를 위한 서비스 업무에 적합한 시설을 갖추고 있다	①	②	③	④	⑤
16. 전반적으로 친환경농산물 구입을 위해 이용하기가 편리하다.	①	②	③	④	⑤

Ⅳ. 다음은 귀하가 살아가면서 느낄 수 있는 평소의 생활패턴에 관한 질문입니다. 해당되는 번호에 ✔를 해 주십시오. (라이프스타일)

	전혀 그렇지 않다	그렇지 않다	보통이다	그렇다	매우 그렇다
1. 요즘 여성들이 직장에서 평등한 대우를 받고 있다고 생각한다.	①	②	③	④	⑤
2. 외출시 정장보다는 활동복을 더 즐겨 입는다.	①	②	③	④	⑤
3. 음식은 영양도 중요하나 맛과 향기가 더 중요하다.	①	②	③	④	⑤
4. 나는 단독주택보다 아파트에 살고 싶다.	①	②	③	④	⑤
5. 나는 세금을 많이 내고 있다.	①	②	③	④	⑤
6. 정당한 노력만으로는 성공하기 힘든 것이 우리의 실정이다.	①	②	③	④	⑤
7. 지금까지 휴가는 가족과 함께 보냈다.	①	②	③	④	⑤
8. 직장생활을 원활히 하기 위해 술자리에 어울리지 않을 수 없다.	①	②	③	④	⑤
9. 때로는 과감한 옷차림으로 자신의 이미지를 바꾸고 싶다.	①	②	③	④	⑤
10. 인스턴트 식품이나 냉동식품, 캔 식품처럼 빨리 장만하는 식품이 좋다.	①	②	③	④	⑤

	전혀 그렇지 않다	그렇지 않다	보통 이다	그렇다	매우 그렇다
11. 우리 사회는 법과 질서를 지키는 사람이 손해 보게 되어 있다.	①	----②	----③	----④	----⑤
12. 값이 비싸도 A/S가 확실한 제품을 선택한다.	①	----②	----③	----④	----⑤
13. 결혼준비는 부끄럽지 않을 정도면 된다.	①	----②	----③	----④	----⑤
14. 스포츠나 여가를 즐길 때 돈이 많이 들더라도 괜찮다.	①	----②	----③	----④	----⑤
15. 나의 일보다 조직의 일을 중요시한다.	①	----②	----③	----④	----⑤
16. 심플한 디자인의 옷을 즐겨 입는다.	①	----②	----③	----④	----⑤
17. 아침식사는 가급적 간편하게 하는 것이 좋다.	①	----②	----③	----④	----⑤
18. 세상에 대한 정보를 주로 TV를 통해 얻는다.	①	----②	----③	----④	----⑤
19. 나는 확실히 예산 하에서 돈을 지출한다.	①	----②	----③	----④	----⑤
20. 나는 이웃의 경조사에 적극 참여하는 편이다.	①	----②	----③	----④	----⑤
21. 수입을 위해 일을 더하기보다는 여가시간을 갖고 싶다.	①	----②	----③	----④	----⑤
22. 주부는 남편의 월급을 전액 관리하여야 한다.	①	----②	----③	----④	----⑤
23. 나는 최신 유행하는 옷을 보통 한 벌 이상 가지고 있다.	①	----②	----③	----④	----⑤
24. 즉석 가공식품은 요리시간을 단축시켜 주기 때문에 중요한 것이다.	①	----②	----③	----④	----⑤
25. 좋은 집 마련이 가장 중요한 목표 중 하나이다.	①	----②	----③	----④	----⑤
26. 귀찮더라도 이왕이면 상품이 많은 곳으로 간다.	①	----②	----③	----④	----⑤
27. 나는 취미활동 모임에 적극적으로 참여하는 편이다.	①	----②	----③	----④	----⑤
28. 나는 해야 할 일들이 너무 많아 항상 시간이 부족하다.	①	----②	----③	----④	----⑤
29. 여성의 행복은 남편에게 달려 있다.	①	----②	----③	----④	----⑤
30. 유행에 민감하지 않은 옷을 주로 산다.	①	----②	----③	----④	----⑤
31. 나는 입맛이 까다로운 편이다.	①	----②	----③	----④	----⑤
32. 몸이 아파도 일 때문에 쉬지 못하는 경우가 많다.	①	----②	----③	----④	----⑤
33. 우리나라는 돈 있는 사람이 돈을 벌게 되어 있다.	①	----②	----③	----④	----⑤
34. 프로포즈(구애)는 남자가 먼저 하여야 한다.	①	----②	----③	----④	----⑤
35. 나는 되도록 돈이 들지 않는 여가 생활을 하고 싶다.	①	----②	----③	----④	----⑤
36. 기회가 주어지면 다른 직장으로 옮기고 싶다.	①	----②	----③	----④	----⑤
37. 옷은 세일기간을 이용해 주로 산다.	①	----②	----③	----④	----⑤
38. 나는 양식보다 한식을 주로 좋아하는 편이다.	①	----②	----③	----④	----⑤
39. 나는 거리가 다소 멀더라도 복잡하지 않은 곳에 살고 싶다.	①	----②	----③	----④	----⑤

	전혀 그렇지 않다	그렇지 않다	보통이다	그렇다	매우 그렇다
40. 비싸더라도 환경오염을 덜 시키는 제품을 사겠다.	①	----②	----③	----④	----⑤
41. 경제적 여유가 있더라도 직업을 가져야 한다.	①	----②	----③	----④	----⑤
42. 나는 해외여행을 하고 싶다.	①	----②	----③	----④	----⑤
43. 나는 일상생활에 변화를 주려고 노력한다.	①	----②	----③	----④	----⑤
44. 장소나 분위기에 맞춰 옷을 골라 입는다.	①	----②	----③	----④	----⑤
45. 식료품은 한꺼번에 많이 사서 저장해 두고 이용하는 편이다.	①	----②	----③	----④	----⑤
46. 나는 온돌보다 침대가 더 좋다.	①	----②	----③	----④	----⑤
47. 여러 가게를 두루 둘러보고 충분히 비교한 다음 물건을 산다.	①	----②	----③	----④	----⑤
48. 다른 사람이 나를 어떻게 생각하는지에 대해 신경을 많이 쓴다.	①	----②	----③	----④	----⑤
49. 나는 주말이나 공휴일에 밖에 나가는 것을 좋아한다.	①	----②	----③	----④	----⑤
50. 직장생활보다 개인(가정)생활이 더 중요하다.	①	----②	----③	----④	----⑤
51. 나는 옷을 구입할 때 가격보다는 모양이나 색깔을 중요시한다.	①	----②	----③	----④	----⑤
52. 인스턴트 식품은 건강에 해롭다고 생각한다.	①	----②	----③	----④	----⑤
53. 주거환경이 좋은 곳보다 교통이 편리한 곳에 살고 싶다.	①	----②	----③	----④	----⑤
54. 나는 지금보다 잘 살게 되더라도 소비보다는 저축을 많이 하겠다.	①	----②	----③	----④	----⑤
55. 앞으로 1년 후에는 내 집의 살림살이가 나아질 것이다.	①	----②	----③	----④	----⑤
56. 여행을 갈 때는 경치보다 시설이 좋은 곳을 택한다.	①	----②	----③	----④	----⑤
57. 노후보장을 위해 보험가입 등 구체적 준비를 하고 있다.	①	----②	----③	----④	----⑤
58. 광고나 선전물을 보고 물건을 사게 되는 경우가 많다.	①	----②	----③	----④	----⑤
59. 나는 음식을 준비할 때 돈보다는 영양가를 더 중요시 하는 편이다.	①	----②	----③	----④	----⑤
60. 경제적으로 여유가 있건 없건 간에 절약을 해야 한다.	①	----②	----③	----④	----⑤
61. 나는 아무리 사소한 물건이라도 가격을 확인하고 산다.	①	----②	----③	----④	----⑤
62. 나는 투자를 할 때, 이윤보다는 안전한 것을 더 중요하게 생각한다.	①	----②	----③	----④	----⑤
63. 나는 건강을 위해 특별한 운동을 한다.	①	----②	----③	----④	----⑤

V. 다음은 농산물 생산자의 마케팅 능력에 관한 질문입니다. 해당되는 번호에 ✔를 해 주십시오. (마케팅 능력)

	전혀 그렇지 않다	그렇지 않다	보통이다	그렇다	매우 그렇다
1. 농산물 판매자는 구매자들에게 명성을 가지고 있다.	①	②	③	④	⑤
2. 농산물 판매자는 구매자들에게 이해심이 많다는 평판을 얻고 있다.	①	②	③	④	⑤
3. 시장에서 농산물 판매자의 평판은 그리 좋지 않다.	①	②	③	④	⑤
4. 구매자들은 농산물 판매자가 공정하다고 평가하고 있다.	①	②	③	④	⑤
5. 구매자는 농산물 판매자와의 의사소통은 매우 효율적으로 이루어지고 있다.	①	②	③	④	⑤
6. 주문을 하거나 농산물 판매자측의 주요 의사결정자와 접촉하는 것은 그리 어렵지 않다.	①	②	③	④	⑤
7. 농산물 판매자는 보다 효율적인 의사소통을 위해 구매자가 팩스를 통해 질문하고 구매정보를 얻는 것을 장려하고 있다.	①	②	③	④	⑤
8. 농산물 판매자는 구매자의 불만을 해결하기 위해 친절하게 모든 대화와 토론을 기꺼이 받아들인다.	①	②	③	④	⑤
9. 구매자는 농산물 판매자와의 전화를 통한 의사소통으로도 구매의 편리성을 갖는다.	①	②	③	④	⑤
10. 농산물 판매자는 판매를 위해 구매자의 제안에 항상 귀를 기울인다	①	②	③	④	⑤
11. 우리 구매자는 농산물 판매자가 정직한 거래를 한다고 평가하고 있다.	①	②	③	④	⑤
12. 구매자는 농산물 판매자와의 향후 거래과정에서 판매자를 경계해야 한다고 생각한다.	①	②	③	④	⑤
13. 농산물 판매자의 권유를 따르면 농산물 구매에 따른 만족에 많은 도움이 될 것이다.	①	②	③	④	⑤
14. 농산물 판매자와 구매자는 동등한 위치에서 거래관계를 유지하고 있다.	①	②	③	④	⑤
15. 농산물 판매자는 우리 구매자와 긴밀한 협조하에 거래 관계를 형성하기를 기대하고 있다.	①	②	③	④	⑤
16. 농산물 판매자의 향후 사업형태는 지금과 별 차이가 없을 것이다.	①	②	③	④	⑤
17. 사업성공을 위해 비윤리적 방법과 타협할 필요성이 있다.	①	②	③	④	⑤
18. 농산물 판매자의 성공을 위해 가끔 비윤리적 방법과 타협할 필요성이 있다.	①	②	③	④	⑤
19. 농산물 판매자가 행하고 있는 피알(PR)의 목적은 판매자에 대한 언론보도를 얻는 데 있다.	①	②	③	④	⑤
20. 농산물 판매자의 피알(PR) 업무는 호의적인 보도를 언론에 내보내고 그렇지 않은 보도를 통제하려는 목적이 있다.	①	②	③	④	⑤

21. 농산물 판매자의 피알(PR) 담당자는 대부분 보도자료를 쓰느라 과학적인 조사를 할 시간이 없다.	① ----② ----③ ----④ ----⑤
22. 농산물 판매자의 정확한 정보가 배포되어야 하나 되도록 비호의적인 정보를 제공할 필요는 없다.	① ----② ----③ ----④ ----⑤
23. 농산물 판매자의 피알(PR) 담당자는 회사의 옹호자나 경영진과 공중의 중재자라기보다는 중립적인 정보 제공자이다.	① ----② ----③ ----④ ----⑤
24. 농산물 판매자의 피알(PR) 프로그램의 실행후 공중의 태도 변화에 대한 조사가 언제나 뒤따른다.	① ----② ----③ ----④ ----⑤
25. 농산물 판매자의 피알(PR) 프로그램의 실행전 회사에 대한 공중의 태도와 변화방향에 대해 사전조사가 이루어진다.	① ----② ----③ ----④ ----⑤
26. 농산물 판매자의 피알(PR) 목적은 경영진과 공중의 상호이해를 돕는데 있다	① ----② ----③ ----④ ----⑤
27. 농산물 판매자의 피알(PR) 프로그램 실행전 공중과 경영진이 서로를 얼마나 이해하고 있는지 비공식적인 조사를 할 것이다	① ----② ----③ ----④ ----⑤
28. 농산물 판매자의 피알(PR) 담당자는 공중과의 갈등을 해결하기 위해 협상의 기호를 마련해야 한다.	① ----② ----③ ----④ ----⑤

Ⅵ. 다음은 귀하가 친환경 농산물 판매점을 이용하면서 평소에 느꼈던 사항에 관한 질문입니다. 해당되는 번호에 ✔를 해 주십시오. (고객만족)

	전혀 그렇지 않다	그렇지 않다	보통이다	그렇다	매우 그렇다
1. 나는 이 친환경농산물 판매점을 다음에도 이용할 것이다	①	----②	----③	----④	----⑤
2. 나는 앞으로 이 친환경농산물 판매점을 이용하지 않을 것이다	①	----②	----③	----④	----⑤
3. 나는 이 친환경농산물 판매점에 대해 스스로 충성심을 가지고 있다고 생각한다.	①	----②	----③	----④	----⑤
4. 나는 다음에 친환경농산물을 구입할 때도 이 친환경농산물 판매점을 우선적으로 선택하겠다	①	----②	----③	----④	----⑤
5. 나는 이 친환경농산물 판매점에 대해 전체적으로 호의적인 느낌을 가지고 있다	①	----②	----③	----④	----⑤
6. 나는 다른 사람들에게 이 친환경농산물 판매점에 대해 좋은 이야기를 할 생각이 있다	①	----②	----③	----④	----⑤
7. 나는 다른 사람들에게 이 친환경농산물 판매점을 이용하도록 권유할 의향이 있다	①	----②	----③	----④	----⑤

Ⅶ. 다음은 귀하의 일반적인 인적사항에 대한 질문입니다. 해당되는 번호에 ✔를 해 주십시오.

1. 귀하의 성별은?

① 남자　② 여자

2. 귀하의 연령은?

① 20세 미만　② 20세~30세 미만　③ 30세~40세 미만

④ 40세~50세 미만　⑤ 50세~60세 미만　⑥ 60세 이상

3. 귀하의 학력은?

① 고졸 이하　② 대학 재학(전문대 졸업)

③ 대졸　④ 대학원 졸업 이상

4. 귀하의 결혼 여부는?

① 미혼　② 결혼

5. 귀하의 직업은?

① 학생　② 가정주부　③ 회사원

④ 공무원　⑤ 전문직　⑥ 자영업

⑦ 기타(　　　)

6. 귀하 가족 전체의 월 평균 수입은?

① 150만원 미만　② 150만원~250만원 미만　③ 250만원~350만원 미만

④ 350만원~450만원 미만　⑤ 450만원 이상

7. 귀하가 거주하고 있는 지역을 기입하여 주십시오?

① 서울시　② 경기도　③ 대전시　④ 충청북도　⑤ 충청남도

⑥ 전라남도　⑦ 전라북도　⑧ 광주시　⑨ 경상북도　⑩ 경상남도

⑪ 부산시　⑫ 제주도　⑬ 강원도　⑭ 대구시

귀하의 성실한 응답에 감사드립니다.

01 경기도

푸른경기 21
경기도의 쾌적한 자연환경 조성과 지속가능한 발전
지구환경 보전 및 주민의 삶과 질의 향상을 위하여 태어났습니다.

출품 브랜드 수: 29개 [공동: 14개, 개별: 15개]

Ⅰ. 경기도

브랜드 로고	브랜드명	제작의도	사용 품목	개발 연도	출하 권역	연락처
	김포 금쌀	김포는 예로부터 쌀 농사를 크게 짓던 지역으로 산신제를 주관했던 촌장과 부족장이 다스리던 옛 지명 검포현의 검(黔)자가 금(金)으로 바뀌어 天·神·玉·尊長의 의미를 갖는 매우 신성한 땅에서 생산된 쌀이라는 이미지를 부각시킴	쌀	1999	수도권 (농협 하나로 클럽 등)	031-980-2802
	김포 금쌀	지역 차별화에 따른 고품질화로 명품화 전략	쌀	2001	농협 농수산물 유통센터 양곡사업 본부	031-986-7869
	눈달린 쌀	쌀의 씨눈이 붙어있어 살아있는 쌀을 부각시킴으로써 고품질의 영양 만점의 이미지를 적극적으로 소비자에게 홍보하고자 디자인함	쌀	2002	백화점, 하나로 마트, 할인점 등	031-944-4594

브랜드 로고	브랜드명	제작의도	사용품목	개발연도	출하권역	연락처
	달아배	'무게를 달다'는 의미와 '맛이 달다'는 의미를 함축하는 "달아"를 사용품목인 배와 결합하여 이름 붙임으로써 정확한 신뢰감을 준다는 이미지를 전달하고, 황색은 배, 흑색은 대지, 노란색은 달이 세상을 비추는 것을 표현함	배	1996	수도권·부산도매시장, 인터넷 판매	031-668-9261
	대왕님표 여주쌀	여주군 고유 캐릭터인 세종대왕의 어좌 문양을 형상화하였고, 뒷면 부채 모양은 미래를 지향하는 밝은 빛을 나타냄. 여주 쌀은 벼이삭 색깔을 황금색으로 하여 고급스러운 감을 주고, 여주 쌀의 고유 로고체를 사용하여 지역 이미지 표현	쌀, 농특산물	2005	전국일원 (도매시장, 종합유통센터, 백화점 등)	031-884-0052
	동마루	현재 법인이 소재한 덕양구 동산동이 동마루터로 불리던 것에 착안하여 네이밍하였고, 붉은 글씨로 표시하여 중앙에 위치시킴으로써 소비자에게 눈에 띄기 쉽도록 하였음.	상추, 치커리, 케일, 쑥갓, 깻잎, 고추, 오이	1999	수도권 (농협 하나로 마트, 까르푸 등)	02-388-2401
	맑은물 쌀	양평군의 맑은 물과 신선한 공기, 비옥한 토지에서 화학비료나 농약, 제초제를 쓰지 않고 오리농법으로 생산된 쌀임을 강조하기 위하여 "맑은물 쌀"로 네이밍하고, 아침이슬, 물파장, 오리를 로고로 사용함으로써 맑은 이미지 전달	쌀, 오리농업	2000	수도권 (농협 하나로 마트, 대형유통업체 등)	031-770-2332

브랜드 로고	브랜드명	제작의도	사용 품목	개발 연도	출하 권역	연락처
맛타리버섯	맛타리버섯	제품력과 상품력을 함께 갖추기 위한 차별화 전략으로 맛타리버섯이란 브랜드를 개발	버섯	2000	농협 하나로 클럽, 삼성 테스코 홈플러스, 한국 까르푸 등	031-762-3836
물맑은 양평쌀	물맑은 양평쌀	농산물 개방화 시대를 대비하여 양평 쌀의 대외 이미지 제고 품질향상 및 유통질서 확립을 도모하여 농가소득의 증대	쌀	2003	(주)새농, 썬앤문 그룹, (주)미가, 대도시 소비자 등	031-770-2871
米 평택맛참쌀	미어사 평택맛참쌀	평택시에서 평택최고의 쌀임을 알리기 위하여 어사표를 개발 평택시 조례에 의하여 품질에서 엄격히 선정된 농산품이며 완전하게 품위 및 식미 부문에서 뛰어난 쌀임	쌀	2003		031-659-4192
바다뜰	바다뜰	지방화시대에 걸맞는 관광농업 육성 및 농업인의 농가소득 증대에 기여하고자 관내 410여개 농가로 구성된 포도작목회와 연계하여 지역특성을 살린 바다뜰 상표를 개발	포도	1999	농산물 종합물류 센터 (양재, 성남, 고양), 인천 도매시장	031-357-3091

브랜드 로고	브랜드명	제작의도	사용품목	개발연도	출하권역	연락처
봉지속에서 자란 O2 오이	봉지에서 자란 O2 오이	발음이 오이와 비슷하고, 비닐을 씌워 재배해 산소처럼 깨끗하다는 의미로 주로 식용으로 사용되는 오이를 건강 및 미용으로 사용할 수 있도록 함으로써 농가소득 증대에 기여하고자 브랜드 네이밍	오이	2003	삼성프라자(분당), 롯데백화점(명동)	031-839-2576
신선하고 깨끗해요 남양주	신선하고 깨끗해요 남양주	푸르고 맑은 들과 팔당의 청정지역 남양주 이미지를 녹색의 푸른 숲으로 형상화하고 군청색의 흐르는 물결을 중앙에 배치하여 남양주 로고를 조형언어화함으로써 소비자의 식별력을 높임	배, 포도, 상추, 느타리버섯	1999	구리, 가락시장	031-590-2317
안성마춤 安城	안성마춤	공동 브랜드를 활용함으로써 동일 브랜드 농산물의 계절성을 극복하고 이미지를 소비자에게 제공하여 공급기한 통일화로 브랜드의 우수성을 소비자에게 각인시키고 연중 무휴의 지속성 확보	배, 포도, 쌀 등	1999	LG, 현대 등 백화점, 농협 하나로마트(양재, 성남 등)	031-678-2316
연천병배	연천병배	연천군의 청정 이미지를 부각하고, 병 속에서 재배한 깨끗하고 신비로운 배라는 것을 강조하기 위하여 지역명과 상품형태를 연계하여 네이밍하였고, 병배의 실물 사진을 로고로 활용하여 내용물 인식효과를 높임.	배(병배)	1999	우편판매, 농협판매, 농장직판	031-834-0557

브랜드 로고	브랜드명	제작의도	사용품목	개발연도	출하권역	연락처
梨 평택 황실배	이어사 평택황실배	평택시에서 평택 최고의 배임을 알리기 위하여 '梨어사 평택황실배'를 개발하여 품질을 차별화하고자 색택, 당도, 외관 등의 품질기준을 마련하여 우수한 배만을 엄선하여 출하하고 있음	배	2003		031-659-4192
장호원 복숭아	이천 장호원 복숭아	이천 장호원지역의 기후가 복숭아 재배에 알맞아 과실이 대과이며 황색을 띤 모양이 수려하고, 당도가 높으며 특별한 향기가 있어 이천지역을 대표하는 과일로 발전시켜 나가기 위하여 지역명과 품명을 연결하여 네이밍함	장호원 황도	1995	전국 도매시장, 일본·캐나다 수출	031-641-5211
梨花 배	이화배	당도가 높고 상품성이 우수한 배라는 점을 알리고 생산자가 이화회라는 것을 알리기 위해 배꽃이란 뜻을 가진 조직명인 "이화회"의 梨花와 배를 합성하여 네이밍함	배	1981	전국일원 (도매시장, 대형유통 업체 등)	031-353-2579
임금님표 이천쌀	임금님표 이천쌀	천혜의 기후조건을 갖춘 이천에서 비옥한 토질과 깨끗한 물로 재배되어 품질이 뛰어나 임금님 진상품이었다는 이미지를 살리기 위해 "임금님표"로 이름 붙이고, 이천시에서 생산되는 우수한 품목에 사용토록 함	쌀, 농특산품	1999	전국일원 (대형 유통업체, 도매시장 등)	031-633-7011

브랜드 로고	브랜드명	제작의도	사용품목	개발연도	출하권역	연락처
	장호원 복숭아	장호원 복숭아는 우수한 농산물의 고장 이천에서 생산되는 지역특산물임을 알리고, 차별화된 전략을 수립하여 소비자 홍보및 생산농가의 소득 증대에 기여하고자 브랜드 개발	복숭아	2002	공영 도매시장, 농협 하나로 크럽, 백화점 등	031-644-2333
	참배	참여농가가 친환경농법으로 재배해 더욱 안전한 고품질 참배는 평택 배를 대표하는 우수 농산물로 소비자의 인지도 제고를 위해 브랜드 네이밍	배	2001	서울 청과, 인천 원예조합, 대전 농산물 유통센터	011-297-5157
	통일로 가는 길목	통일의 전초기지인 파주의 신선한 이미지를 농산물의 신선함과 연결시키고, 지역주민에게는 통일의 길목에 산다는 자긍심 고취와 지역 이미지 홍보를 위하여 "통일로 가는 길목"이라 붙임.	감자, 부추, 오이, 토마토,배, 사과	1999	수도권 일원 (가락시장, 농협유통, 농협 하나로 클럽 등)	031-940-4560
	파란하늘 맑은 햇쌀	2000년도 친환경농업지구로 선정된 용인지역의 맑고 깨끗한 물과 좋은 땅에서 친환경농업으로 생산된 쌀임을 부각시키고자 "파란하늘 맑은 햇쌀"로 이름 붙임	쌀	1999	생협, 건강식품 제조업체, 택배판매 등	031-339-2040

브랜드 로고	브랜드명	제작의도	사용품목	개발연도	출하권역	연락처
임진강쌀	파주 임진강쌀	파주쌀의 품질이 우수함에도 불구하고 대외 인지도가 낮아 "파주임진강쌀" 공동브랜드를 개발하여 소비자들의 인지도를 향상하고 브랜드 파워를 높이기 위함	쌀	2004	이마트, 농협 하나로 마트	031-940-4602
포곡상추	포곡상추	용인시 포곡면의 맑고 깨끗한 물로 재배함을 홍보하기 위하여 지역명과 품목을 연결시켜 네이밍하고, 포장상자에 싱싱한 상추의 모양을 그려 넣어 상품의 전달성을 높임	상추	1997	수도권 (가락시장, 수원시 도매시장 등)	031-332-8386
	한바이오 임꺽정쌀	양주군은 임꺽정이 탄생한 곳으로 한바이오 임꺽정쌀을 먹으면 임꺽정처럼 건강한 삶을 영위할 수 있다는 의미로 브랜드 네이밍	쌀	2001	대형 할인점, 백화점, 시장, 직거래, 전자 상거래 등	031-369-2635
햇살드리	햇살드리	까다롭게 선별한 화성의 우수 농산물들을 통합한 공동브랜드 햇살드리는 농산물의 국제화에 따른 어려움을 극복하여 농가소득 증대에 기여하겠다는 의도로 만들어짐	배, 포도, 수박, 참외 등	2002	대형 할인점, 백화점, 시장, 직거래, 전자상거래 등	031-369-2635

브랜드 로고	브랜드명	제작의도	사용품목	개발연도	출하권역	연락처
고양시 행주치마	행주치마	고양시에 있는 행주산성과 연계하여 행주치마를 의인화하여 표현하고, 고양시를 대표하는 꽃, 호수, 산을 조합하여 맑고 깨끗한 자연환경에서 생산된 농산물이라는 이미지 전달	쌀,탈곡보리, 고추장, 된장,떡, 무,배추, 열무, 얼갈이, 배,오이, 상추, 장미, 선인장	2000	수도권 (도매시장, 농협유통 등)	031-962-6023
	현명농장배	천연 미네랄 발효퇴비로 재배한 현명농장의 배는 어려운 농산물시장에서 안전과 맛으로 승부하겠다는 의미로 소비자의 관심을 유도하기 위해서 브랜드 네이밍	배, 배즙	2003	대형할인점, 백화점, 도매시장, 직거래, 전자상거래	031-356-3315

02

강원도

자연의 향기가 살아 숨쉬는 강원도
인간과 자연이 함께사는 강원도
태고의 신비를 간직한 강원도

출품 브랜드 수: 24개 [공동: 20개, 개별: 4개]

II. 강원도

브랜드 로고	브랜드명	제작의도	사용품목	개발연도	출하권역	연락처
	HAPPY700 평창	평창군의 BI(Brand Identity)로서 해발 700m 지점이 가장 행복한 고도라는 의미이며, 고기압과 저기압이 만나는 지역으로 인간의 생활과 모든 동식물의 생육에 최적의 조건을 갖춘 곳으로 이를 소비자에게 전달하고자 브랜드를 개발	농산물 전품목	2000	전국대형할인점, 하나로클럽 등	033-330-1324
	Happy700	인간의 생체리듬에 가장 좋은 해발고도 700m는 신선한 공기와 맑은 물, 건강한 삶, 행복한 마음, 밝은 미래가 펼쳐지는 약속의 땅입니다	감자 외 4품목	1998	도매시장, 수도권내 백화점	033-330-1315
	감자돌이	평창군의 대표적인 작물인 감자를 친근감 있게 형상화하여 머리에는 모자를 씌워 브랜드명을 표기하고, 오른손에는 호미를, 왼손에는 감자를 담은 망태기를 들고 감자를 캐는 농부로 표현하였음	감자	1999	전국일원 (도매시장, 산지 공판장 등)	033-335-5823

브랜드 로고	브랜드명	제작의도	사용품목	개발연도	출하권역	연락처
	강원도 농특산물 품질보증	강원도의 청정한 자연환경에서 생산된 농특산물 및 가공품을 도지사가 품질을 보증함으로써 소비자에게는 신뢰도를 제고하고 품질향상을 위한 행정 서비스를 제공하여 농업인들의 소득증대 도모	37개 품목	2000	강원도전자상거래사이트, 강원도 강원도진품센터, 백화점, 하나로마트, 대형유통점, 대도시직판장 등 전지역	033-249-2714
	금강산 가는 길목 양구	세계적인 희귀종이며 깨끗하면서도 순수한 아름다움을 상징하는 금강초롱을 시각화한 것으로, 금강산 가는길목의 청정한 자연환경에서 재배되는 농산물임을 부각시켜 양구군 고유 공동 브랜드로 고품질 안전농산물 생산을 의미함	쌀, 햅쌀, 흑미, 고추, 토마토, 오이, 감자, 무, 배추, 취나물 등	1999	수도권 농협유통(하나로클럽), 가락동 농산물 도매시장, 양구 명품관(인터넷 쇼핑몰)	033-480-2378
	금바위감자	감자 마케팅 행정지원대책 일환으로 강원감자의 이미지 통일화를 위한 공동디자인을 개발하여 홍보강화, 품질 우수성 등 청정 농산물생산 차별화 전략으로 농가소득 기여 및 네이밍(Naming)은 향토색과 감자 형상 표현으로 소비자 신뢰감 만족	관내 감자 생산 농가	1999	전국 농협, 원협 등	033-249-2714
	낙산꿀배	조선시대에 낙산지역에서 재배되어 오던 배를 임금님께 진상하면서 명성을 얻어 이어왔으나, 재배감소로 옛 명성을 찾고자 명품화사업으로 특성화시킴	배	2000	농협 하나로마트, 대형유통업체, 유명백화점, 홈마트	033-671-8368

브랜드 로고	브랜드명	제작의도	사용품목	개발연도	출하권역	연락처
	대관령	고랭지하면 제일 먼저 떠오르는 대관령의 높은 소비지 인지도를 적극 활용하고, 이 지역에서 생산 되는 고랭지 당근의 우수성과 차별성을 부각시키고자 하였음	당근, 대파 등	2002	전국 대형 할인점, 하나로 클럽 등	033-335-5887
	동강愛	작목반별 개별 브랜드(30여개)의 난립에 따른 문제점을 개선코자 농산물 공동 브랜드를 개발	포도, 버섯 등 13개 품목	2004	공영 도매시장	033-370-2378
	맑은淸	국내 최고의 품질과 최대 규모 생산을 자랑하는 강원도 고랭지 채소의 가장 큰 특징인 신선한 제품의 이미지를 최대한 표현할 수 있도록 "淸"이라는 서식 자체를 네이밍과 로고로 사용하여 전달성을 높임	풋고추, 피망, 무, 배추, 오이, 호박	2001	전국일원 (도매시장, 농협종합 유통센터, 월마트, 2001 아울렛 등)	033-258-8132
	삼척 환선굴	삼척의 청정 이미지를 대변하는 신비롭고 청정한 환선굴과 미래를 향해 밝게 비춰지는 동해의 해돋이를 주요 컨셉으로 조형화함으로써 가시성을 높여 소비자가 빨리 인식할 수 있도록 하였음	마늘, 쌀, 버섯류, 잡곡, 포도	1998	도매시장, 파머스 마켓, 직거래 장터 등	033-570-3372

브랜드 로고	브랜드명	제작의도	사용 품목	개발 연도	출하 권역	연락처
소양강	소양강	춘천시에서 생산되는 농산물에 소양강 브랜드 사용을 통해 경쟁력 제고 및 춘천의 대표적인 강인 소양강과 연계한 청정농산물 이미지 제고	토마토, 오이, 감자 외 23종	1998	가락동 도매시장, 대형 할인매장,유명백화점	033-250-3628
솔내음 평창	솔내음 평창	전체를 담고 있는 큰 원은 총체적 삶의 공간 등을 나타내고, 작은 원은 태양을 상징하며, 소나무와 강줄기를 품은 산은 오염되지 않은 수려한 자연을 의미함. 그 속에서 한가로이 흐르는 강은 전원적인 평창의 서정성을 강조하여 평창군을 마음의 고향으로 표현함	감자, 당근	2000	전국일원 (도매시장, 산지 공판장, 대형유통 업체, 백화점 등)	033-330-1326
아리랑의고장 정선	아리랑의 고장 정선	정선은 정선아리랑의 고장으로 청정 강원도에서 서정적인 자연미가 살아 움직이는 지역임을 표현하기 위하여 "아리랑의 고장 정선"으로 네이밍하고, 아리랑을 형상화한 글씨체와 물레방아를 어우러지게 하여 표현함	토마토, 고추, 버섯류, 잡곡, 옥수수, 황기, 감자 등	1998	전국일원 (도매시장, 하나로 마트, 백화점, 약령시장 등)	033-562-3911
원주쌀 토토米	원주쌀 토토미	원주에서 생산되는 쌀의 인지도를 높여 부가가치를 창출하고 농가소득을 향상시키며, 소비자에게 신뢰감을 주고자 브랜드를 개발함	쌀	2003	E마트, 하나로 마트	033-741-2378

브랜드 로고	브랜드명	제작의도	사용품목	개발연도	출하권역	연락처
조엄 밤고구마	조엄밤고구마	기존 유통되는 농특산물 브랜드는 대다수가 회원농협에서 개발한 것으로 동일한 품목에 여러개의 브랜드가 유통되고 있어 이의 대안으로 지역적 특성과 소비자에게 신뢰감을 주는 브랜드를 개발	고구마	2003	E마트, 하나로마트	033-741-2378
철원 환경부고시청정지역(94-4)	철원군 CI	철원지역 환경의 청정성, 안정성을 부각 소비자에게 호감있는 이미지를 전달	쌀 외 4종	1998	서울 가락시장 등 도매시장 및 양곡 전문판매상, 전국 대형마트, 유명 백화점 등	033-450-5378
철원 철원오대	철원(철원오대)	철원군은 백로 서식지라는 지역특성을 부각시켜 청정이미지를 형상화하였고, 환경부 고시 청정지역임을 강조하여 철원오대쌀을 비롯한 철원지역 농산물의 신선함을 나타냄	쌀, 느타리버섯, 참외, 오이, 토마토 등	1998	전국일원(도매시장, 농협유통, 대형유통업체, 백화점, 양곡전문판매장 등)	033-450-5151
청삼골	청삼골 강원인삼	강원도의 오염되지 않은 산좋고 물맑은 청정한 지역에서 생산되는 인삼을 나타내는 것임	인삼	1988	한국인삼공사, 농협매점 등	033-435-3434

브랜드 로고	브랜드명	제작의도	사용품목	개발연도	출하권역	연락처
	치악산	지방화, 세계화시대에 부응하는 원주 지역 우수 농특산물을 중점육성하여 상품에 맞게 시각화함으로서 원주시의 이미지 부각은 물론, 무분별하게 생산 판매되는 농특산물을 특성화된 이미지로 개발하여 원주 고유의 브랜드로 체계화함	복숭아, 배	1997	수도권 공영도매시장, 농협 농산물 종합 유통센터 (양재점, 창동점 등)	033-741-2378
	치악산 큰송이 버섯 포타벨라	원주시에서 자체 개발 생산한 치악산큰송이버섯의 명품화를 위하여 버섯의 이미지와 청정 농산물임을 나타내고자 하였고, 한글과 영문으로 표기된 브랜드를 개발하여 수출상품으로도 육성하고자 하였음	큰송이 버섯	1997	롯데 백화점 입점 판매, 농협농산물 종합유통 센터 (성남점), 이마트, 원협 하나로 마트 등	033-741-2378
	푸른강원	강원도의 청정한 하늘 · 산 · 들을 그래픽으로 조화시켜 강원도 농특산물의 청정성과 안전성을 소비자에 전달시킴으로써 다른 지역의 농특산물과 차별화하여 소비자의 구매력을 높이고자 함	8개 부류 124개 품목	1995	전국일원	033-249-2621
	하늘내린	"하늘내린"은 하늘+내린(내린천)의 합성어로서 하늘에서 내린 천혜의 농수축산물이라는 의미를 강조하여 인제의 청정성과 자연성을 강조함. 새, 나뭇잎, 물고기를 조화롭게 형상화하여 청정 인제를 강조함	풋고추, 피망, 오이, 호박 등	1999	수도권 (가락동 도매시장 등)	033-461-2122~9

브랜드 로고	브랜드명	제작의도	사용 품목	개발 연도	출하 권역	연락처
홍천강 수라쌀	홍천강 수라쌀	오염되지 않은 푸른숲과 맑은 홍천강의 청정성을 나타내면서 가마니 문양으로 전통성과 농심을 지향하고 임금님이 드시는 밥상을 연상케한 청정수로 재배한 고품질의 쌀임을 나타냄	쌀	2002	LG마트, 까르푸, 농협매점, 전국택배	033-430-2378

03 충청북도

국토의 중심에서 동북아의 중심으로 발돋움하며
21세기를 선도할 충북

출품 브랜드 수: 28개 [공동: 14개, 개별: 14개]

Ⅲ. 충청북도

브랜드 로고	브랜드명	제작의도	사용 품목	개발 연도	출하 권역	연락처
	감곡복숭아	음성 감곡은 "甘味谷面"이라고도 하였는데, 지명에서 보여 주듯 감곡에서 생산되는 과실은 당도가 높다는 것을 알리기 위하여 『감곡』이라는 지명과 부드러움이 연상되는 복숭아의 이미지를 살려 네이밍하고, 거북이와 복숭아를 조화시켜 로고로 활용	복숭아	1994	서울, 경기, 인천, 충북, 충남 (도매시장, 농협종합유통센터, 공판장)	043-881-2480
	괴산청결고추	우리 고장 출신인 벽초 홍명희의 작품 주인공 임꺽정을 케릭터 상품화하여 우리군의 고유문화상품으로 개발, 지역경제 활성화와 함께 높은 부가가치를 창출하는데 있음	고추 (홍고추, 건고추, 고춧가루)	2000	괴산 청결 고추 상설 직판장, 도매시장 등	043-830-3377
	다올찬수박	농산물 수입개방확대 및 공급, 과잉 등 농산물 유통환경의 변화에 적극 대응하기 위하여 군단위 연합공급체계 구축을 위한 다올찬 브랜드 개발	수박	2003	도매시장, 물류센터, 대형유통업체	043-872-4101

브랜드 로고	브랜드명	제작의도	사용품목	개발연도	출하권역	연락처
단양 마늘	단양육쪽마늘	자치단체의 지역우수명품 브랜드 홍보로 수출개방에 대비하고 수출 상품의 전략적 육성	마늘	2000	단양군 농특산품 직판장 (서울, 대명 콘도, 중앙고속 도로)	043-420-3184
DUKSAN SUPAK	덕산꿀수박	충북 진천군 우수농산물을 널리 알리고 소비자의 신뢰와 구매의욕을 충족시켜 시장에서의 경쟁력 확보와 농가소득 증대 도모	수박	1997	농협 하나로 마트, 농수산물 도매시장	043-536-4384
매봉산	매봉산	청주시 신촌동에 산세가 매와 비슷하다 하여 매봉산으로 불리는 산이 있어 이를 브랜드명으로 하고 지역에서 생산되는 다양한 품목에 사용함	과채류, 야채류	1999	서울, 대전, 청주권 도매시장 등	043-232-1256
맹동하우스 수박 water melon	맹동하우스 수박	전량 하우스에서 재배되어 당도가 높고 품질이 우수한 맹동 수박을 『맹동』이라는 지명과 하우스 재배를 강조하기 위해 『맹동하우스 수박』로 네이밍하고, 포장상자에 한여름의 무더위를 식힐 수 있는 문양을 배경으로 사용	수박	1999	서울, 경기, 인천, 충북, 대전권 도매시장, 농협종합 유통센터, E-마트, 삼성 데스코	043-878-9010

브랜드로고	브랜드명	제작의도	사용품목	개발년도	출하권역	연락처
박달재 사과	박달재사과	박달재의 산을 형상화하고 산 위에 사과를 올려놓아 중간산지의 고랭지임을 간접적으로 표현하고, 대중가요 '울고넘는 박달재'에 나타나는 박달도령과 금봉낭자를 '박다리'와 '금봉이'라는 캐릭터로 활용하여 소비자에게 친근감을 주고자 하였음.	사과	1999	서울, 대전, 연산, 제천 등	043-652-9460
영동 배목배 pears	배목배	영동군 영동읍 조심리의 옛지명인 '배목'을 사용하여 소비자에게 독특한 브랜드명으로 인식되도록 하여 타지역 상품과 차별성을 갖도록 하고, 재배자인 작목반원에게도 자부심을 고취시켜 고품질의 상품을 생산토록 유도	배	1995	대구, 대전 등 (농협 공판장 등)	043-742-3823
보은 대추	보은대추	맑고 깨끗한 속리산자락 황토고을 보은에서 생산하여 소비자에게 친숙하고 거부감 없는 이미지 전달하고 제품의 경쟁력 제고	대추	1998	농협 하나로 클럽 등	043-540-3332
뻘국산 밤고구마	뻘국산밤고구마	충북 청주시 서촌동 인근 뒷산의 흙이 뻘겋다 하여 예로부터 '뻘국산'이라 불렸는데, 이를 품목과 연계시켜 네이밍하고 뻘국산과 고구마의 형상을 활용하여 디자인함	고구마	1999	서울, 대전, 청주 등	043-231-7286

브랜드 로고	브랜드명	제작의도	사용품목	개발연도	출하권역	연락처
生居진천 쌀	生居진천쌀	진천쌀의 전통성을 이어나가면서 현대적 생거진천쌀의 브랜드 이미지를 도시적으로 개발	쌀	2000	농협 하나로 클럽, 대형유통 할인매장 등	043-539 - 3394
고향의 맛이 전해지는 속리산황토사과	속리산 황토사과	맑고 깨긋한 속리산자락 황토고을에서 생산된 과실임을 강조하여 산지의 지명과 품목을 연계하여 네이밍하고, 깔끔하며 화려한 색상으로 처리하여 고품질로 소비자에게 친숙하고 거부감없는 이미지 전달	사과, 배	1999	전국 일원, 농협 하나로 클럽 등	043-542-6685
영동 YONGDONG CHUNGBUK, KOREA	영동군 CI	영동군 농특산물에 대한 통일된 브랜드 개발로 이미지 제고하고, 소비자에게 값싸고 품질좋은 농특산물 이미지를 전국적으로 부각시켜 규격포장재에 로그표시로 영동 농특산품의 명품화 유도	농산물 전품목 쌀	2000	가락동 농수산물 도매시장, 양재물, 성남, 청주류 센터, 구리도매 시장 등 전국	043-740-3474
옥천 포도	옥천포도	물결모양의 곡선을 가미하여 딱딱한 분위기를 완화시켰으며, 퍼플컬러를 사용하여 포도의 이미지를 강조하였고, 물방울을 가미하여 줌으로서 신선함을 표현	포도	2001	전국 도매시장, 전국농협 하나로 마트, 청주, 양재, 창남, 성남물류 센터	043-730-3378

브랜드 로고	브랜드명	제작의도	사용품목	개발연도	출하권역	연락처
음성 설성진미	음성설성진미	'설성'은 음성의 옛 지명으로 한강과 금강이 어루러지는 분수령으로서 맑고 깨끗한 자연환경을 유지하고 있으며, 땅이 기름져 밥맛이 좋은 쌀이 생산되는 지역임을 강조하기 위해 설성이란 지명과 진미라는 단어를 합성하여 이름붙임	쌀	2000	전국일원(수도권, 부산, 인천, 충북 등)	043-871-3377
음성 청결고추	음성청결고추	한강과 금강의 분수령인 맑고 깨끗한 음성의 지역명과 지역특산물인 고추의 청결함을 연계하여 '음성청결고추'라고 이름 붙이고, 건고추의 형상을 이미지화한 문자를 사용하여 소비지에게 강한 인상을 주고자 표현함	고추	1995	서울, 경기, 인천, 대전, 충북 (도매시장 및 공판장, 농협종합 유통센터 등)	043-871-3377
UM SONG LEEJONGMIN PEPPER 이종민깔끔초	이종민깔끔초	충청북도 고추연구소 운영 및 농업분야 신지식인으로 선정된 이종민의 이름과 깨끗한 청정 농산물 이미지 제고	고추	2002	소비자와 직거래	043-872-3774
사과	제천맛달재사과	고유의 대바구니 무늬를 삽입하여 옛날 전통의 이미지 표현에 역점을 두고 상품과Logo의 분위기를 간소하고 세련되기 One point로 타 상품과 차별화를 유도	사과	2003	대형 할인 마트, 백화점, 농협 하나로 클럽 등	043-647-2507

브랜드 로고	브랜드명	제작의도	사용 품목	개발 연도	출하 권역	연락처
단양특산물 소백산 죽령사과	죽령사과	낮과 밤의 일교차가 큰 소백산 죽령기슭에서 생산되어 당도와 맛이 뛰어난 사과임을 알리고자 '죽령 사과'로 네이밍하고, 단양군의 상징으로 고구려의 기상을 물려받은 '평강공주'를 캐릭터화하여 사과에 접목시켜 친근감 있도록 표현	사과	2000	수도권, 대구, 대전 도매시장 및 농협 종합유통센터 등	043-422-9893
충주 참샘골 방울 토마토	참샘골	충주 참샘골 골짜기의 맑은 공기와 맑은 물로 자동화 시설에서 재배하여 예냉을 통해 출하되는 방울토마토라는 것을 홍보하기 위하여 '참샘골'로 네이밍하고 자체 품질검사를 실시하여 우수한 품질에만 상표를 부착하여 출하	방울토마토	1997	수도권 도매시장, 농협종합유통센터 등	043-852-0375
천생연분	천생연분	명절에 최고의 과일을 한 상자로 구입하여 차례상에 올릴 수 있도록 사과, 배의 혼합 포장상자를 개발하여 '천생연분'으로 이름 붙이고, 로고를 신랑·각시로 하여 소비자에게 친근감을 주고자 함.	사과, 배	2000	서울, 대전, 제천 (도매시장, 공판장, 백화점 등)	043-652-9460
청개구리쌀	청개구리 쌀	청원군의 청정함을 부각시킴과 동시에 논 생태계를 보호하면서 무농약으로 생산한 고품질 쌀임을 나타냄	쌀, 현미	2002	전자상거래 (ssalkorea.com), 농협 및 물류센터, 중소 할인마트	043-231-3388

브랜드 로고	브랜드명	제작의도	사용품목	개발연도	출하권역	연락처
청원 생명쌀		농업은 생명중시 산업임. 특히, 주곡인 쌀은 생명농업의 근간으로 품질이 곧 생명이며, 그 중심에 청원생명쌀을 매김 함	쌀 (추청벼)	1999	농협 물류센터, 양재동 양곡센터, 유명백화점, 대형할인마트 등	043-251-3378
청원 생명 배	청원생명쌀	전국 생수 생산량의 50% 이상을 점하는 청원군의 깨끗하고 맑은 물과 환경을 상징하는 청색과 녹색을 기본 색상으로 하고, 친환경적이며 생명 중시의 농산물임을 강조하기 위하여 '생명'을 브랜드명으로 사용	사과, 배	1999	서울 · 경기 · 충청 지역 도매시장, 농협종합유통센터, 백화점, 대형마트 등	043-214-1001
충주 사과	충주사과	충주호의 물결 이미지를 사용함으로써 소비자에게 저공해 이미지를 전달하여 충주사과의 품질 우수성 홍보를 통한 가격 차별화	사과	1995	전국 농협 계통, 전국주요 도매 시장, 유통업체 등	043-850-5547
한방이	한방이	전통 재배방식과 한방영양제를 결합하여 복숭아를 재배하고 이를 홍보하고자 '한방이'라고 네이밍하고,복숭아와 인삼을 의인화한 로고를 개발하여 한방 복숭아라는 이미지를 표현	복숭아	1999	직거래, 인터넷 및 전화 판매	043-732-2178

브랜드 로고	브랜드명	제작의도	사용품목	개발연도	출하권역	연락처
황금곳간 쌀	황금곳간쌀	청정지역 국립공원 속리산 기슭 황금들판의 맑은 물, 산들바람, 기름진 토양에서 생산된 황토쌀 임을 나타내고자 '황금곳간'으로 이름을 지어 소비자에게 친근감을 갖도록 하였음	쌀	1999	전국일원	043-543-5522

04

충청남도

인간 지식 문화가 어우러진 충남
천년의 약속, 천년의 미소

출품 브랜드 수: 39개 [공동: 20개, 개별: 19개]

Ⅳ. 충청남도

브랜드 로고	브랜드명	제작의도	사용품목	개발연도	출하권역	연락처
	갯바람아래	태안군의 노란황토와 청색의 맑고 깨끗한 바닷바람을 지역 생산품인 생강 등과 조화시켜 깨끗한 농산물 이미지를 표현함	생강	2003	태안군 생강 연구회	041-674-1598
	공주사과	공주관내 전지역에서 생산하는 사과는 풍부한 일조량과 배수가 양호한 사질토양 등 천혜의 자연속에서 생산되어 당도가 높은 점이 특징으로 「공주사과」 브랜드를 개발하여 공주지역 우수 농산물에 대한 이미지를 제고함	사과	2002	도매시장 및 대전 공판장	041-852-5946
	굿뜨래	전통과 역사의 고장 부여군의 이미지 고취와 고품질 친환경 농특산물을 대표하는 공동브랜드 개발을 통해 부여군의 수출 농특산품의 장점과 이미지를 강화하고 각종 이벤트 활동을 통한 마케팅 사업으로 새로운 경쟁력 확보를 위한 전략필요	양송이, 방울토마토, 수박 등 총31 품목	2000	롯데마트, 이마트, 백화점, 농협 하나로마트, 공영 도매시장	041-830-2362

브랜드 로고	브랜드명	제작의도	사용 품목	개발 연도	출하 권역	연락처
	껍질째 먹는 사과	친환경 사과 이미지 부각을 위한 안전농산물로 껍질째 먹을 수 있다는 소비자 심리에 착안하여 브랜드 개발	사과	2001	공영 도매 시장 등	041-333-5959
	다람쥐밤	부여 밤이 비옥한 산간토질에서 생산되는 우수한 제품임을 알리고, 단순 포장상자에 담아 출하하여 인지도가 떨어지고 상품성 제고에 어려운 점을 해소하기 위하여 '다람쥐밤'이라는 이름을 붙이고, 깔끔하면서 산뜻한 명도 대비로 다람쥐 그림을 넣어 다람쥐도 알아 주는 품질 좋은 밤임을 나타냄.	밤	2000	서울, 경기, 대전, 충남권 (서울 밤 직판장, 도매상, 주문 직배송 등)	041-833-9933
	당진쌀	넓은 평야를 보유하고 충분한 일조량과 적당한 해풍으로 쌀 생산에 최적지인 당진을 붉은색, 노란색, 파란색, 녹색으로 표현하여 당진군의 이미지 형상화	쌀	1996	수도권, 충남권 (농협 양재양곡 사업본부, 직판점)	041-350-3383
	동의한방오이	인삼, 당귀, 천궁 등 십전대보탕의 원재료로 발효한 진액을 주고, 생강, 마늘, 청양고추씨 등을 엑기스로 만들어 병해충을 방제하여 재배하는 '동의한방오이'의 우수성을 널리 홍보. 오이의 이미지와 특징을 나타내는 로고를 개발하여 부드럽고 깔끔한 느낌을 가질 수 있도록 진녹색과 연녹색으로 처리	오이	2000	서울 (가락동 도매시장 등)	041-855-7028

브랜드 로고	브랜드명	제작의도	사용품목	개발연도	출하권역	연락처
만세보령	만세보령	브랜드 심벌은 녹색의 완만한 곡선을 이용하여 자연이 풍부한 보령임을 부각시키고, "삶의 질을 높인다"라는 보령의 슬로건이 떠오르는 느낌의 원형으로 시각화	포도, 오이 등 보령시 관내 생산 농·수·축산물	1998	서울 및 충남	041-930-3384
	배도리	100년의 역사를 가진 천안배의 우수성을 널리 홍보하고, 고품질 생산유도와 소비자의 신뢰도 제고를 위해 친근하고 다정한 느낌을 갖도록 '배도리'로 이름 붙임. 적색의 원은 떠오르는 태양과 지구를 상징하며, 녹색은 땅과 자연, 과수원의 푸르름과 깨끗하고 신선함을 상징	배	1997	전국 (도매시장, 농협 공판장, 대형 유통점, 백화점 등)	041-582-0091
부여밤	부여 밤	부여의 대표적 임산물인 밤을 지역 이미지를 살려 부여밤이란 통일된 브랜드로 상품관리 및 인지도 제고를 통한 농가소득증대 도모	밤	2000	부여밤 조합	041-833-9934
부여 양송이	부여 양송이버섯	부여의 특산품인 부여양송이의 브랜드 통일화로 상품관리 및 인지도 제고를 통한 농업소득 증대	양송이 버섯	2000	석성농협, 증산유통	041-830-2381

브랜드 로고	브랜드명	제작의도	사용품목	개발연도	출하권역	연락처
논산 딸기 신선	부적신선딸기	충남 논산의 부적면에서 생산되는 딸기임을 나타내고자 지역명을 사용하였으며, 부드러우면서도 친근감 있는 타자체에 청색 테두리를 굵게 하여 읽기 쉽고 주목성을 강하게 표현하였음.	딸기	1999	서울(농협 창동 물류센터 등)	041-732-7883
비단강변 방울토마토	비단강변방울토마토	비단같은 금강을 따라 형성된 전국최대의 토마토주산지의 명성과 새로운 이미지 창출을 위해 비단강변방울토마토 브랜드를 개발하여 차별화된 품질관리로 농가 소득증대 도모	방울토마토	2001	대형마트, 백화점, 하나로마트, 도매시장 등	041-833-0280
서산 6쪽 마늘	서산6쪽마늘	전래의 재래종으로서 전국 생산량의 4%를 차지하는 서산6쪽마늘의 우수성을 홍보하고, 지역 농 특산물을 육성·보호하며, 소비자에게 강하게 돋보이도록 하기 위하여 브랜드 개발. 상표명은 전체적인 레이아웃을 고려하여 세로쓰기로 하였고, 빨간색 박스 안에 서산6쪽마늘을 강조 표현	마늘	1998	서울, 경기, 충남(농산물 공판장, 농협계통 출하 등)	041-664-6560
서산쌀 天下一品	서산천하일품쌀	서산지역에서 생산된 쌀임을 알리기 위하여 지역명을 활용하고, 「천하일품」이라는 브랜드명을 굵은 붓 터치를 포함하여 강하게 표현함으로써 브랜드 이미지와 상징적 표현이 눈에 띄도록 함	쌀	1999	서울, 경기	041-669-6585

브랜드 로고	브랜드명	제작의도	사용품목	개발연도	출하권역	연락처
	서천단감	단감의 주산지로 널리 알려져 있는 진영 단감이나 순천 단감에 비하여 브랜드의 이미지가 약하여 지역명을 활용하여 브랜드명을 붙임으로써 서천 단감의 인지도를 높이고자 하였으며, 잘 익은 단감의 사진과 브랜드명을 좌우에 큰 비중으로 배치하여 주목성을 높였음.	단감	2001	서울, 대전, 예산, 청주 (각 농협 공판장, 재래시장 등)	041-953-5234
	서천마산수박	충남 서천군 마산면에서 생산되는 수박이 당도가 높고 품질이 우수하여 좋은 평가를 받고 있어 지역명을 브랜드로 활용하고, 강한 색조의 수박 형태와 절개한 빨간 면을 좌우로 크게 배치하여 수박이 주는 색상 이미지를 대조적으로 강렬하게 표현.	수박	2001	서울, 대전, 군산 (가락동 도매시장, 공판장 등)	041-951-6104
	신풍참수박	신풍참수박의 상품성을 높이고 상품의 특색 있는 브랜드를 통하여 가격안정을 기하고, 재배농가의 기술향상 및 일체감을 조성하기 위하여 개발. 상품명은 식별성을 높이기 위하여 적색 글씨를 좌우로 하고 가운데에 고어체의 '참'자를 녹색으로 처리하여 시각효과를 주었음.	수박	2001	서울 (가락동 도매시장, 농협 양재물류센터 등)	041-841-1710
	싱싱찬미	부여군 남면지역에서 생산한 동진·일미 벼를 엄선하여 한국식품개발연구원에서 개발한 기술인 중·저온 저장기술을 활용한 냉각 쌀이라는 점을 홍보하기 위하여 싱싱하고 찰진 쌀임을 표현하고자 '싱싱찬미'라는 이름을 붙임.	쌀	2001	서울, 경기, 대전, 충남 (주문 직배송, 직판장, 직거래 등)	041-837-0053, 0058

브랜드 로고	브랜드명	제작의도	사용품목	개발연도	출하권역	연락처
	아침딸기	딸기의 신선도 유지를 위해 이슬이 마르기 전인 이른 아침에 수확하여 예냉 처리를 통한 당일 소비지 출하로 신선도 유지 및 품질향상을 도모하고자 '아침딸기'를 브랜드화하여 타 지역과 차별화하고 소비지에서의 이미지 제고	딸기	1998	서울 (E-마트, 농협 양재물류 센터 등)	041-832-7977
	양촌곶감	햇빛[陽]과 농촌[村] 그리고 곶감을 연계한 브랜드명으로서 풍요로운 농촌 산간마을이 연상될 수 있도록 하였으며, 자연과 고향의 맛에 중점을 둠. 포장재로는 양촌+곶감+나무상자를 연계하여 자연의 시너지 효과를 극대화하였으며, 곶감과 호랑이 심벌로 예로부터 즐기던 전통식품임을 강조	곶감	1999	서울, 인천, 경기, 대전 (백화점, 물류센터, 공판장 등)	041-741-2006
	양촌한방딸기	인삼, 당귀, 생강, 마늘 등 한약재를 사용하여 재배하는 양촌딸기가 인간과 건강 그리고 한방과 연계되었음을 홍보하고, 소비자에게 안전한 농산물임을 부각시켜 수입 농산물과 차별화하는데 중점을 두어 개발	딸기	1995	서울, 인천, 대전 (백화점, 물류센터, 공판장 등)	041-741-2006
	염작배	지명을 활용하여 브랜드를 개발하였으며, 브랜드의 이미지를 시각화하여 현대적 소비자의 감각과 어울리게 표현하였다. 상품명은 자연스러운 한글서체를 모티브로 하여 부드럽게 표현	배	1998	수도권 (가락동 도매시장, 농협 공판장, 할인매장 등)	041-532-4040

브랜드 로고	브랜드명	제작의도	사용품목	개발연도	출하권역	연락처
예당배 PEAR	예당배	소비자에게 '예산배'의 인지도를 높이기 위해 수려한 주변환경으로 낚시터로 유명한 예당저수지의 '예당'을 브랜드명으로 활용하였으며, 예산의 넓은 구릉지를 초록색으로 표현하고 예당저수지의 맑은 물과 높은 하늘을 가미하여 풍요로운 이미지의 바탕 배경에 실물의 배를 삽입하여 신선함과 깨끗함을 강조	배	2000	서울, 경기, 충남, 전북 (각 도매시장 및 공판장 등)	041-332-3506
예산 토마토	예산토마토	예산의 생산품임을 알리기 위하여 지명을 활용하여 브랜드명을 붙였으며, 부드러운 서체와 토마토의 고유색상인 적색을 바탕색으로 사용하여 소비자의 구매욕구를 일으키고자 함.	토마토	1996	서울, 경기, 충남 (각 도매시장, 공판장 등)	041-330-2381
배	온천골배	아산이 온천으로 유명한 점과 배의 색깔인 미색을 감안하여 아산시의 로고와 연계시켜 표현함으로써 소비자 신뢰 제고	배	1999	수도권 (가락동, 구리 도매시장 등)	041-544-2134
예산 으뜨미야 사과	으뜨미야	예산 사과가 맛과 품질이 최고라는 의미로 "으뜸이야"를 발음대로 표기한 '으뜨미야'로 함으로써 소비자의 인지도를 높여 기억에 남도록 표현하였으며, 사과를 일러스트로 처리하여 상징적 이미지를 강조하고, 사과의 이미지인 빨간색 바탕에 흰색과 검은색으로 테두리를 하여 강조하였음.	사과	1999	서울, 경기, 충남, 전북 (각 도매시장, 공판장 등)	041-330-2381

브랜드 로고	브랜드명	제작의도	사용품목	개발연도	출하권역	연락처
의좋은 형제 쌀	의좋은형제쌀	전국적 인지도를 가진 의좋은 형제 실존의 고장으로 초등학교교과서에 실린 형제의 우애가 나락(쌀)이 소재임에 착안하여 브랜드로 개발	쌀	2002		041-333-5959
품질과 신용의 역사 조치원배	조치원배/복숭아	천혜의 자연환경과 충분한 일조량 등으로 배 및 복숭아의 재배지로 적지인 조치원이 생산지임을 표현하고자 지역명을 활용하여 브랜드명을 붙임	배, 복숭아	2000	서울, 경기 (가락동 도매시장, 물류센터 등)	041-865-2172
천안흥타령 쌀 Cheonan Heungtaryeong Rice	천안흥타령쌀	농산물 유통구조의 변화와 수입쌀 개방에 대응하기 위하여 지역별 각 생산자단체가 개별적으로 제작하여 사용 중인 개별브랜드를 우리시 상징성과 유통에 적합한 얼굴 있는 고품격 공동브랜드로 개발	쌀	2004	전국(도매시장, 농협공판장, 농협물류센터, 대형유통점, 백화점등)	041-550-2385
	청양고추	청정하다는 청양의 이미지 부각과 타지역 고추와의 차별화를 도모하고, 청양고추의 우수성 홍보와 명성을 유지하고 대외에 청정 청양을 알리고자 함	고추, 고춧가루	2001	농수산물시장, 농협유통(마트)	041-940-2371

브랜드 로고	브랜드명	제작의도	사용 품목	개발 연도	출하 권역	연락처
	청풍명월	맑은 바람, 따스한 햇빛, 깨끗한 물, 기름진 땅에서 충남인의 양심을 걸고 생산한 쌀임을 알리고자 맑은 바람, 밝은 달을 의미하는 '청풍명월'을 브랜드로 하여 충청인의 결백하고 온건한 성품과 자연조화를 이루는 선비정신을 나타냄	쌀	1997	전국 (농협 계통 판매장 및 대량 수요처)	042-229-6000
	태안육쪽마늘	천혜의 해양성기후대와 비옥한 점질양토에서 재배되어 고유의 독특한 향과 맛을 지니고 있는 태안마늘의 우수성을 알려 우수한 특산품의 품격향상과 제품 이미지 부각을 위하여 지역명과 육쪽마늘이라는 점을 연계하여 이름 붙임	마늘	1999	서울, 경기, 인천, 대전, 충남 (농산물 직판장 등)	041-672-5954
	하늘그린	농산물 유통구조의 변화와 국제화에 대응하기 위하여 지역별 각 생산자단체가 개별적으로 제작하여 사용 중인 개별브랜드를 우리시 상징성과 유통에 적합한 얼굴 있는 고품격 공동브랜드로 개발	거봉 포도, 배	2004	전국 (도매 시장, 농협 공판장, 농협물류 센터, 대형 유통점, 백화점등)	041-550-2385
	해나루	넓은 평야를 보유하고 충분한 일조량과 적당한 해풍의 영향으로 쌀생산지의 최적지인 당진을 의미하는 4색(적색,황색,청색,녹색)과 해가 뜨고 지는 나루라는 당진만의 지리적 특성 및 역사적 전통성을 순 우리말의 합성어로 당진군 이미지를 표현한 브랜드이며,붉은 색은 충분한 일조량의 햇볕과 노란색은 넓은 들판, 파란색은 맑고 풍부한 물과 녹색은 산을 상징 함	쌀	2002	서울시 양곡사업 본부외 90여개 직판장 연중 판매	041-350-3555

브랜드 로고	브랜드명	제작의도	사용품목	개발연도	출하권역	연락처
	행복한 서산	서산시 캐릭터인 장다리 물떼새와 가창오리로 청정 서산을 표현하고, 하트를 삽입하여 친근감을 느낄 수 있도록 함.	쌀, 서산 6쪽 마늘, 어리굴젓, 서산 생강 등 총55품목	2005	대형유통, 대형마트 등	041-660-2376
	홍성능금	신선하고 오염되지 않은 물과 공기, 풍부한 토양에서 재배되어 고유의 신선한 맛으로 유명한 홍성사과의 우수성을 홍보하고, 상품 이미지 부각으로 지역 경쟁력을 높이기 위하여 지역명을 브랜드로 활용하였으며, 포장 디자인을 고급화, 다양화하여 시대적 소비자 감각과 어울리게 표현	사과	1998	서울, 대전 (각 도매시장)	041-634-9200
	황금빛보약쌀	예로부터 "밥이 보약이다"라는 말이 있을 정도로 밥을 주식중에 최상으로 삼아온 점에 착안하여 서천군 내포평야의 점질토양에서 생산되는 쌀을 황금빛 들녘과 낟알을 형상화하고, 보름달속 토끼가 활짝 웃는 모습과 조화시킴.	쌀	1997	서울, 대전 (농협 물류센터, 농협 양재동 양곡 사업본부, 대전 원협 등)	041-951-6949
	황토갯바람석문사과	생산지역이 충남 서해안으로서 바다가 인접하여 해풍이 당도를 높여 주는 작용을 하여 감칠 맛과 향, 당도가 우수한 석문사과를 널리 알리기 위하여 이름을 붙였으며, 노란색의 황토와 청색의 맑고 깨끗한 바닷바람, 잘 익은 사과의 붉은 색을 조화하여 표현	사과	2000	서울, 인천, 대전 (각 도매시장, 우편주문 판매 등)	041-353-0105

05 전라북도

맛과 멋 그리고 소리의 본고장 전북

출품 브랜드 수: 30개 [공동: 11개, 개별: 19개]

V. 전라북도

브랜드 로고	브랜드명	제작의도	사용품목	개발연도	출하권역	연락처
	국사봉 복분자생과	청정순창 이미지 및 고랭지 생산으로 타지역과 차별화를 통한 경쟁력을 확보코자 국사봉 복분자 생과 브랜드를 개발 출하	생과, 냉동과	2002	농협 하나로 마트	063-653-6001
	군산청정쌀	군산을 상징할 수 있는 컨셉으로 금강을 선택하여 금강 하구를 중심으로 자연적으로 조성된 철새 도래지를 부각하고 깨끗한 환경에서 재배된 맛 좋은 쌀이란 점을 부각	쌀	2002	서울, 경기 일원	063-450-4379
	금과배	친환경농법 및 저농약 재배를 통한 상품의 고급브랜드화를 기하기 위해 금과배 브랜드 자체 개발 홍보	배	2000	금과과수 유통영농 조합	063-653-9829

브랜드 로고	브랜드명	제작의도	사용품목	개발연도	출하권역	연락처
	김제배	국민의 식생활이 고급화 및 건강식을 선호함에 따라 친환경 농산물의 선호도가 높아 저농약 농산물의 이미지를 형상화	배	2001	신세계, 롯데, 현대 백화점 등	063-543-1238
	단풍미인쌀	정읍시를 상징하는 단풍과 쌀의 우수성을 강조하는 미인이라는 단어의 합성어로 단풍미인 이라는 브랜드를 개발	쌀	2002	읍시 6개 마트 및 택배 주문	063-531-7646
	매콤이	진안에서 생산되는 고추는 매운 맛이 강하여 혈액순환을 촉진하고, 신경통 치료에 특효가 있어 매콤이로 브랜드 네이밍	고추	2000	진안 농업 협동 조합	063-433-1021
	명화배	친환경 유기농법으로 생산한 배로 소비자에게 친숙하고 거부감 없는 이미지를 전달하고자 브랜드 네이밍	배	2002	친환경 농산물 판매장, 농협 하나로 마트 등	063-534-3740

브랜드 로고	브랜드명	제작의도	사용품목	개발연도	출하권역	연락처
	반딧불이	청정지역에서만 서식하는 '반딧불이'를 무주의 상징으로 브랜드화하여 오염되지 않은 신선하고 깨끗한 이미지를 부각시켜 무주에서 생산되는 농특산물과 가공품에 사용함으로써 대외적인 이미지 제고와 소비자에게 강한 인상을 심어주고자 함.	사과, 배, 포도, 복숭아, 쌀, 가공품 등	1999	서울, 대전, 광주, 전주 (도매시장, 농협 하나로 마트 등)	063-320-2376
	순수미(女心)	순수미는 환경오염이 적고, 깨끗한 물과 기름진 토양에서 재배된 쌀로써 소박하고 가식이 없는 순수한 농심이 담긴 쌀을 의미	쌀	2002	롯데 마트, 전주 다농 L마트, 농협 유통	063-861-0609
	순창전통고추장	섬진강 맑은물과 아미산 아래 청정지역에 위치한 순창전통민속마을에서 옛날 전통방식으로 순창 전통 고추장을 제조·판매하여 전 세계에 순창 전통 고추장의 명성을 알리고자 함	고추장	1994	백화점, 대형할인 마트 등	063-650-1478
	순창특수채소	맑고 깨끗한 청정지역에서 생산된 양채를 브랜드화시켜 판매 확대와 우수 농산물을 소비자에게 제공	양채	2000	전국대형 마트 및 농협마트	063-653-6001

브랜드 로고	브랜드명	제작의도	사용 품목	개발 연도	출하 권역	연락처
	열매의 고장	임실이라는 지명의 (實)자가 열매라는 의미임을 활용하여 열매의 고장이라는 브랜드를 붙이고, 임실군 관내에서 생산되는 우수한 농특산물에 공통적으로 사용할 수 있는 공동 브랜드화하였으며, 동 브랜드를 사용하는 농산물은 임실군수가 품질을 인증함으로써 소비자의 신뢰를 확보하고자 하였음.	쌀 등 84개 품목	1999	전국 (도매시장, E마트, 농협유통, 직거래 시장 등)	063-640-2114
	오뫼골 무농약 쌀	왕우렁이 농법 등 친환경 재배에 의한 무농약, 무비료 농산물로 품질의 우수성 홍보	쌀	2002	장수농업 협동조합 산서지소	063-351-3930
	우리고운배	전통적인 선과 색을 이용해 심플하며 깨끗한 이미지로 남농에서 생산된 배를 소비자에게 널리 알리고 판매를 촉진키 위함	배	2002	orvill 매장, 삼성 홈플러스, 생협연대 등	063-625-4535
	이익회배	친환경 및 유기농 재배를 통한 상품의 고급브랜드화를 위해 이익회배 브랜드를 자체개발하여 홍보	배	2000	도매시장 등	063-836-5956

브랜드 로고	브랜드명	제작의도	사용품목	개발연도	출하권역	연락처
익산날씬이	익산날씬이(고구마)	날씬이란 브랜드 개발로 비만에 반대되는 웰빙시대의 테마에 맞게 고구마를 특화시켜 농촌 경제를 활성화 시킬 수 있는 토대 마련	고구마	1998	전국유명 백화점 등	063-858-8050
익산 맛돌이 참외	익산맛돌이 참외	유기농 재배를 통한 상품차별화 및 브랜드의 고급화를 주도하기 위하여 농협에서 직접 고안하고 제작함	참외	2003	농협에서 일괄신청 구입하여 농가에 배부	063-861-8730
익산사과	익산사과	친환경 농법을 통한 상품의 차별화와 고급브랜드 제품을 생산하기 위하여 직접 고안하여 제작	사과	2000	농협 공동 구매	063-861-5087
장수오이	장수고랭지오이	해발 500m 이상 산간 고랭지에서 생산되는 장수오이는 과육이 단단하며, 맛과 향이 우수하여 지역명을 이용한 장수 고랭지오이 브랜드를 개발하여 우수성 홍보	오이	1999	장계 농업 협동 조합	063-351-0056

브랜드 로고	브랜드명	제작의도	사용품목	개발연도	출하권역	연락처
장수사과	장수사과	장수군에서 생산되는 사과는 청정 고랭지에서 재배되어 맛과 향이 독특하며 소비자로부터 선호도가 높아 장수사과군 공동브랜드로 네이밍함	사과	1998	장수 사과영농조합 직판 및 우편주문	063-351-2141
김제 특미 지평선	지평선쌀	김제평야가 전국 최대의 곡창으로서 넓은 평야가 지평선을 이루고 있어 '지평선'을 브랜드로 하였으며, 김제의 광활한 평야를 가로로 표현하고 녹색의 그린 환경을 나타내는 초록색 계열의 색상을 바탕으로 열심히 일하는 농민을 상징하는 쌀눈이 캐릭터를 사용하여 부각	쌀	1999	서울, 경기, 부산, 경남, 호남 (농협 물류센터, 백화점, 대형 할인 마트 등)	063-540-3491
진안 고랭지 배	진안고냉지배	진안 고랭지에서 생산되는 배는 칼슘, 나트륨, 칼륨 함량이 많고 인이나 유기산 등의 함유량이 적어 알카리성이 강한식품으로 천식 및 숙취해소에 뛰어나 진안 고랭지배 브랜드 개발	배	2000	진안 과수 영농조합법인	063-433-0292
마이산 더 덕	진안마이산더덕	진안 마이산에서 자란 더덕은 사포닌, 파인토대린, 펜도산 등의 약효성분이 많아 한약에서는 해독 및 건강식품으로 쓰이고 있어 진안마이산더덕 브랜드 개발	더덕	1995	진안사삼 유통조합	063-433-4887

브랜드 로고	브랜드명	제작의도	사용 품목	개발 연도	출하 권역	연락처
	진안수삼	진안에서 생산되는 인삼은 노화억제, 감염방어, 성장발육, 혈당강하 등에 효능에 뛰어나고 소비자의 인지도가 높아 진안수삼을 브랜드로 개발	인삼	2002	전북인삼농업협동조합	063-433-3112
	초롱이슬(매실)미	순창의 청정 이미지와 고품질, 기능성 쌀을 함축적으로 표현하기 위하여 '초롱이슬' 및 '초롱매실'을 브랜드로 개발하였으며, 청색을 기본색으로 브랜드명을 구체적으로 시각화하여 브랜드를 강조할 수 있도록 디자인. 개발조직인 동계농협의 캐릭터인 '열시미'는 쌀 디자인을 뒷받침할 수 있는 요소로 개미의 근면성과 메뚜기의 청정함을 특징적으로 살려 소비자에게 보다 친근하게 다가설 수 있도록 구성	쌀	2000	전국일원	063-653-4805
	촌맹이	촌맹이란 시골에사는 백성이라는 뜻으로 농촌의 순박한 인심과 거짓없는 농심을 말하며, 도시 소비자에게 고향 이미지 전달	딸기, 감자	2001	농협유통	063-635-1031

브랜드 로고	브랜드명	제작의도	사용품목	개발연도	출하권역	연락처
	춘향이	남원시를 상징하는 '춘향이'를 브랜드로 하여 남원을 대외적으로 소개하고, 남원에서 생산되는 우수 농특산품에 공동 브랜드로 활용하여 높은 품질을 유지하며 소비자의 신뢰를 확보하고자 함.	복숭아 등 농특산품 103종	1998	전국일원	063-620-6378
	친환경마을원동배	친환경농법으로 생산한 원동배의 차별화된 고품질 농산물임을 강조하여 소비자에게 직거래 확대 추진하기 위해 친환경마을 원동배 브랜드를 네이밍	배, 쌀	2001	친환경 농업인 농가	063-212-0089
	햇빛나라임실고추	태양 아래에서 자연건조한 임실태양초 고추의 특성을 소비자에게 친근하게 전달하고, 태극과 고추의 형상을 접목시켜 강한 햇빛을 받아 잘익은 고추밭 햇빛, 파랑과 군민의 희망과 섬진강 맑은물, 초록은 청정지역인 임실군, 빨강은 열매의 고장과 열정을 상징	고추 외 6개 고추 상품	2002		063-640-2386
	米엔味	쌀[米]은 밥맛[味]이 중요하다는 이미지로 한자로 축약하여 이미지화함으로써 소비자로부터 인지도 제고를 통한 판매촉진	쌀	2001	한국생협연대 등	063-625-4595

06 전라남도

남도의 멋과 풍류가 있는 땅, 새롭게 도약하는 땅 전남

출품 브랜드 수: 47개 [공동: 17개, 개별: 30개]

VI. 전라남도

브랜드 로고	브랜드명	제작의도	사용 품목	개발 연도	출하 권역	연락처
	3 ℃ 저온 처리	항상 새롭고 신선하며, 안전한 채소류를 소비자에게 공급하려는 의지로 3℃저온처리 자체 브랜드 개발	신선채소류	2002	11	061-453-7093
	e-좋은세상	청정지역인 득량만 간척지의 비옥한 토지에서 생산된 장흥쌀의 이미지 부각과 젊은 세대의 취향에 맞고 한 번 들으면 잊혀지지 않으며 고급 브랜드라는 이미지를 주어 소비자가 신뢰를 가질 수 있도록 "e-좋은세상"이라 이름 붙임.	쌀	2000	서울, 경기, 부산, 광주 (지역 농협 및 양곡 전문상가	061-867-2717
	게르마늄섬	신선한 해풍을 맞으며 항암·진통작용 및 노화방지와 해독작용 등의 기능을 가진 게르마늄이 함유된 황토에서 재배되는 신안 양파라는 점을 알리고자 게르마늄과 섬을 활용하여 '게르마늄섬'이라 이름 지음.	양파, 마늘 등	1999	전국일원 (각 도매 시장 등)	061-275-0357~8

브랜드 로고	브랜드명	제작의도	사용 품목	개발 연도	출하 권역	연락처
	고효숙단감	저농약 재배와 유기농법으로 환경을 되살리고 국민의 건강을 지키는 환경보전형 농업의 실천과 자연친화적임을 나타내고자 '고효숙단감'이라는 브랜드를 개발하였으며, 소비자에게 인지도와 신뢰감을 주기 위해 실명을 사용함.	단감 및 가공제품 (단감잼, 단감즙, 감잎차)	1995	서울, 대구, 광주, 목포 (한살림공동체, 지역 청과상 등)	061-471-3919
	고흥토종/청정마늘	풍부한 일조량과 남해안의 해풍을 받아 품질이 우수한 고흥의 마늘을 '토종'과 '청정'으로 표현하였고, 마늘의 모습을 미래 지향적이고 첨단의 이미지를 갖도록 형상화하여 시각적 효과를 높임.	마늘	2001	전국일원 (농산물도 · 소매시장	061-842-7111
	골짝나라	맑고 깊은 깨끗한 산골짜기라는 곡성의 이미지를 표현하고자 '골짝나라'로 이름 붙였으며, 로고에서 적색 부분 의 형상은 힘차게 떠오르는 햇빛에 비춰진 산을 상징하고, 녹색 부분은 맑고 깨끗한 계곡과 깊은 골짜기를 표현하며, 청색 부분은 섬진강의 맑은 물을 나타내어 전체적으로 곡성의 자연환경을 나타냄.	사과, 배, 딸기 등 23개 품목	1999	서울, 구리, 광주 등 (각 도매시장, 재래시장 등)	061-360-8381
	구례군 CI	지방자치 시대에 걸맞는 개성 있는 구례군의 통일적 이미지를 창출	오이, 감, 배	1997	11	780-2240

브랜드 로고	브랜드명	제작의도	사용 품목	개발 연도	출하 권역	연락처
남도미향	남도미향	남도미향은 한국의 대표적인 맛의 고장인 전라남도에서 생산 가공한 제품으로, 전라남도의 농수산가공식품 공동브랜드임	농수산품 가공식품	2004	백화점, 대형 할인점 등	062-607-4926
KOREAN KIWIFRUIT MARKETING 다래마을	다래마을	다래마을은 순수한 한글 브랜드로서 참다래(통칭 키위)에서 '다래'와 '마을'의 합성어이며, 이는 국내기업이라는 것을 나타내고, 소비자에게 친숙하고 거부감이 없는 이미지를 전달하고자 하는 것임. 또한 '다래'와 '마을'이 공통적으로 갖는 느낌인 자연친화적인 이미지와 참다래를 주품목으로 하는 개발조직의 품목을 자연스럽게 전달	참다래, 고구마	1998	전국일원(농협유통, E마트, 롯데마그넷, 한화유통 등)	061-533-5577
달마지쌀	달마지쌀	기존 사용하고있는 브랜드와 차별화하여 영암의 월출산 맥반석에서 흐르는 맑은물과 천혜의 기름진 옥토에서 생산된 최고급쌀의 이미지를 부각시킨 브랜드로 소비자의 구매욕구를 유발할수 있도록 개발	쌀	2002	11	061-70-2381
담양 굿모닝쌀	담양굿모닝쌀	담양군의 고품질쌀의 경쟁력 확보를 위하여 군 통합브랜드를 개발 담양쌀로 좋은 아침을 맞이하는 이미지를 부각	쌀	2002	11	061-383-6211

브랜드 로고	브랜드명	제작의도	사용품목	개발연도	출하권역	연락처
드림원 dreamOne	드림원	꿈속에서 그리는 순수한 먹거리, 참농산물을 최고의 품질과 최상의 생육환경에서 재배한 농민의 걸작임을 표현하고, 꿈속에서도 최고를 나타내고 그 농산물이 소비자에게 으뜸이 되도록 '드림원'이라 이름 붙임.	쌀, 배 등 22개 품목	2001	전국일원(도매시장, 농협유통, 공판장, 유통업체 등)	061-743-3581
큐	라이스큐	오염되지 않은 맑은물, 깨끗한 공기와 비옥한 갯벌에서 생산되는 고품질 쌀을 소비자가 믿고 구매할 수 있는 브랜드 개발	쌀	2001	11	061-835-0540
무안 황토랑	무안황토랑	마늘, 양파의 전국 최대 주산지로서의 무안을 알리고, 게르마늄이 함유된 양질의 황토에서 생산되는 농산물임을 표현하고자 지역명과 황토를 조합하여 '무안황토랑'이라는 이름을 붙여 무안 농산물의 우수성을 홍보하고 타 농산물과 차별화되도록 함.	양파, 토마토 등 11개 품목	1999	전국일원, 대만·일본 수출 등	061-450-5378
백운산 알밤	백운산알밤	전국 밤 생산량의 15%를 차지하는 광양이 밤의 주산지임을 알리고, 광양의 상징인 해발 1,218m의 백운산과 청정수역인 섬진강 등 광양의 이미지를 제고하고자 '백운산알밤'으로 이름을 붙이고, 잘 익은 밤송이를 의인화하여 고향의 맛을 함축	밤	1999	전국일원, 일본 수출	061-772-3747

브랜드 로고	브랜드명	제작의도	사용품목	개발연도	출하권역	연락처
	빛고을광양	지명인 광양이 빛이라는 뜻으로 이루어진 점에 착안하여 '빛고을'을 브랜드화하여 지명과 함께 강조하였으며, 높은 온도와 일조량이 풍부한 광양의 이미지와 대표적 상징물인 백운산, 섬진강을 조화시켜 로고를 제작함으로써 국제화 · 지방화 시대에 부응하고 첨단과학 영농과 수출농업 육성 등 선진농업의 미래지향적 의미를 함축적으로 표현	쌀 등 12개 품목	1999	전국일원 (가락동 도매시장, 농협 판매장 등)	061-797-3381
	산동오이	지리산 자락의 청정지역인 산동면 내에서 때묻지 않은 수수한 농민들이 정성들여 재배한 농산물임을 표현하고자 지역명을 활용하였으며, 로고의 둥근 얼굴형은 농민들의 밝은 미소를 나타내며, 떡잎은 해맑은 농민들의 희망을 받쳐 주고, 테두리 줄무늬는 안정감과 튼튼함을 표현	오이 등 10종	1992	서울, 남원시, 순천시 (가락동 도매시장, 남원, 순천 공판장)	061-781-1736
	상감마마배	임금님께 진상할 정도로 맛과 품질이 유명한 나주배를 형상화하여 브랜드로 네이밍	배	2002	11	061-334-2365
	새로니온	새로니온은 새롭게 선보인 빨간색 샐러드용 양파를 합성어로 자체 브랜드화 함	양파	2002	11	031-565-7093

브랜드 로고	브랜드명	제작의도	사용 품목	개발 연도	출하 권역	연락처
섬지들 구례오이	섬지들	'섬지들'이란 '섬진강'과 '지리산'으로 둘러싸인 '들'에서 생산된 농산물이란 의미이며, 구례군이 지리산과 섬진강을 끼고 있는 천혜의 농산물 재배지역이라는 이미지를 부각시키고, 인심 좋고 인정 많은 후덕한 정을 반영	오이등 10종	1997	서울, 순천, 남원 (가락동 도매시장, 각 농협 공판장)	061-782-2052
섬진 가람 쌀	섬진가람쌀	친환경농법의 고품질 쌀 재배 확대에 따른 경쟁력 제고를 위해 지리산 계곡의 맑은 물과 섬진강변의 비옥한 땅의 지역 이미지를 활용한 브랜드 개발	쌀	2002	11	061-780-2379
숲에서 자란 장흥표고	소나무숲에서자란 - 장흥표고	자연이 준 햇빛, 청정 해풍 그리고 아침이슬을 머금고 소나무 숲에서 자란 장흥 표고버섯을 원료로 만든 마음이 편안한 건강음료	표고버섯	1999	전국대형유통업체, 음료유통업체, 골프장 등	061-863-8986
왕건이 탐낸 쌀	왕건이탐낸쌀	우수 품종인 청무만을 엄선하여 생산함으로써 고려 태조 왕건이 탐낼 만큼 품질이 우수함을 브랜드로 네이밍함으로써 내용을 보증하며 제품이 담고 있는 고유의 가치를 소비자에게 전달하기 위함	쌀	2001	11	061-331-1156

브랜드 로고	브랜드명	제작의도	사용 품목	개발 연도	출하 권역	연락처
	운주골화순	화순을 대표하는 운주사와 청정지역의 맑고 깨끗한 이미지를 부각시킨 브랜드로 소비자의 구매욕구를 유발할 수 있도록 개발제작	배 등	2000	전국 도매시장, 농협 공판장 등	061-370-1389
	울들목	생육환경이 탁월한 간척지 160 ha에서 인정받은 고품질쌀을 제품의 차별화 및 상품화 하고자 울들목 브랜드를 개발	쌀	2003	11	061-543-7847
	유자골고흥	삼면이 바다로 둘러싸인 지역적 특징을 가진 고흥이 유자의 주산지임을 나타내고, 남녘의 따뜻하고 시원한 바람, 햇빛, 맑은 물을 상징하기 위하여 푸른 색으로 깨끗한 파도와 무공해 청정지역의 이미지를 표현하고, 노란색은 남쪽 바다의 포근함과 유자골 고흥을 나타내며, 녹색의 유자잎은 농산물의 신선함, 싱그러움을 표현함.	유자 등 9 품목	1998	전국일원 (백화점, 대형 할인마트 등)	061-832-5107
	이트원(Eat One)	먹는 식품(Eat:쌀) 중에서 가장 돋보이는(One) 최고의 제품이라는 의미로서 농업인이 재배한 참먹거리의 으뜸임을 표현한 브랜드명임. 포장에서는 영암 월출산의 맑은 환경을 휘장 문양으로 사용하여 브랜드명과 접목시켜 최고의 품질을 나타내는 상징적 의미를 가지고 있음.	쌀	2000	서울, 경기, 광주, 목포, 제주 (농협 물류센터, 지역농협 등)	061-471-0210

브랜드 로고	브랜드명	제작의도	사용품목	개발연도	출하권역	연락처
이팔청춘 사과	이팔청춘	곡성지역의 깨끗함을 처녀지의 이미지로 활용하여 섬진강의 맑은 물과 지리산 자락 골짜기의 깨끗한 환경이 만들어 낸 농산물의 이미지를 '이팔청춘' 이라는 브랜드를 붙임으로써 청순한 세대적 감각을 상호 연계	사과, 딸기, 멜론, 쌀, 보리	2001	서울, 부산, 광주, 여수, 순천, 청주 (각 도매시장, 대형 유통업체 등)	061-362-1009
임금님 나주 배	임금님나주배	임금님배는 세종실록지리지(1454년)에 진상품으로 나타나 있는 것에 근거하여 이름 붙인 브랜드이며, 나주시 고분에서 출토된 금동관을 로고로 사용하여 임금님만이 드실 수 있을 정도로 정성을 들인 최고품질의 상품을 재배하여 소비자에게 공급한다는 생산자의 마음을 상징하고 있음.	배	2001	서울, 부산, 대구, 광주 등 (가락동 도매시장, 농협 양재 물류센터, 공판장)	061-334-2365
자연애	자연애	유기농법으로 재배한 쌀로서 살아있는 자연을 가정까지의 의미로 자연 친화성을 강조하여 소비자에게 믿고 신뢰할 수 있는 제품으로 심어주기 위한 의도임	쌀	2003	11	061-433-4357
장성군 CHANGSUNG	장성CI마크	장성의 농특산물을 특성이나 이미지별로 별도로 구분하여 각각의 특성에 적합한 장성군의 이미지를 나타내는 한자로 표현함으로써 소비자 인식 제고	사과, 배, 단감 등 64개 품목	1997	서울, 경기, 광주, 충청, 일본·홍콩·말레이시아 수출	061-390-7321

브랜드 로고	브랜드명	제작의도	사용 품목	개발 연도	출하 권역	연락처
죽향 담양 DAMYANG	죽향담양	담양군 농특산물의 이미지를 일관성 있게 구축하여 상품의 이미지 단일화 및 생산자의 일체감고취로 대외적인 홍보효과 제고	딸기, 멜론, 방울토마토 등	2001		381-2070
한마음	죽향한마음	대나무는 담양의 상징으로서 사철 푸른 잎으로 고결한 선비를 나타내며, 대나무에서 나는 향을 즐기기 위하여 술을 빚거나 음식으로도 널리 사용하여 왔는데, 이렇게 대나무로 상징되는 고장에서 나는 딸기에 '죽향'이라는 브랜드를 사용하여 하우스시설에서 유기농법으로 재배하여 당도가 높고 색깔이 고운 고품질 제품이라는 것을 알림	딸기, 방울토마토, 멜론	2000	서울, 경기, 대전, 부산 (가락동 도매시장, 농협유통, 광주 공판장 등)	061-383-6670
珍島 아리랑쌀	진도 아리랑쌀	진도의 멋이며 자랑인 아리랑을 브랜화 하여 멋과 맛의 조화로 진도의 이미지를 형성.	쌀	2003	양재 하나로, 성남물류, 전국 인터넷 통신판매	061-543-7847
車家 지장수 진도 흑미	차가지장수 진도흑미	진도에서 재배 · 생산하는 검정쌀 제품의 차별화를 꾀하고, 소비자에게 선택의 기회를 제공코자 자체브랜드를 제작함	쌀	2003	농협 하나로 클럽 (양재, 창동, 목포)	061-542-7791

브랜드 로고	브랜드명	제작의도	사용 품목	개발 연도	출하 권역	연락처
	청자골	예로부터 고려청자의 생산지로 알려져 있고 청자 유물이 많이 출토되는 강진의 이미지를 나타내고자 '청자골'이라는 브랜드를 개발하였으며, 강진의 맑고 깨끗한 자연환경을 부각시키기 위해 청색과 녹색계열을 주 색상으로 로고인 청자를 표현하였음.	방울 토마토, 오이 등 17개 품목	2000	서울, 광주, 목포 등 (각 도매 시장)	061-433-8519
	청죽골멜론	대나무 고장 담양의 이미지를 반영한 청죽의 명칭을 활용하여 대나무골 담양의 신선한 멜론의 이미지 부각 판매촉진	멜론	1999	11	382-2244
	풀꽃나라 자운영	상품의 존재가치를 정립하고 체계화함으로서 브랜드 도입을 통해 상품을 효율적이고 체계적으로 소비자에게 인식시켜 상응하는 상품 매출 확대 도모	쌀	2000	11	061-394-2008
	풀빛	자연 그대로의 생명력과 친화력으로 신선함을 가지고 태양의 정열 속에 황토에서 자라는 농산물을 의미하며, 젊은 패기와 바다의 활력을 포용하는 농산물이라는 뜻으로 '풀빛'이라고 이름 붙임.	마늘, 양파 등 5개 품목	1999	수도권, 대만 수출 등 (가락동 도매시장, 백화점 등)	061-453-7092

브랜드 로고	브랜드명	제작의도	사용품목	개발연도	출하권역	연락처
	풍광수토	신선한 바람, 따뜻한 햇빛, 깨끗한 물, 기름진 땅에서 전남 농업인의 피땀어린 정성과 정직한 마음으로 생산한 쌀이라는 의미로 '風光水土'라 이름 붙였으며, 포장규격별로 브랜드의 이미지인 바람, 햇빛, 물, 흙을 주제로 표현을 달리함으로써 다양한 이미지로 소비자에게 알리고자 노력하였음.	쌀	1995	전국일원(백화점, 농협 물류센터, 하나로 마트 등)	062-607-4462
	한눈에 반한 쌀	WTO 체제하의 쌀 주산지농협 농업인 소득 증대와 RPC 경영 개선을 위해 브랜드화 추진	쌀	1994	11	061-535-5636
	한방죽초 연화딸기	영산강 상류는 물빠짐이 좋은 사토질이어서 딸기 재배 적지이고, 대나무 숯을 만들 때 나오는 죽초액(竹草液)을 영양재로 사용하고, 화학비료 대신 퇴비를 사용한 유기농법으로 재배하여 당도가 높고, 맛과 향이 뛰어난 딸기라는 점을 홍보하기 위하여 '죽초연화'로 이름 붙임.	딸기, 멜론	2001	서울, 경기, 광주(가락동 도매시장, 구리 · 광주 공판장 등)	061-381-3538
	함평천지	친환경농업으로 맑고 깨끗한 함평의 하늘과 땅을 의미하는 '함평천지'를 브랜드명으로 하여 이러한 함평 땅에서 재배된 농산물을 함평군이 인증, 소비자에게 신선함을 전달한다는 뜻을 함축하고 있으며, 브랜드인 함평천지의 글씨체는 부드러운 곡선을 이용하여 자연친화적인 형태로 상하로 조합 동적인 이미지로 표현함.	쌀, 배, 토마토 등 39개 품목	2002	전국일원, 일본 수출 등(백화점, 농산물 판매장 등)	061-323-4060

브랜드 로고	브랜드명	제작의도	사용품목	개발연도	출하권역	연락처
땅끝햇살	해남땅끝	국토의 최남단 해남의 이미지를 살려 지명과 함께 '해남땅끝'을 브랜드로 하여 드넓은 바다와 풍족한 해풍을 맞으며 따스하게 내려쬐는 햇살 아래서 재배한 쌀이라는 점을 부각시키고자 떠오르는 태양과 방사성으로 뻗은 햇살을 도안하여 강렬한 원색대비로 기존 쌀포장과 시각적 차별을 두었고, 젊은 층의 기호에 맞는 산뜻한 색채로 조합	쌀	1999	전국일원(농협유통, 하나로마트, E마트 등)	061-530-5381
해맑은쌀	해맑은쌀(청이와정이)	시원한 바람과 깨끗한 물, 기름진 간척지인 서해안 칠산 간척지에서 생산된 맑고 깨끗한 바다 쌀을 의미하며, 청정이라는 말을 나누어 '청이와 정이'라는 로고를 개발하여 환경친화적이며 청정지역임을 강조하고, 소비자에게 상품에 대한 인지도 제고와 제품의 차별화 추구	쌀	2000	서울, 경기, 광주(각 지역 농협 및 양곡전문상가)	061-352-2475
홍길동	홍길동	생산자단체 및 개인 등에게 그 사용기준을 정하여 사용토록 함으로써 지역 우수농특산물의 차별화와 통일된 이미지창출로 소비자의 신뢰성을 확보하고 인지도를 향상시키고 판매촉진을 통하여 생산자의 소득을 높이고 지역경제 활성화 도모	사과, 방울토마토 등 46개 품목	2003	서울청과(사과-계약), 광주원협, 서울구로청과	061-390-7381
天命	天命(천명)	친환경 농법으로 재배한 쌀로서 하늘이 내린쌀이라는 의미는 소비자에게 믿고 신뢰할 수 있는 제품으로 심어주기 위한 의도임	쌀	2000	11	061-433-4357

07 경상북도

낙동강이 일군 기름진 땅, 동해의 청정 바다, 태백산의 높고 수려한 산과 함께 의리깊고 훈훈한 인심으로 이름 높은 고장 경북

출품 브랜드 수: 31개 [공동: 14개, 개별: 17개]

VII. 경상북도

브랜드 로고	브랜드명	제작의도	사용품목	개발연도	출하권역	연락처
	가야산 한방	가야산의 맑은 물과 한방재료를 이용한 유기농법으로 재배한 농산물임을 알리기 위하여 '가야산 한방'을 브랜드로 설정하여 소비자에게 기억이 쉽도록 함.	사과, 배, 참외, 채소류 등	1999	전국일원	054-932-3192
	가을빛고운	가을햇살에 잘익고 잘자란 농산물을 기본적인 이미지로 하여 고추| 참깨| 사과| 마늘 등 빛고운 우리농산물에 어머니의 마음과 정성을 담아드리는 메시지를 표현	마늘 고추장, 사과 고추장 외 40건 (30류 ,31류)	1999	농협, 친환경 판매장	054-830-6481
	경상북도 우수농산물	경북의 농산물이 으뜸이라는 것을 경북을 대표하는 사과를 전체 모양으로 하여 경북을 상징하고, 지구를 쥐고 엄지손가락을 편 손을 조합하여 경북의 농산물이 세계에서도 으뜸이라는 것을 표현	경상북도 내 생산 농산물	1995	전국	054-950-2938

브랜드 로고	브랜드명	제작의도	사용 품목	개발 연도	출하 권역	연락처
구구	구구	구구농산물은 99% 자연이 만든다는 뜻으로 소비자에게 자연에 가까운 농산물을 생산한다는 이미지를 전달하고자 구구 브랜드 개발	과채류	2001		054-853-2772
군위팔공산 KUNWI PALKONG SAN	군위팔공산	군위군의 상징인 팔공산과 지명을 합성하여 '군위'로 이름 붙이고, 로고는 팔공산의 기상과 위천강 맑은 물의 이미지를 단순화하여 표현하였으며, 달은 신라 천년의 문화유산과 전통을 이어간다는 의미를 가짐.	사과, 배, 포도 등 10개 품목	1997	서울, 부산, 대구, 경북 (도매시장, 대형유통 업체 등)	054-383-2181
김영표 버섯명가	김영표버섯명가	타제품과의 차별화 및 소비자의 신뢰확보하고 부가가치를 높이기 위해 자체 브랜드 개발	버섯류	2003	전자 상거래, 우체국 판매	053-852-7576
꿈앤들	꿈앤들	정지용 시인의 '꿈엔들 잊힐리야' 라는 시어에서 따온 말을 브랜드로 사용하여 고향의 달콤한 향수를 깨끗하고 건강한 김천의 자연과 함께 표현함으로써 소비자에게 아련한 향수를 불러일으키도록 이미지화함. '꿈'과 '들'을 자연스럽게 연결하여 기억을 쉽게하고 깨끗한 초록색 잎을 함께 나타내어 풋풋한 자연의 이미지 강조	포도, 배, 사과, 복숭아, 참외, 방울토마토	2001	수도권, 김천 등 (가락동 도매시장, 농협유통 센터 등)	054-430-3017

브랜드 로고	브랜드명	제작의도	사용품목	개발연도	출하권역	연락처
	미락(味樂)	친환경농업으로 생산해 안심할 수 있는 고급농산물임을 강조(무농약 이상의 품질인증에 한해 사용함)	쌀, 잡곡(콩, 수수, 기장 등)	2000	풀무원, 농협 하나로 등	054-243-2010
	배서방	현곡배의 지역적 유명세를 바탕으로 현곡배의 우수성을 전국적으로 홍보하고 현곡배의 대표브랜드를 만듬으로써 생산농가의 현곡배에 대한 자긍심 고취 및 품질향상 도모	배	1999	창원, 부산, 포항, 도매시장	054-745-5883
	봉화복수박	봉화지역의 인기품목인 복수박, 사과, 고추를 알려 타지역 유사품목과 차별화를 도모하고, 소비자의 인식을 높이기 위하여 지역명과 품목을 연계하여 이름을 붙임.	수박, 사과, 고추	1995	전국(도매시장, 물류센터 등)	054-672-4573
	봉화약수능금	약수를 이용하여 사과를 생산한 기능성 사과의 이미지를 전달하고자 브랜드 네이밍	사과	2001	농협 하나로 클럽, 대형할인매장 및 도매시장 등	054-672-3391

브랜드 로고	브랜드명	제작의도	사용품목	개발연도	출하권역	연락처
선돌이	선돌이	영주시의 이미지와 농.특산물 판매촉진을 위한 홍보매체 노출시 타 지자체의 차별성 및 친근감을 조성	인삼, 사과, 한우 등 14 품목	1999	농협, 하나로 클럽, 대형할인 매장, 백화점, 기타	054-639-6271
선비촌	선비촌	영주시의 이미지와 농.특산물 판매촉진을 위한 홍보매체 노출시 타 지자체의 차별성 및 친근감을 조성	인삼, 사과, 쌀, 한우 등 25 품목	1999	농협, 하나로 클럽, 대형할인 매장, 백화점, 기타	054-639-6271
성주참외 참스런참외	성주참외풍경	성주참외 고유명성을 브랜드화하여 수입농산물과의 경쟁력확보와 고품질의 참외 생산으로 농가소득 증대 및 살기좋은 농촌건설을 위해 브랜드를 개발	참외	2002	롯데마트, 월마트, 농협물류 (고양, 인재, 전주, 군위, 달성)	054-933-4700
순토종 우리매실 송광설중매	순토종매실 송광설중매	토종매실의 중요성을 모르던 시절 전남 승주군에 있는 송광사에서 500년 묵은 고매에서 씨를 채취하여 25년간 육종해 온 우리의 순수토종매실로서 눈 속에서 자태를 뽐내는 고귀함을 나타내는 설중매와 합쳐 송광설중매라 브랜드를 만들었음.	토종매실	1999	유명 백화점 및 농수산 쇼핑, 한겨레 인터넷, Hmall, 한국생협연대, 자체 홈페이지	054-973-9400

브랜드 로고	브랜드명	제작의도	사용 품목	개발 연도	출하 권역	연락처
	신선복숭아	천도복숭아의 전국 최대 생산지인 경산지역의 이미지를 제고하고자 복숭아가 옛날 신선들이 즐겨 먹던 과일로 죽은 사람도 살린다는 귀한 과일임을 의미하도록 '신선복숭아'로 명명하여 신선하다는 의미도 함축적으로 표현	천도 복숭화	2000	전국일원 (각 도매시장, 농협 공판장, 유통업체 등)	054-852-8400
	안동사과	주 농산물인 사과를 지역명과 조화시켜 안동지역의 이미지와 사과를 연계시킴으로써 지역이미지 제고 및 대외 경쟁력 향상	사과	1996	전국일원 (각 도매시장, 농협 창동물류센터)	054-851-6271
	안동산약	전국 제일의 생산지인 안동산약의 우수성을 널리 홍보하여 '안동산약'의 명품화를 하기 위함.	산약 (마)	2004	농협 직거래, 대형마트, 산지 직거래 등	054-840-5342
	안림딸기	가야산 맑은 물과 유기농법으로 재배하여 맛, 당도, 색상, 향의 탁월성이 인정되어 명품지정을 받고, 수출단지로 지정된 안림지역에서 생산되는 딸기라는 점을 알리기 위하여 지역명을 브랜드로 활용하였으며, 지역홍보는 물론 소비자가 신뢰를 가지고 구입할 수 있도록 함.	딸기	1997	전국 (농산물 공판장 및 백화점 등)	054-955-8008

브랜드 로고	브랜드명	제작의도	사용 품목	개발 연도	출하 권역	연락처
	옹골찬	속이 꽉차서 실속이 있다는 의미인 '옹골찬'을 브랜드명으로 하여 경산에서 생산한 농산물의 우수성을 알리고자 하였으며, '찬'자를 녹색의 마름모꼴로 나타내어 상하좌우로 뻗어나가는 형상으로 진취적이고 미래지향적이며 참신하고 세련된 경산의 의지와 농산물의 신선함을 상징	복숭아, 포도, 참외, 자두, 깻잎	1999	전국일원 (도매시장, 공판장, 물류센터, 백화점 등)	054-811-0871
	울진생토미	WTO I DDA등 국제농업환경과 소비자의 기호에 부응하는 친환경농법으로 생산된 쌀(무농약 품질인증)을 지역명품 브랜드화하여 농가소득 증대를 위함.	쌀	2004	전국 이마트 매장 및 농협	054-785-6782
	의성마늘	의성마늘의 우수함을 널리 홍보하고 소비자에게 신뢰성을 갖고 의성마늘의 명품화 추진.	마늘	2003	농협유통 (창동, 양재 물류), 고양유통 센터 분사	054-830-6271
	의성옥사과	사과재배면적이 1,036ha로서 전국 생산량의 3%를 차지하고 있는 우수한 품질의 의성사과에 옥패드를 첨가하여 옥의 효능과 청정사과의 이미지를 나타냄.	사과	2001	하나로 마트 양재동, 창동, 성남, 부산 경남유통, 광주 신세계 백화점	054-833-4280

브랜드 로고	브랜드명	제작의도	사용 품목	개발 연도	출하 권역	연락처
USEONG SUPERIOR FARM PRODUCT 의성우수농특산품	의성우수 농특산품	지역 농특산품의 상품성 향상과 이미지 제고를 위해 '의로운 고장 의성인'을 상징하는 '의동이' 캐릭터를 활용하여 의성의 우수 농특산품임을 홍보	마늘, 사과, 감, 홍화씨 등 5개 품목	2000	전국 (백화점, 대형마트, 인터넷 판매)	054-830-6271
의성 황토쌀	의성황토쌀	오염되지 않은 맑고 깨끗한 황토땅에 일품벼를 심어 적절한 비료와 농약을 주고, 서리가 내리기 전에 적기에 수확하여 햇볕에 건조시켜 농업기술센터의 품질관리와 의성군수의 품질보증을 받은 쌀이라는 점을 강조하고자 '의성황토쌀'이라 이름 붙임	쌀	1999	대구, 경북, 강원도 (백화점, 대형마트 등)	054-833-2064
성주월항 참스런참외	참스런참외	성주 월항참외의 맛과 향 등의 우수성과 뛰어남을 널리 알리고 농산물의 상품성 및 인지도 향상을 위함.	참외	2003	이마트, 조은모람, 광주 신세계 백화점, 영진물류, 유기 농협회, 까르푸, 롯데마트 등	054-932-9191
청도반시	청도반시감말랭이	청도 반시 감말랭이의 이미지를 외적으로는 통일되고 고급스럽게 소비자에게 홍보하고 내적으로는 생산자의 애향심 고취와 생산의욕 증대	감 말랭이	2004	우체국 주문판매 전국유명 백화점 대형 쇼핑몰	054-370-6271

브랜드 로고	브랜드명	제작의도	사용품목	개발연도	출하권역	연락처
청도우수농산물	청도우수농산물	청도산 농산물의 이미지 제고와 인지도 향상을 위하여 청도군 내에서 생산되는 전 농산물에 사용할 수 있는 공동 브랜드 개발	사과, 배, 감 등 16개 품목	2000	전국일원 (각 도매시장)	054-370-6271
청초롬	청초롬	포항의 공업도시적 이미지와 지명위주의 상표에서 탈피하여 청정지역에서 친환경적으로 생산된 고급농산물임을 알리고 농산물 전품목에 다양하게 사용할 수 있는 상표로 개발	과실류, 채소류	2000	전국농협 유통, 이팜, 풀무원, 인터넷 등	054-243-2010
팜가이아	팜가이아	가이아는 대지의 신 생명체로서 지구를 일컫는 말로 국내 최고의 농산물만을 엄선하여 공급하는 농산물 유통전문회사로 세계적인 명품브랜드화로 추진코자 브랜드로 네이밍	청과, 농산물 전체	2002	팜 가이아	054-373-3363
新미네	新미네	'新미네'의 '新'자는 신선한 품질과 새로운 맛을 개발하며 언제나 앞서간다는 것을 의미하며, '新'자를 둘러싼 ㅁ는 잘 정리 정돈된 전원을, 녹색은 푸른 들판을 뜻함. 신미네의 '미네'는 가족을 의미함으로써 생산에서 소비까지 가족개념을 도입하여 정성을 다함을 뜻하고 있음.	양파	1993	서울, 경기 (가락동 도매시장, 농심가, 삼성 프라자 등)	054-554-6660

08 경상남도

반만년 숨결이 담긴 문화유산을 올곧이 지켜온 곳
높은 산과 푸른 남해, 그리고 맑은 강이 아름다운 경남

출품 브랜드 수: 24개 [공동: 10개, 개별: 14개]

Ⅷ. 경상남도

브랜드 로고	브랜드명	제작의도	사용품목	개발연도	출하권역	연락처
e 아라리	e-아라리	농산물 공동브랜드 개발로 소비자에게 통일된 이미지를 제공하고 품질규격화·차별화를 통한 판매촉진 및 경쟁력 향상	5류 19품목 (수박, 가야 백자 메론 등)	2001	농협 물류점 (양재, 창동, 성남 등), 가락, 구리 공판장 등	055-580-3436
거창 찬이슬 사과	거창찬이슬사과	농촌지역의 맑은 아침이 연상되는 신선함을 강조하기 위하여 거창이라는 지명에 '찬이슬'을 연계하여 이름 붙였으며, 로고는 단순하고 깨끗하게 사과를 나타내어 신선함을 강조	사과	2000	경남, 전남, 광주 (각 도매시장)	055-942-5831
고향의 맛과 향기 거창딸기	고향의맛과향기	거창지역에서 생산된 딸기가 고향의 맛과 향을 전한다는 의미로 '고향의 맛과 향기'라는 단순한 이름을 붙였고, 로고는 신선한 딸기로 하여 내용물을 표현하였음.	딸기	2000	서울 (가락동 도매시장)	055- 942- 5831

브랜드 로고	브랜드명	제작의도	사용 품목	개발 연도	출하 권역	연락처
우포늪 氣찬미	우포늪氣찬미	세계적인 원시적 저층늪인 우포늪의 정화된 용수와 기름진 옥토에서 생산된 고품질 쌀임을 강조하고, 한자 '氣'는 우포늪 기찬미를 먹음으로써 온 몸에 힘이 넘친다는 뜻이며, 한글로서 '기찬미'는 기가 차게 최고의 쌀이라는 의미로 사용	쌀	2001	서울, 부산, 대구 (백화점, 농협유통센터, 우편 주문 판매 등)	055-532-7068
남해 섬마늘	남해섬마늘	남해 청정수역의 해풍을 받아 고유의 향미를 가지고, 육질이 단단하여 최고의 품질을 인정받고 있는 남해 마늘을 널리 알리기 위하여 토속적인 내음이 풍기는 '섬마늘'이라는 이름을 붙였으며, 로고는 남해군의 상징인 남해대교와 마늘을 조화시켜 남해 마늘임을 강조	마늘	2000	서울, 부산, 청주, 수도권	055-862-4511
달군&달아	달군&달아	의령지역에서 생산되는 수박의 우수성을 알리고자 매년 의령수박축제 행사 및 판매시 군 통합브랜드로 개발	수박	2002	의령농협, 동부농협, 수박 작목반	055-570-2378
맑은 섬 마늘	맑은섬마늘	남해의 상징인 남해대교를 배경으로 청정해역의 해풍을 받아 고유의 향과 육질이 단단한 남해 마늘임을 나타내고, 깨끗하게 손질한 마늘을 가까이 배치하여 맑고 깨끗한 이미지 표현	마늘	2000	서울 등 수도권, 부산	055-863-2545

브랜드 로고	브랜드명	제작의도	사용품목	개발연도	출하권역	연락처
Apple 맛있다! 거창사과	맛있다 거창사과	거창사과가 맛있다는 것을 직접적으로 나타내는 '맛있다 거창사과'를 브랜드로 하여 쉽고 단순하게 표현하였으며, 로고는 '맛'자의 'ㅅ'을 길게 하여 깍은 사과껍질과 연결되게 함으로써 시각적 효과를 높임.	사과	1998	거창사과 원예농업 협동조합, 거창 농업 협동조합	055-940-3167
별그리고	별그리고	사천의 맑고 깨끗한 지역성과 우주항공 산업도시 이미지 상징하고, 친환경적 접근을 통한 이미지 창출하여 소비자들의 마음속에 보다 친숙하고 정겨운 이미지로 다가 갈 수 있게 표현	단감, 배, 토마토 등 9품목	2002	농산물 도매 시장, 인터넷 쇼핑	055-830-4773
보물섬	보물섬	남해군에서 생산되는 우수한 농·수·축·특산물과 지역명품에 대하여 그 품질을 인증하고 고유의 통합브랜드 사용으로 소비자의 신뢰확보 및 경쟁력 향상으로 농가소득 증대	마늘, 유자, 멸치 등 11개 품목	2003	농협, 대형할인 매장, 전자상 거래를 통한 직거래	055-860-3913
붉은시월 단감	붉은시월	금수강산의 우리나라 10월의 단풍 절경의 연상으로 아싹 아싹한 진영 단감이 익어가는 10월을 표현함.	단감	2002	농협 공판장, 물류센터, 대형 유통 업체, 인터넷 쇼핑	055-343-2020

브랜드 로고	브랜드명	제작의도	사용 품목	개발 연도	출하 권역	연락처
산내울 물이 좋은 거창계절	산내울	산(山)+내(냇물)+울(둘러싸다)의 합성어로 거창에서 생산된 과일(사과, 포도, 딸기)만을 엄선하여 거창 고유의 브랜드로 거듭나기 위함.	사과	2003	거창사과 원예농협 (공동 선별 조건에 한함)	055-943-7244
산두골감자	산두골단감/감자	시각적 이미지보다 마음과 정서에 호소하는 이미지로서 농촌적이고 자연적이며 정서적인 '산두골'이라 이름 붙였으며, 사용 로고도 옛 보부상을 현실의 유통에 접목하여 믿음이 가는 상품임을 표현하였음.	감자, 단감	2000	수도권 (농협 물류센터, 농협 공판장 등)	055-298-1876
에나단감 에나배	에나단감/배	남강과 영산강을 옆에 두어 토양이 비옥하고 일조량이 풍부하여 과수농사에 최적지인 진주에서 생산된 단감과 배를 진주지역의 방언인 '에나'(정말, 참, 진실을 뜻함)를 브랜드로 활용하여 상품의 이미지를 높이고자 함.	단감, 배	2000	서울, 경기, 부산, 경남권 (각 도매 시장 및 물류센터)	055-761-5501
음악을 듣고 태어난 쌀	음악을 듣고 태어난 쌀/참숯 쌀	진주 남강의 맑은 물로 생산되는 쌀을 재배시부터 논에서 음악을 틀어 들려 주고, 숯을 뿌려 밥맛을 좋게 한 쌀이라는 것을 알리기 위하여 이름 붙임. 음파가 식물에 닿으면 세포가 마치 안마를 받듯이 활발하게 운동하게 되어 좋은 쌀이 되며, 숯은 인체세포의 산화와 노화를 방지하고, 갖은 미네랄을 제공하는 등 탁월한 효능이 있음.	쌀	1999	부산, 경남 (백화점, 양곡상 등)	055-759-7000

브랜드 로고	브랜드명	제작의도	사용품목	개발연도	출하권역	연락처
	자굴산골짝쌀	해발 897m의 자굴산 청정지역에서 생산되는 쌀임을 알리기 위하여 '자굴산골짝쌀'이라는 이름을 붙이고, 정겹고 풍성한 농촌풍경과 둥근 달속에서 절구질하는 여인들을 로고로 사용함으로써 맑고 깨끗한 이미지를 표현	쌀	1999	경남, 부산 (농협 하나로 마트 등)	055-573-2711
	진주비봉복숭아	진주 비봉산을 중심으로 복숭아가 많이 재배되고 있어 지명과 조합하여 '진주 비봉'을 브랜드로 명명하였으며, 진주시의 상징인 논개가 복숭아를 안고 있는 모습을 로고로 하여 소비자에게 친숙감을 주고자 하였음.	복숭아	2000	부산, 경남 (도매시장)	055-749-5523
	진주신선딸기	진주에서 생산되는 신선한 딸기임을 홍보하고 진주시의 공동 상표로 통일하여 진주의 이미지를 제고하고자 지역명과 상품을 조합하여 '진주신선딸기'로 이름 붙였으며, 포장에 신선한 딸기를 꽃과 함께 실물사진으로 표현하여 신선한 이미지를 높이도록 하였음.	딸기	1999	서울, 부산, 경남 (도매시장, 유통업체 등	055-749-5523
	참달시	수박의 상품을 브랜드화하여 고급상품으로 이미지화시켜 소비자가 해당 상표만으로도 믿고 구매할 수 있도록 함.	수박	2002	유명 백화점, 법정 도매 시장, 농협 하나로 마트	055-582-8206

브랜드 로고	브랜드명	제작의도	사용품목	개발연도	출하권역	연락처
창녕 토박이 양파	토박이 양파	창녕은 우리나라 최초의 양파 시배지이며 40년간 양파 주산지로서 고품질의 양파를 생산함을 알리기 위하여 토속적이며 고향의 맛을 느낄 수 있는 '토박이'로 이름 붙임.	양파	2000	서울 등 수도권 (양재 농협유통 센터)	055-536-4851
첫눈에 반한 딸기	첫눈에 반한 딸기	경남 합천 황강변의 비옥한 사질토에서 생산되는 딸기가 당도가 높고 맛이 뛰어나며, 공동선별에 의해 크기가 균일함을 알리기 위해 '첫눈에 반한 딸기'로 명명하였으며, 브랜드명 중 '반'자의 'ㅂ'을 딸기모양의 하트 모양으로 처리하여 사랑이라는 이미지도 표현	딸기	2000	수도권, 일본 수출 등 (가락동 도매시장, 농협 하나로 마트 등)	055-933-3836
하동녹차	하동녹차	지리적표시등록 제2호 공동브랜드 등록	녹차	2003	전국	055-880-2833
해와人	해와人	자연과 합천군민을 하나로 이어 주는 공동브랜드로서 자연을 대표로 하는 '해'는 합천의 풍부한 자연과 문화뿐만 아니라 사계절 풍요로움을 주는 태양계의 별 무한한 가치를 의미한다. '人'은 합천군민이 생산한 농산물이 소비자에게 건강과 행복을 전해 준다는 의미임.	쌀, 배, 딸기, 밤 등 전품목	2004		055-930-3671

브랜드 로고	브랜드명	제작의도	사용품목	개발연도	출하권역	연락처
햇살과 물이 좋은 밀양	햇살과 물이 좋은 밀양	일조량과 물이 다른 지방보다 월등하게 좋아 생산되는 농산물의 우수성을 알리고자 차별화된 브랜드 개발	단감, 딸기, 고추, 깻잎	2001	도매시장, 유통업체, 인터넷쇼핑	055-359-5392

09 제주도

신비로운 자연경관과 고유한 전통문화를 간직한
한반도 최남단에 위치한 아름다운 섬 제주

출품 브랜드 수: 8개 [공동: 3개, 개별: 5개]

IX. 제주도

브랜드 로고	브랜드명	제작의도	사용 품목	개발 연도	출하 권역	연락처
곱들락감귤 Gobdlerak Orange	곱들락	곱들락이란 제주방언으로 '아름다운, 예쁜'이란 의미이며, 곱들락감귤은 청정지역인 제주 남원 일대에서 생산되는 예쁘고 아름다운 감귤이란 의미로 이름 붙임. 로고도 곱들락이라는 말과 잘 어울리는 현대적 감각의 서체를 사용하여 브랜드의 이미지를 연상할 수 있도록 디자인	감귤	2001	서울, 부산, 대구, 광주 등 (도매시장, 농협유통, 대형유통 업체 등)	064-766-1536
귤림元	불로초, 귤림元	· 불로초: 천혜의 청정지역인 제주에서 재배되는 감귤 중에서도 화학비료와 제초제를 전혀 사용하지 않고 생산한 청정감귤이라는 점을 강조 · 귤림원: 예로부터 궁중에 진상하기 위하여 가꾸어졌던 귤밭을 귤림이라 하였는데, 그 중에서도 가장 으뜸이 된다는 의미로 귤림원이라 이름 붙임.	감귤	2001	전국 (각 도매시장, 물류센터, 백화점, 대형할인 매장 등)	064-739-5401~5
불로초	불로초	불로초는 천혜의 청정지역인 제주에서 재배되는 감귤중에서도 화학비료와 제초제를 전혀 사용하지 않고 생산한 청정감귤이라는 점을 강조하기 위해 브랜드 네이밍	감귤	2001	1	064-739-5404

브랜드 로고	브랜드명	제작의도	사용 품목	개발 연도	출하 권역	연락처
	으뜸	'으뜸' 이란 남제주군에서 생산된 농·축·수산물 중에서 남제주군이 인정하는 가장 으뜸인 지역 특산물을 의미하며, 로고에서 으뜸이란 브랜드가 들어 있는 큰 네모는 남제주군을 의미하는 '남' 자의 'ㄴ' 와 'ㅁ' 은 밭을 의미하는 전(田)을 조합하여 조화롭게 나타내고, 으뜸을 써넣어 브랜드명과도 조화가 되도록 하였음.	감귤, 감자 등 11개 품목	1996	전국일원 (도매시장, 백화점, 물류센터, 대형유통 업체 등)	064-733-2601 ~9
	제주통통감귤	비파괴당산선별기 도입을 통한 우수상품의 시장차별화로 소비자에 대한 브랜드인지도 제고	감귤 등 4개 품목	2004	E-MART, BIG-MART, 전국 주요 도매시장 등	064-792-3488
	칠십리감귤	탐리지(1653년)에 나오는 서귀포는 정의현청에서부터 서쪽 70리에 위치하였다는 기록과 '서귀포 칠십리'(1940년)라는 노래에서 착안하여 '칠십리'를 브랜드로 하여 품목과 연계시킴.	감귤	1997	전국일원	064-739-0011
	키토랜드	키친, 키토산을 사용하여 친환경적인 농법으로 무농약, 유기재배된 청정감귤로서 국립농산물품질관리원으로부터 환경농산물 표시신고 및 유기농산물 표시사용 승인을 받은 감귤임. 한국표준협회로부터 '으뜸이' 마크를 획득하여 이를 포장상자에 표기하여 고품질 감귤임.	감귤	1999		064-702-8382

브랜드 로고	브랜드명	제작의도	사용품목	개발연도	출하권역	연락처
	타미나	제주 성산지역의 주생산 품목이 당근, 감다를 명품화하여 소비자의 인지도를 제고하고자 브랜드 제작	당근, 감자	2002	삼성 홈플러스, 롯데마트, 농협물류 7개소외 도매시장	064-780-3132

10 울산광역시

21세기 산업의 중심지,
삶이 풍요로운 도시 울산

출품 브랜드 수: 3개 [공동: 0개, 개별: 3개]

X. 울산광역시

브랜드 로고	브랜드명	제작의도	사용품목	개발연도	출하권역	연락처
	봉계황우쌀	치술령 산자락에 두동, 두서의 청정지역인 봉계는 한우생산지로 명성이 나있어 그 한우거름으로 농사를 지어 밥맛이 좋다는 의미로 봉계황우쌀이라는 브랜드 개발.	쌀	2000	농협 하나로 클럽, 백화점, 유통업체 등	052-262-6010
	상북오리쌀	친환경 농법으로 생산한 상북지역의 쌀은 밥맛이 뛰어나 소비자에게 그 우수성을 홍보하여 판매를 촉진코자 상북오리쌀 브랜드 개발.	쌀	2002		052-264-9922
	울산배	옛 명성이 높은 울산 배는 맛과 당도가 높고, 전국 두 번째 규모의 재배면적을 가지고 있어, 지역 농산물의 고품질 차별화를 통한 소비자의 인지도 제고을 위해 브랜드 개발.	배	1997	전국 백화점 및 대형 유통업체	052-224-7210

11 부산광역시

아시아를 하나로 부산을 세계로
새로운 천년, 새로운 만남, 새로운 출발

출품 브랜드 수: 4개 [공동: 1개, 개별: 3개]

XI. 부산광역시

브랜드 로고	브랜드명	제작의도	사용 품목	개발 연도	출하 권역	연락처
	5℃ 이온 쌀	농산물이 가장 신선할 때의 온도가 5℃라는 점과 이온특수가공법으로 처리한 쌀이라는 점을 강조하였고, 로고는 벼이삭이 웃고 있는 모습을 상징화하여 소비자가 친근감을 갖도록 함.	쌀	1999	전국 (LG유통, 롯데 마그넷, 우편판매, 인터넷 판매 등)	051-973-4000
	가락 황금 쌀	지금의 부산시 강서구 가락동이 옛 금관가야의 가락국이 있던 지역이라는 점과 가락동 지역에서 생산되는 쌀이 누런빛을 띠고 찰진 맛이 있어 '가락황금쌀'이라고 네이밍함.	쌀	1999	전국 일원	051-972-6605
	일파 만파	과거 재래식 상품단위인 전단(1.5kg) 형태로 거래되던 명지대파를 전국최초로 새로운 개념의 소포장 진공질소포장용 깐 대파를 개발하고, 타 지역제품과 차별화를 통한 소비자의 인지도를 제고하기 위해 일파만파 브랜드 개발	대파 (깐 대파, 피대파)	2003	11 대형 마트, 백화점, 슈퍼 등	051-271-0111

브랜드 로고	브랜드명	제작의도	사용품목	개발연도	출하권역	연락처
	청두리	청둥오리를 의인화한 '청두리'를 캐릭터로 하여 지정 농특산물에 부착토록 함으로써 강서구 농특산물의 통일된 이미지 실현	토마토, 들깻잎, 대파, 오이, 상추, 유자 등	1999	전국 일원	051-970-4812

12 대구광역시

전통을 소중히 하는 미풍양속,
풍요로운 문화가 면면히 살아 숨쉬는 자랑스런 고장

출품 브랜드 수: 4개 [공동: 1개, 개별: 3개]

XII. 대구광역시

브랜드 로고	브랜드명	제작의도	사용품목	개발연도	출하권역	연락처
	갓방구	누구나 정성스레 기원하면 한 가지 소원은 들어 준다는 대구 팔공산에 있는 갓바위를 활용하여 이름 짓고, 팔공산 일원의 농산물과 불교문화를 함께 알리기 위해 부처 형상으로 캐릭터 제작	사과, 느타리버섯, 깻잎 등	1998	전국일원(백화점, 할인점 등)	053-940-1412
	아라리모아	arari(알알이, 아라리)는 민족 정서가 담긴 아리랑의 '아리랑 아라리요'의 의미와 알알이 영근 탐스러운 우리 곡식의 의미를 함축. more(모아)는 영어의 '보다 더'의 의미를 담아 추수한 곡식을 보다 더 정성스럽게 모은다는 의미를 부여함.	찹쌀, 콩, 보리쌀	2000	서울, 부산, 경기, 강원, 충청, 경남, 경북(E마트, 지역농협 등)	053-611-2821
	오미가미/보약밥상	'오미가미'는 경상도 방언인 '오미가미'에서 착안하여 오며 가며 언제나 편하게 살 수 있는 다섯 가지 맛을 가진 좋은 쌀, 아름다운 쌀이라는 의미이며, '보약밥상'은 "밥이 보약"이라는 옛 어른들의 말씀에서 오는 정겨움과 우리 몸에는 쌀이 좋다는 의미를 나타냄.	쌀	1999	전국(백화점, 농협 판매장 등)	053-588-0690

브랜드 로고	브랜드명	제작의도	사용품목	개발연도	출하권역	연락처
정대청록 미나리	정대청록미나리	가창 상수도 보호구역인 청정지역 비슬산 자락에서 깨끗한 물로 재배한 고랭지 미나리임을 나타내고, 푸른색 산이 3개 겹쳐진 로고를 활용하여 신선하다는 이미지 강조	미나리	1999	대구일원 (백화점, 농협 등)	053-767-7731

13 인천광역시

서해안시대의 개막으로
미래지향적 관광지로 거듭나는 해양관광도시 인천

출품 브랜드 수: 5개 [공동: 4개, 개별: 1개]

XIII. 인천광역시

브랜드 로고	브랜드명	제작의도	사용 품목	개발 연도	출하 권역	연락처
	강화약쑥	강화도가 고구려때 한반도의 가운데 또는 입구라는 의미로 '가비고지' 라고 불렸는데, 이를 활용하여 강화군 산림조합에서 출하되는 제품의 브랜드로 활용함.	약쑥, 영지버섯, 영지차, 약쑥엑기스 등	2000	전국일원 (강화 인삼 판매장, 산림조합 매장, 인터넷 쇼핑몰 등)	032-934-2140~1
	강화사자발약쑥	강화에서 생산된 약쑥은 약효가 뛰어나 소비자에게 그 우수성을 홍보하고 이미지를 제고하여 농가소득 증대에 기여하고자 군 공동브랜드 강화사자발약쑥을 개발	약쑥	2002	11 인터넷, 우편 판매 등	032-930-3373
	강화섬쌀	강화에서 생산된 쌀은 밥맛이 놓아 소비자에게 우수성을 홍보하고 이미지를 제고하여 농가소득 증대에 기여하고자 군 공동브랜드 강화섬쌀를 개발	쌀	2002	11 농협 창동 물류, 양재동 물류 센타 등	032-930-3373

브랜드 로고	브랜드명	제작의도	사용품목	개발연도	출하권역	연락처
강화 속노랑고구마	강화속노랑고구마	청정지역에서 생산되는 우수한 강화농산물의 인지도와 이미지 향상을 꾀하여 농가소득증대와 지역경제에 이바지하고자 함	속노랑 고구마	2002	농협 창동물류, 양재 하나로클럽, 인천E마트, 그랜드마트 (서초,인천), 홈플러스 (간석,주안, 가좌)	032-930-3382
강화토종 순무	강화토종순무	강화에서 생산된 순무는 육질이 연하고 맛이 뛰어나 소비자에게 우수성을 홍보하고 이미지를 제고하여 농가소득 증대에 기여하고자 군 공동브랜드 강화토종순무를 개발	순무	2002	11 양재물류 센타등	032-930-3373

14 광주광역시

빛과 생명의 도시 광주

출품 브랜드 수: 8개 [공동: 2개, 개별: 6개]

XIV. 광주광역시

브랜드 로고	브랜드명	제작의도	사용품목	개발연도	출하권역	연락처
SEOGU GWANGJU	광주광역시서구워드마크	가운데 태양의 형상은 자연환경의 따사로움과 빛나며 비약하는 서구를 합성한 것이며, 녹색 밑줄 도형은 자연과 더불어 살아가는 아름다운 생활터전을 상징함.	오이, 가지, 방울토마토	2000	전국일원	062-360-7373
대촌 身土不二 궁답쌀	대촌궁답쌀	조선시대 궁중에 진상했던 쌀을 재배하는 지역인 대촌을 나타내고자 지명과 함께 '宮畓'을 사용하여 브랜드를 붙임으로써 임금님께 바치는 정성으로 재배한 좋은 쌀임을 표현함.	쌀	1995	전국일원	062-374-0061~2
무등산 수박	무등산수박	광주지역의 특산품으로 일반에게 널리 알려진 무등산 수박을 다른 설명이 필요없이 브랜드로 하였으며, 녹색의 무등산과 붉은 '수박'을 글씨로 나타내어 눈에 띄기 쉽게 함.	수박	1999	전국일원 (백화점, 청과상 등)	062-266-0320

브랜드 로고	브랜드명	제작의도	사용품목	개발연도	출하권역	연락처
	본량으뜸쌀	'本良'이란 지명에 나타나듯이 농민들이 본래 어질고 순박함을 나타내고자 지명을 활용하였으며, 좋은 땅에서 맑은 물, 햇볕을 받아 재배한 쌀이라는 점을 표현하고자 '으뜸쌀'을 붙여 '본량으뜸쌀'로 이름 붙임.	쌀	1997	전국일원(도매시장, 공판장, 농협 계통출하 등)	062-943-1360
	빛고을	광주를 순우리말로 풀면 '빛고을'이라는 점에 착안하여 제품의 브랜드로 네이밍하고, 지역의 생산품목과 연계하여 다양한 품목에 사용함.	호박, 고추	1999	전국일원(도매시장, 공판장 등)	062-374-6021
	빛찬들	광주지역에서 생산되고 있는 신선하고 안전한 고품질 농산물에 대하여 타 지역과의 차별화를 통한 농산물의 경쟁력 강화와 농가수취 가격 제고를 위해 공동브랜드 개발	토마토, 애호박, 풋고추 등 10개 품목	2003	농산물 직판장. 신토불이 창구 및 텃밭 등	062-603-6551
	서창해오리	작목반이 있는 광주서구 서창의 지명과 해돋이를 뜻하는 '해오리'를 합성하여 '서창해오리'라 이름 붙였으며, 떠오르는 해처럼 힘차게 일하는 농가를 상징함.	가지	2000	전국일원(도매시장, 공판장 등)	062-945-0555

브랜드 로고	브랜드명	제작의도	사용 품목	개발 연도	출하 권역	연락처
Sunny Valley	써니밸리	광주를 순우리말로 풀면 '빛고을'이라는 점에 착안하여 이를 영역한 '써니밸리'를 광산구 농산물의 공동브랜드로 네이밍함.	단감, 배, 방울토마토 등	1999	전국일원 (도매시장, 공판장 등)	062-942-3011

15

농협

새농촌 새농협
모두에게 꼭 필요한 농협이 되겠습니다.

출품 브랜드 수: 4개 [공동: 4개, 개별: 0개]

XV. 농협

브랜드 로고	브랜드명	제작의도	사용 품목	개발 연도	출하 권역	연락처
사네뜨레	사네뜨레	공동선별을 하여 엄격한 품질관리 과정을 거친 상품에 대해 공동브랜드로 출하하여 합천 농산물의 시장인지도 제고.	밤, 수박, 딸기, 참외 등 6품목	2003	농협 유통, 뉴코아 아울렛, 롯데 마트, 도매시장	055-933-2191
초로미®	초로미	농산물 시장에서 주도적으로 시장을 선도하고 브랜드 고급화를 지향하고자 하는 진주시 농협의 강한 의지와 유사 타 브랜드보다 높은 품질로 소비자의 기호를 충족시키고자 하는 농민의 높은 열정을 반영.	피망 등 10건	2004	농협유통 (고양, 성남, 창동, 수원, 양재, 충북 유통)	055-754-1364
韓蔘印 農協紅蔘	한삼인	"한삼인(韓蔘印)" 상표의 뜻은 대한민국의 인산 생산자가 직접 생산한 홍삼으로 『'韓' 대한민국, '蔘' 생산자, '印' 품질인증』 생산자가 스스로 품질을 보증하는 진품을 말합니다.	인삼류 및 인삼 제품류	1997	농협 하나로 클럽, 백화점, 할인매장, 홍삼 판매점, TV 홈쇼핑, 인터넷, 직영점	02-2201-3304

브랜드 로고	브랜드명	제작의도	사용 품목	개발 연도	출하 권역	연락처
햇사레	햇사레	지역명을 중심으로 한 3개의 브랜드(장호원| 감곡| 음성)와 4개 포장지(참여농협별)을 단일 브랜드 개발을 통한 사업물량의 규모화 및 마케팅의 효율성과 전문성 제고.	복숭아	2003	농협종합유통센터, 삼성테스코 롯데마트, 롯데슈퍼, 뉴코아아울렛, 도매시장 등	031-220-8685

부록 3_친환경농업육성법

제정 1997.12.13 법률 제5442호

일부개정 2001.03.28 법률 제6452호

제 1 장 총칙

제 1 조 (목적) 이 법은 농업의 환경보전기능을 증대시키고, 농업으로 인한 환경오염을 줄이며, 친환경농업을 실천하는 농업인을 육성함으로써 지속가능하고 환경친화적인 농업을 추구함을 목적으로 한다. 〈개정 2001.1.26〉

제 2 조 (정의) 이 법에서 사용하는 용어의 정의는 다음과 같다. 〈개정 2001.1.26〉

1. "친환경농업"이라 함은 농약의 안전사용기준 준수, 작물별 시비기준량 준수, 적절한 가축사료첨가제 사용 등 화학자재 사용을 적정수준으로 유지하고 축산분뇨의 적절한 처리 및 재활용등을 통하여 환경을 보전하고 안전한 농축임산물(이하 "농산물"이라 한다)을 생산하는 농업을 말한다.
2. "친환경농산물"이라 함은 친환경농업을 영위하는 과정에서 생산된 농산물을 말한다.
3. "친환경농업기술"이라 함은 친환경농업을 영위하는데 이용되는 농법이나 이론 또는 자재의 생산방법 등을 말한다.

제 3 조 (국가 및 지방자치단체의 책무)

① 국가는 친환경농업에 관한 기본계획과 정책을 수립하고 지방자치단체 및 농업인 등의 자발적 참여를 촉진하는 등 친환경농업을 진흥시키기 위한 종합적인 시책을 추진하여야 한다. 〈개정 2001.1.26〉

② 지방자치단체는 그 관할구역의 지역적 특성을 고려하여 친환경농업에 관한 정책을 수립하고 이를 적극적으로 추진하여야 한다. 〈개정 2001.1.26〉

제 4 조 (농업인의 책무) 농업인은 화학자재를 적정하게 사용하는 등 환경친화적인 농법을 실천하여 영농활동으로 인한 오염을 줄임으로써 환경을 보전하고 친환경농산물을 생산하기 위한 농업이 영위될 수 있도록 노력하여야 한다. 〈개정 2001.1.26〉

제 5 조 (민간단체의 역할) 친환경농업의 연구와 친환경농산물의 생산 · 유통 · 소비촉진의 목적을 위하여 구성된 민간단체(이하 "민간단체"라 한다)는 국가 및 지방자치단체의 친환경농업 시책에 협조하고 그 회원들과 농업인 등에게 필요한 교육 · 훈련 · 기술개발 · 영농지도를 실시함으로써 친환경농업의 발전에 노력하여야 한다. 〈개정 2001.1.26〉

제 2 장 친환경농업 육성 및 지원 〈개정 2001.1.26〉

제 6 조 (친환경농업 육성계획〈개정 2001.1.26〉)

① 농림부장관은 관계 중앙행정기관의 장과 협의하여 매 5년마다 친환경농업의 발전을 위한 친환경농업육성계획(이하 "육성계획"이라 한다)을 수립하여야 한다. 〈개정 2001.1.26〉

② 농림부장관은 제1항의 규정에 의한 육성계획을 수립하고자 하는 경우에는 환경보전에 관한 사항은 환경정책기본법 제36조의 규정에 의한 환경보전위원회의 심의를 거쳐야 한다.

③ 육성계획에는 다음 각호의 사항이 포함되어야 한다. 〈개정 2001.1.26〉

1. 농업분야의 환경보전을 위한 정책목표 및 기본방향
2. 농업의 환경오염 실태 및 개선대책
3. 농약, 비료, 가축사료첨가제 기타 화학자재의 적절한 사용 및 감축방안
4. 친환경농업의 발전을 위한 각종 기술개발 방안
5. 친환경농업시범단지 육성방안
6. 친환경농산물의 생산, 유통의 활성화 및 소비촉진 방안
7. 농업의 공익적기능 증대방안
8. 친환경농업의 발전을 위한 국제협력 강화방안
9. 육성계획의 추진에 소요되는 재원의 조달방안
10. 기타 친환경농업의 발전을 위하여 농림부령이 정하는 사항

④ 농림부장관은 육성계획을 수립하고자 할 때에는 미리 제8조의 규정에 의한 친환경

농업발전위원회의 심의를 거쳐야 한다. 육성계획의 주요사항을 변경하고자 하는 때에도 또한 같다. 〈개정 2001.1.26〉

⑤ 농림부장관은 제1항 내지 제4항의 규정에 의하여 수립된 육성계획을 특별시장 · 광역시장 또는 도지사(이하 "시 · 도지사"라 한다)에게 통보하여야 한다.

제 7 조 (친환경농업 실천계획〈개정 2001.1.26〉)

① 시 · 도지사는 육성계획에 따라 친환경농업을 발전시키기 위한 시 · 도 실천계획을 수립 · 시행하여야 한다. 〈개정 2001.1.26〉

② 시 · 도지사는 제1항의 규정에 의하여 시 · 도 실천계획을 수립한 때에는 이를 농림부장관에게 제출하고, 시장 · 군수 · 자치구의 구청장(이하 "시장 · 군수"라 한다)에게 통보하여야 한다.

③ 시장 · 군수는 시 · 도 실천계획에 따라 친환경농업을 발전시키기 위한 시 · 군 실천계획을 수립하여 시 · 도지사에게 제출하고 이를 적극 추진하여야 한다. 〈개정 2001.1.26〉

제 8 조 (친환경농업발전위원회〈개정 2001.1.26〉)

① 육성계획 및 친환경농업에 관한 주요사항등을 심의하기 위하여 농림부장관 소속하에 친환경농업발전위원회(이하 "위원회"라 한다)를 둔다. 〈개정 2001.1.26〉

② 위원회의 위원장은 농림부차관으로 하며 위원장과 부위원장 각 1인을 포함한 25인 이내의 위원으로 구성한다.

③ 위원의 임기는 3년으로 한다. 다만, 보궐위원의 임기는 전임자의 잔임기간으로 한다.

④ 위원회는 다음 각호의 사항을 심의한다. 〈개정 2001.1.26〉

1. 육성계획 수립 및 변경에 관한 사항
2. 친환경농업의 발전을 위한 주요 추진과제
3. 친환경농업의 생산성 증대방안
4. 농업을 환경친화적으로 추진하기 위한 각종 방안과 시책
5. 기타 친환경농업과 관련하여 위원장이 심의에 부치는 사항

⑤ 위원회의 구성 및 운영등에 관하여 필요한 사항은 대통령령으로 정한다.

제 9 조 (농업으로 인한 환경오염 방지)

① 국가 및 지방자치단체는 농약, 비료, 축산분뇨, 폐영농자재등 농업으로 인하여 발생하는 환경오염을 방지하기 위해 농약안전사용기준 및 잔류허용기준 준수, 비료의 작물별 시비기준량 준수, 축산분뇨의 방유수 수질기준 준수 및 폐영농자재 투기 방지 등의 시책을 적극 추진하여야 한다.

② 제1항의 규정에 의한 시책을 추진함에 있어서 농약관리법 제23조, 수질환경보전법 제47조, 오수 · 분뇨및축산폐수의처리에관한법률 제5조의 규정에 의한 기준을 적용한다.

제 10 조 (농업자원의 보전 및 농업환경의 개선)

① 국가 및 지방자치단체는 농지, 농업용수, 대기등 농업자원을 보전하고 토양개량, 수질개선등 농업환경을 개선하기 위하여 농경지 개량, 농업용수 오염방지, 온실가스 발생 최소화등의 시책을 적극 추진하여야 한다.

② 제1항의 규정에 의한 시책을 추진함에 있어서 토양환경보전법 제4조의2 및 제16조, 환경정책기본법 제10조의 규정에 의한 기준을 적용한다. 〈개정 2001.1.26, 2001.3.28〉

제 11 조 (농업자원 및 농업환경의 실태조사)

① 농림부장관 또는 지방자치단체의 장은 농업자원의 보전 및 농업환경의 개선을 위해 농림부령이 정하는 바에 의하여 다음 각호의 사항을 주기적으로 조사하여야 한다.

1. 농경지의 비옥도, 중금속, 농약성분, 토양미생물등의 변동사항
2. 농업용수로 이용되는 지표수와 지하수에 대한 수질
3. 농약 · 비료등 농업투입재의 사용실태
4. 농업의 수질원함양, 토양보전등 공익적기능 실태
5. 기타 농업자원의 보전 및 농업환경의 개선을 위하여 필요한 사항

② 농림부장관은 농림부 소속기관의 장 또는 기타 농림부령이 정하는 자로 하여금 제1항에 규정한 사항을 조사하게 할 수 있다.

제 12 조 (타인토지에의 출입)

① 농림부장관 또는 지방자치단체의 장은 제11조의 규정에 의한 농업환경의 실태조사

를 위하여 필요한 경우에는 관계공무원으로 하여금 당해 지역 또는 그 지역에 인접한 타인의 토지에 출입하게 하거나 조사에 필요한 최소량의 조사시료를 채취하게 할 수 있다.

② 토지의 소유자, 점유자 또는 관리인은 정당한 사유없이 제1항의 규정에 의한 조사행위를 거부, 방해 또는 기피할 수 없다.

③ 제1항의 규정에 의하여 타인의 토지에 출입하고자 하는 자는 그 권한을 표시하는 증표를 지니고 이를 관계인에게 내보여야 한다.

제 13 조 (친환경농업기술의 개발 및 보급〈개정 2001.1.26〉)

① 농림부장관 또는 지방자치단체의 장은 친환경농업을 발전시키기 위하여 친환경농업기술의 연구개발과 보급 및 지도에 필요한 시책을 강구하여야 한다. 〈개정 2001.1.26〉

② 농림부장관 또는 지방자치단체의 장은 친환경농업기술 및 자재를 연구개발 · 보급 또는 지도하는 자에게 이에 필요한 비용을 지원할 수 있다. 〈개정 2001.1.26〉

제 14 조 (친환경농업에 관한 교육훈련〈개정 2001.1.26〉) 농림부장관 또는 지방자치단체의 장은 친환경농업의 발전을 위하여 농업인 또는 관계공무원에 대하여 교육훈련을 실시하여야 한다. 〈개편 2001.1.26〉

제 15 조 (친환경농업기술의 교류 및 홍보 등〈개정 2001.1.26〉)

① 국가 · 지방자치단체 · 민간단체 및 농업인은 친환경농업기술을 상호 교류하여 친환경농업의 발전에 노력하여야 한다. 〈개정 2001.1.26〉

② 농림부장관 또는 지방자치단체의 장은 친환경농업의 효율적인 추진을 위하여 우수사례를 발굴 · 홍보하여야 한다. 〈개정 2001.1.26〉

제 3 장 친환경농산물의 유통관리〈개정 2001.1.26〉

제 16 조 (친환경농산물의 분류〈개정 2001.1.26〉)

① 친환경농산물은 그 생산방법과 사용자재등에 따라 일반친환경농산물 · 유기농산물 · 전환기유기농산물 · 무농약농산물 및 저농약농산물로 분류한다. 〈개정

2001.1.26〉

② 친환경농산물의 생산을 위한 자재의 사용 등에 대한 구체적인 기준은 농림부령으로 정한다. 〈개정 2001.1.26〉

제 17 조 (친환경농산물의 인증)

① 농림부장관은 친환경농업의 육성과 소비자보호를 위하여 농산물이 제16조제1항의 규정에 의한 친환경농산물(일반친환경농산물을 제외한다. 이하 같다)임을 인증할 수 있다.

② 제1항의 규정에 의하여 친환경농산물의 인증을 받은 친환경농산물(이하 "인증품"이라 한다)의 포장 · 용기 등에 농림부령이 정하는 바에 따라 친환경농산물의 도형 또는 문자의 표시(이하 "친환경농산물표시"라 한다)를 할 수 있다.

③ 제1항의 규정에 의한 친환경농산물의 인증기준 등에 관하여 필요한 사항은 농림부령으로 정한다.

[전문개정 2001.1.26]

제 17 조의 2 (인증기관의 지정)

① 농림부장관은 친환경농산물의 인증에 필요한 인력과 시설을 갖춘 자를 인증기관으로 지정하여 제17조제1항의 규정에 의한 친환경농산물의 인증(이하 "친환경농산물인증"이라 한다)을 하게 할 수 있다. 이 경우 대한민국외의 국가에서 생산하여 국내로 수입되는 농산물에 대하여 친환경농산물인증을 하고자 할 때에는 당해 국가에서 친환경농산물인증에 필요한 인력과 시설을 갖춘 자를 인증기관으로 지정할 수 있다.

② 제1항의 규정에 의하여 인증기관의 지정을 받고자 하는 자는 농림부령이 정하는 바에 따라 농림부장관에게 신청하여야 한다.

③ 제1항의 규정에 의한 인증기관의 지정기준 · 인증업무의 범위 등에 관하여 필요한 사항은 농림부령으로 정한다.

[본조신설 2001.1.26]

제 17 조의 3 (인증의 신청 및 심사)

① 친환경농산물을 생산하거나 수입하는 자가 친환경농산물인증을 받고자 하는 경우에는 농림부령이 정하는 바에 따라 농림부장관 또는 제17조의2제1항의 규정에 의하

여 인증기관으로 지정받은 자(이하 "인증기관"이라 한다)에게 신청하여야 한다.

② 제1항의 규정에 의하여 인증신청을 받은 농림부장관 또는 인증기관은 당해 인증신청이 제17조제3항의 규정에 의한 인증기준(이하 "인증기준"이라 한다)에 적합한지의 여부를 심사하여야 한다.

③ 제2항의 규정에 의한 인증심사 결과에 대하여 이의가 있는 자는 당해 인증심사를 실시한 농림부장관 또는 인증기관에게 재심사를 신청할 수 있다.

④ 제2항 및 제3항의 규정에 의한 심사 및 재심사의 절차 · 방법 등에 관하여 필요한 사항은 농림부령으로 정한다.

[본조신설 2001.1.26]

제 17 조의 4 (인증의 유효기간)

① 친환경농산물인증의 유효기간은 인증을 받은 날부터 1년으로 한다.

② 제1항의 규정에 의한 인증의 유효기간은 농림부령이 정하는 바에 따라 1년을 초과하지 아니하는 범위내에서 기간을 연장할 수 있다.

[본조신설 2001.1.26]

제 17 조의 5 (부정행위의 금지 등) 누구든지 다음 각호의 1에 해당하는 행위를 하여서는 아니된다.

1. 사위 기타 부정한 방법으로 친환경농산물인증을 받는 행위
2. 인증품이 아닌 농산물에 친환경농산물표시 또는 이와 유사한 표시를 하는 행위
3. 인증품에 인증품이 아닌 농산물을 혼합하여 판매하거나 판매할 목적으로 보관 · 운반 또는 진열하는 행위
4. 친환경농산물표시 또는 이와 유사한 표시를 한 인증품이 아닌 농산물임을 알고 판매하거나 판매할 목적으로 보관 · 운반 또는 진열하는 행위

[본조신설 2001.1.26]

제 17 조의 6 (인증기관의 지정취소 등)

① 농림부장관은 인증기관이 다음 각호의 1에 해당하는 경우에는 그 지정을 취소하거나 6월 이내의 기간을 정하여 그 업무의 전부 또는 일부의 정지를 명할 수 있다. 다만, 제1호의 경우에는 그 지정을 취소하여야 한다.

1. 사위 기타 부정한 방법으로 지정을 받은 경우
2. 정당한 사유없이 1년 이상 계속하여 인증을 행하지 아니한 경우
3. 제17조의2제3항의 규정에 의한 지정기준에 적합하지 아니하게 된 경우
4. 제18조제1항의 규정에 의한 조사 결과 인증품이 인증기준에 맞지 아니한 것으로 인정된 경우로서 그 원인이 인증기관의 고의 또는 중대한 과실로 인하여 발생된 경우

② 농림부장관은 인증기관이 제1항의 규정에 의한 업무정지 명령에 위반하여 그 정지기간중 인증을 행한 때에는 그 지정을 취소할 수 있다.

③ 제1항 또는 제2항의 규정에 의하여 인증기관의 지정이 취소된 후 2년이 경과하지 아니한 자는 인증기관으로 지정을 받을 수 없다.

④ 제1항의 규정에 의한 행정처분의 세부적인 기준은 그 위반행위의 유형 및 위반의 정도 등을 참작하여 농림부령으로 정한다.

[본조신설 2001.1.26]

제 17 조의 7 (승계) 인증품을 생산하는 자 또는 인증기관이 그 사업을 양도하거나 사망한 때 또는 법인의 합병이 있는 때에는 양수인, 인증품을 계속하여 생산하고자 하는 상속인 또는 합병후 존속하는 법인이나 합병에 의하여 설립되는 법인은 인증품을 생산하는 자 또는 인증기관의 지위를 승계한다.

[본조신설 2001.1.26]

제 18 조 (표시변경의 명령 등)

① 농림부장관은 인증품의 검사 등을 실시하여 인증품이 인증기준에 맞지 아니하다고 인정하는 때에는 인증품을 생산한 자 또는 당해 인증품의 유통업자에게 그 인증품의 친환경농산물표시의 변경 · 사용정지 또는 판매금지 등 필요한 조치를 명할 수 있다.

② 제1항의 규정에 의한 인증품의 검사 등에 관하여는 농산물품질관리법 제10조의 규정을 준용한다.

[전문개정 2001.1.26]

제 18 조의 2 (인증의 취소) 농림부장관 또는 인증기관은 친환경농산물인증을 받은 자가 다음 각호의 1에 해당하는 경우에는 그 인증을 취소할 수 있다. 다만, 제1호의 경우

에는 그 인증을 취소하여야 한다.

1. 사위 기타 부정한 방법으로 인증을 받은 경우
2. 제18조제1항의 규정에 의한 검사 결과 인증기준에 현저하게 맞지 아니한 경우
3. 정당한 사유없이 제18조제1항의 규정에 의한 표시변경 · 사용정지 또는 판매금지 등의 명령에 따르지 아니한 경우

[본조신설 2001.1.26]

제 19 조 (친환경농산물 생산 · 유통지원〈개정 2001.1.26〉)

① 농림부장관 또는 지방자치단체의 장은 예산의 범위안에서 친환경농산물 생산자, 생산자단체 및 유통업자에 대하여 시설 설치자금등 필요한 지원을 할 수 있다. 〈개정 2001.1.26〉

② 친환경농산물 생산 · 유통에 대한 지원은 친환경농업에 대한 기여도에 따라 할 수 있다. 〈개정 2001.1.26〉

제 20 조 (우선구매) 농림부장관은 친환경농산물의 구매를 촉진하기 위하여 공공기관의 장 및 농업관련 단체의 장등에게 친환경농산물의 우선구매를 하도록 요청할 수 있다. 〈개정 2001.1.26〉

제 4 장 국제협력 등

제 21 조 (국제협력) 정부는 환경관련 국제기구 및 관련국가와의 국제협력을 통하여 친환경농업관련 정보 및 기술을 교환하고, 인력교류 · 공동조사 · 연구개발등에 상호 협력하며, 환경위해 농업활동 및 자재의 교역억제등 친환경농업의 발전을 위한 국제적 노력에 적극 참여하여야 한다. 〈개정 2001.1.26〉

제 22 조 (국내 친환경농업 기준 및 목표 수립〈개정 2001.1.26〉) 정부는 국제여건, 국내자원, 환경 및 경제여건 등을 고려하여 효과적인 국내 친환경농업기준 및 목표를 수립하여야 한다. 〈개정 2001.1.26〉

제 22 조의 2 (수수료 등)

① 다음 각호의 1에 해당하는 자는 수수료를 납부하여야 한다.

1. 친환경농산물인증을 받고자 하는 자
2. 제17조의2제1항의 규정에 의하여 인증기관으로 지정을 받고자 하는 자
3. 제17조의4제2항의 규정에 의하여 인증의 유효기간을 연장받고자 하는 자

② 제1항의 규정에 의한 수수료의 금액 · 납부방법 및 납부기간 등에 관하여 필요한 사항은 농림부령으로 정한다.

[본조신설 2001.1.26]

제 23 조 (권한의 위임 · 위탁) 이 법에 의한 농림부장관의 권한은 그 일부를 대통령령이 정하는 바에 의하여 농촌진흥청장, 산림청장, 시 · 도지사 또는 농림부 소속기관의 장에 위임하거나 민간단체에 위탁할 수 있다.

제 24 조 (청문 등)

① 농림부장관은 제17조의6의 규정에 의하여 인증기관의 지정을 취소하거나 제18조의2의 규정에 의하여 인증을 취소하고자 하는 경우에는 청문을 실시하여야 한다.

② 인증기관이 제18조의2의 규정에 의하여 인증을 취소하고자 하는 경우에는 당해 인증품을 생산하는 자에게 의견제출의 기회를 주어야 한다.

③ 행정절차법 제22조제4항 내지 제6항 및 제27조의 규정은 제2항의 의견제출에 관하여 이를 준용한다. 이 경우 "행정청" 또는 "관할 행정청"은 "인증기관"으로 본다.

[전문개정 2001.1.26]

제 24 조의 2 (벌칙적용에 있어서의 공무원 의제) 제17조의2제1항 전단의 규정에 의하여 인증업무에 종사하는 인증기관의 임 · 직원 및 제23조의 규정에 의하여 위탁받은 업무에 종사하는 민간단체의 임 · 직원은 형법 제129조 내지 제132조의 적용에 있어서는 이를 공무원으로 본다.

[본조신설 2001.1.26]

제 5 장 벌칙

제 25 조 (벌칙) 다음 각호의 1에 해당하는 자는 3년 이하의 징역 또는 3천만원 이하의 벌금에 처한다.

1. 제17조의5제1호의 규정에 위반하여 사위 기타 부정한 방법으로 친환경농산물인증을 받은 자
2. 제17조의5제2호의 규정에 위반하여 친환경농산물표시 또는 이와 유사한 표시를 한 자
3. 제17조의5제3호의 규정에 위반하여 인증품에 인증품이 아닌 농산물을 혼합하여 판매하거나 판매할 목적으로 보관 · 운반 또는 진열한 자
4. 제17조의5제4호의 규정에 위반하여 친환경농산물표시 또는 이와 유사한 표시를 한 인증품이 아닌 농산물임을 알고 판매하거나 판매할 목적으로 보관 · 운반 또는 진열한 자

[전문개정 2001.1.26]

제 25 조의 2 (벌칙) 다음 각호의 1에 해당하는 자는 1년 이하의 징역 또는 1천만원 이하의 벌금에 처한다.

1. 제17조의2제1항 전단의 규정에 의하여 인증기관으로 지정받은 자가 제17조의6제1항 제1호의 규정에 의한 사위 기타 부정한 방법으로 인증기관의 지정을 받은 자
2. 제17조의2제1항 전단의 규정에 의한 인증기관으로 지정을 받지 아니하고 친환경농산물인증을 행한 자
3. 제17조의2제1항 전단의 규정에 의하여 인증기관으로 지정받은 자가 제17조의6제1항의 규정에 의한 업무정지기간중에 친환경농산물인증을 행한 자
4. 제18조제1항의 규정에 위반하여 친환경농산물표시의 변경 · 사용정지 또는 판매금지처분 등에 따르지 아니한 자

[본조신설 2001.1.26]

제 26 조 (양벌규정) 법인의 대표자, 법인 또는 개인의 대리인 · 사용인 기타의 종업원이 그 법인 또는 개인의 업무에 관하여 제25조 또는 제25조의2의 위반행위를 한 때에는 행위자를 벌하는 외에 그 법인 또는 개인에 대하여도 각 해당 조의 벌금형을 과한다. 〈개정 2001.1.26〉

제 27 조 (과태료)

① 다음 각호의 1에 해당하는 자는 300만원 이하의 과태료에 처한다. 〈개정 2001.1.26〉

1. 제12조제2항의 규정에 위반하여 조사행위를 거부 · 방해 또는 기피한 자
2. 제18조제2항의 규정에서 준용하는 농산물품질관리법 제10조의 규정에 위반하여 검사행위를 거부 · 방해 또는 기피한 자

② 제1항의 규정에 의한 과태료는 대통령령이 정하는 바에 의하여 농림부장관, 시 · 도지사 또는 시장 · 군수(이하 "부과권자"라 한다.)가 부과 · 징수한다.

③ 제2항의 규정에 의한 과태료처분에 불복이 있는 자는 그 처분의 고지를 받은 날부터 30일이내에 부과권자에게 이의를 제기할 수 있다.

④ 제2항의 규정에 의한 과태료 처분을 받은 자가 제3항의 규정에 의하여 이의를 제기한 때에는 부과권자는 지체없이 관할법원에 그 사실을 통보하여야 하며, 통보를 받은 관할법원은 비송사건절차법에 의한 과태료의 재판을 한다.

⑤ 제3항의 규정에 의한 기간내에 이의를 제기하지 아니하고 과태료를 납부하지 아니한 때에는 국세 또는 지방세 체납처분의 예에 의하여 이를 징수한다.

부칙 〈제5442호,1997.12.13〉

① (시행일) 이 법은 공포후 1년이 경과한 날부터 시행한다.

② (다른 법률의 개정) 농수산물가공산업육성 및 품질관리에 관한 법률중 다음과 같이 개정한다.

제2조제9호를 삭제한다.

제12조의2를 삭제한다.

제14조제1항 본문 중 "품질인증표시가 된 특산물등 및 유기농산물"을 "품질인증표시가 된 특산물등"으로 한다.

제18조 제1항 제3호를 삭제한다.

부칙 〈제6378호,2001.1.26〉

제 1 조 (시행일) 이 법은 2001년 7월 1일부터 시행한다.

제 2 조 (환경농산물의 표시사용에 관한 경과조치) 이 법 시행 당시 종전의 제17조의 규정에 의하여 신고한 환경농산물표시를 사용중인 자는 이 법 시행후 2년까지는 종전

의 규정에 의하여 표시를 사용할 수 있다.

제 3 조 (친환경농산물의 품질인증에 관한 경과조치) 이 법 시행 당시 농수산물품질관리법 제5조제1항의 규정에 의하여 인증을 받은 환경농산물은 제17조제1항의 개정규정에 의하여 해당 친환경농산물의 인증을 받은 것으로 본다.

제 4 조 (친환경농산물의 표시에 관한 경과조치) 이 법 시행 당시 종전의 제17조의 규정 또는 농수산물품질관리법 제5조의 규정에 의하여 환경농산물표시 또는 환경농산물의 품질인증표시를 한 것은 제17조의 개정규정에 의한 친환경농산물표시를 한 것으로 본다.

제 5 조 (농산물품질관리법의 제명변경에 관한 경과조치) 이 법 시행 당시 제18조제2항 · 제27조제1항제2호 및 부칙 제7조중 농산물품질관리법은 법률 제6399호 수산물품질관리법 시행일 전일까지는 각각 농수산물품질관리법으로 본다.

제 6 조 (벌칙에 관한 경과조치) 이 법 시행전의 행위에 대한 벌칙의 적용에 관하여는 종전의 규정에 의한다.

제 7 조 (다른 법률의 개정) 농산물품질관리법중 다음과 같이 개정한다.

제5조제1항 중 "농수산물"을 "농산물(친환경농업육성법 제16조제1항의 규정에 의한 친환경농산물중 일반친환경농산물이 아닌 친환경농산물을 제외한다)"로 한다.

부칙 토양환경보전법 〈제6452호,2001.3.28〉

제 1 조 (시행일) 이 법은 2002년 1월 1일부터 시행한다.

제2조 내지 제5조 생략

제 6 조 (다른 법률의 개정) ① 생략

② 환경농업육성법중 다음과 같이 개정한다.

제10조제2항중 "토양환경보전법 제14조"를 "토양환경보전법 제4조의2"로 한다.

③ 내지 ⑤ 생략

참 고 문 헌

1) 국내문헌: 서적 및 논문

(서적)

권기대 · 권근원(2005), 『마케팅: 생활사례와 전략적 관점에서』, 삼우사.

김창길 외(2003), 『농업생태계의 물질순환 및 환경부하 분석』, 한국농촌경제연구원.

농림부(1998), 『환경농산물 유통활성화』.

농림부(1998), 『친환경농업 육성정책』.

농림부 · 농수산물유통공사(2001, 08), 『01년 농산물 파워브랜드 전시회 세부실행계획』.

농림부 농산물 유통국(2002, 08), 『농산물 유통개혁 성과평가를 위한 연구』.

농림부 농산물 유통국(2002, 08), 『산지유통개선과 상품화 촉진 주요과제』.

농촌경제연구원(2005), 『농업전망 2005(1)』.

박충환 · 오세조 · 김동훈(2002), 『시장지향적 마케팅관리』, 박영사.

민승규 · 김성회 · 김양식 · 권영미(2003), 『벤처농업 미래가 보인다』, 삼성경제연구소.

안광호 · 이진용(1997), 『브랜드파워』, 한언.

안광호 · 한상만 · 전성률(1999), 『전략적 브랜드관리: 이론과 응용』, 학현사.

이유재(1997), 『서비스마케팅』, 학현사.

이학식 · 안광호 · 하영원(2002), 『소비자행동: 마케팅전략적 접근』, 법문사.

윤석원(1999), 『유기농산물 생산 · 소비 · 유통 · 제도에 관한 연구보고서』, 농림부.

장세진(2001), 『글로벌경쟁시대의 경영전략』, 박영사.

정해랑(2000), 『영양표시를 통한 농축산 물브랜드 상품의 경쟁력 강화에 관한 연구』, 농림부.

한국마케팅연구원(1996), 『마케팅 신용어사전』.

한용진 · 박준용 역(1996), 잭트라우트 · 스티브 리브킨 지음, 『뉴포지셔닝』, 창현사.

(논문)

강창용 · 정은미(1999), 「친환경농산물의 생산과 소비행태분석」, 『농촌경제』, 22(4), pp.61-74.

권광식 · 최덕천(2001), 「한국에서 친환경농업 발전방안에 관한 연구」, 『한국방송통신대학교 논문집』, 31, pp. 401-416.

권기대(1998), 「유통경로상에서 판매자-구매자간의 관계적 특징이 파트너십에 미치는 영향」, 연세대학교 경영학박사학위논문.

권기대 · 김승호 · 이순자(2002), 「패션 라이프스타일, 사장 및 재활용행동의 관계에 관한 탐색적 연구」, 『한국의류학회지』, 26(2), 280-291.

권기대 · 이상환 · 허원현(2002), 「이동통신서비스산업에 있어서 신세대시장의 세분화를 통한 New Positioning전략」, 『마케팅논집』, 10(2), pp. 123-151.

권기대 · 박재림(1999), 「마케팅전략과 기업의 핵심역량이 마케팅전략 실행에 있어서의 분권화에 미치는 영향: 자원기반 관점에서」, 『경상논총』, 17(1), pp. 175-198.

권기대 · 정락채 · 신정화(2003), 「공급체인상의 조직간 관계적 특징이 신뢰에 미치는 영향」, 『한국의류학회지』, 27(2), pp. 229-238.

권기대 · 허무열(2003), 「고객가치가 친환경농산물 브랜드유형 선택 및 고객만족에의 영향에 관한 이론적 고찰」, 『농업경영 · 정책연구』, 30(4), pp. 718-742.

김석은 · 연규영 · 신해식 · 류제창(2002), 「한우브랜드농가의 경영효율성 분석」, 『농업경영 · 정책연구』, 29(3), pp. 298-315.

김성균(2000), 「생태공동체의 이론과 실천: 두레마을을 중심으로」, 단국대학교 박사학위논문.

김진석(2000, 12), 「농업인의 경영마인드와 유통전략」, 『농어촌개발연구』, 19(2), pp. 32-47.

김재현 · 이정일 · 강희경 · 손종록 · 김제규(2002),「한국과 주요 벼 생산국에서 유통되는 브랜드쌀의 외관특성 비교」, 『한국국제농업개발학회지』, 14(2), pp. 100-104.

김훈 · 권순일(1999),「인터넷 사용자의 라이프스타일과 구매의사결정에 관한 탐색적 연구」, 『경영학연구』, 28(2), pp. 353-371.

김호(1993), 「유기농산물의 생산 및 소비실태와 유통계열화에 관한 연구」, 고려대학교 박사학위논문.

박성연(1996), 「한국인의 라이프스타일 유형과 특성」, 『마케팅연구』, 11(1), pp. 19-34.

박현태 · 강창용 · 정은미(2000), 「친환경농산물 유통경로의 유형화와 발전방향」, 『농촌경제』, 23(3), pp. 15-34.

서종혁(1998), 「유기농산물의 국제기준과 동북아시아 농업구조: 21세기 친환경농업의 발전방향」, 『제3회 농업인의 날 기념 국제학술대회 논문집』, 한국농촌경제연구원 · 농협중앙회 · 한국유기농협회.

이문규(1999), 「서비스 충성도의 결정요인에 관한 연구」, 『마케팅연구』, 14(1), pp.21-45.

이문규 · 이인규(1997), 「소매점 유형별 서비스마케팅전략에 관한 연구」, 『유통연구』, 2(1), pp. 9-34.

이병오 · 고종태(1999), 「농산물의 지역브랜드화 및 마케팅전략개발」, 『농업경영 · 정책연구』, 26(1), pp. 121-143.

이유재 · Batra, R.(1999), 「한국기업의 해외시장에서의 브랜드구축에 관한 연구: 선진국시장을 중심으로」, 『한국마케팅저널』, 1(3), pp. 79-108.

이원우 · 정구현 · 유병서(2000), 「경기미의 브랜드특성 및 상품차별화 조사연구」, 『식품유통연구』, 17(3), pp. 81-95.

이정희(2002), 「농축산물 브랜드화의 개선방안」, 『농업경영 · 정책연구』, 30(1), pp. 18-34.

이철(2001), 「글로벌소비자문화와 한국기업의 글로벌브랜드 육성전략: 국제마케팅 믹스를 중심으로」, 『무역학회지』, 26(4), pp. 247-269.

오호성(1998), 「친환경농업 직불제도와 종합환경농업육성: 21세기 친환경농업의 발전방향」, 『제3회 농업인의 날 기념 국제학술대회 논문집』, 경제연구원 · 농협중앙회 · 한국유기농협회.

유창민(2000), 「인터넷사용자의 라이프스타일에 따른 정보탐색유형에 관한 연구」, 원광대 석사학위논문.

연규영 · 이병오(2001), 「일본의 축산물 브랜드화 전략에 관한 연구」, 『농업경영 · 정책연구』, 28(4), pp. 774-792.

전태갑(2001), 「친환경 농산물 유통의 문제점과 개선방안」, 『식품유통연구』, 18(1), pp. 73-95.

전태갑 · 송문갑 · 윤선(1998), 「소비자의 농산물 소매점포선택결정속성에 관한 연 구」, 『동신대 논문집』, 10, pp. 117-134.

정순재 · 정원복 · 박홍식 · 오주성 · 진동호(2000), 「관행농법과 유기농법의 비교연구」, 『동아대학교 대학원논문집』, 25, pp. 303-311.

정형명(1998), 「한국중소기업의 공동브랜드 활성화방안에 관한 연구」, 『동림경영연구』, 9, pp. 291-310.

조경만(1996), 「유기농업의 생태 · 경제과정을 통해서 본 사회자연체계의 이상과 현실」, 서울대학교 박사학위논문.

천인호(1996), 「환경문제 극복을 위한 생태지향적 경제론에 관한 연구」, 동아대학교 박사학위논문.

채서일(1992), 「체계적 분석의 틀에 따른 라이프스타일 연구」, 『소비자학연구』, 3(1), pp. 46-63.

최해춘(2002), 「우리나라의 브랜드쌀 생산 및 이용현황」, 한국식품저장유통학회 국제학술심포지엄 쌀박람회, pp. 46-53.

한국일보사(1999),「신토불이 마케팅, 토종이 곧 경쟁력이다」,『주간한국』, 10월20일자.

한겨레신문(2002),「오리걸음 10년 희망을 일궜다」, 12월 10일자.

한겨레신문(2002),「휘청이는 농촌경제속 환경농업이 희망」, 12월 22일자.

한겨레신문(2002),「생명의 근원 흙을 살리자」, 12월 23일자.

한성일 · 최승철(2002),「신선육브랜드 소비촉진전략」,『농업경영 · 정책연구』, 29(2), pp.298-315.

허길행(1999),「유기농산물 유통체계 개선방향」,『농촌경제』, 22(1), pp. 33-44.

허무열 · 권기대(2003),「소비자의 한약재 브랜드 선택이 고객가치에 미치는 영향분석」,『식품유통연구』, 20(3), pp. 141-160.

허무열 · 권기대 · 최이규(2005),「친환경농산물 구매자의 브랜드 선호유형 및 라이프스타일 분석」,『농업경영 · 정책연구』, 32(2), pp. 227-248.

www.agribrand.com

2) 해외문헌: 서적 및 논문

(영문)

Aaker, David A.(1991), *Managing Brand Equity*, New York: Free Press.

____________ (1994), Building a Brand: The saturn story, *California Management Review*, 36(Winter), 114-133.

____________ (1996), *Building Strong Brands*, New York: Free Press.

Advertsingg Age(1992), "The Saturn Story," (November 16), pp. 1-16.

Altman, I. and D. A. Taylor(1973), *Social Penetration: The Development of Interpersonal Relationships*, New York: Holt Rinehart and Winston.

Anderson, Erin and Barton Weitz(1989), "Determinants of Continuity in Conventional Industrial Channels Dyads," *Marketing Science*, 8(Fall), pp. 310-323.

____________ (1992), "The Use of Pledges to Build and Sustain Commitment in Distribution Channels," *Journal of Marketing Research*, 29(Feb), pp. 18-34.

Anderson, James C. and James A. Narus(1984), "A Model of the Distributor' s Perspective of Distributor-Manufacturer Working Relationships," *Journal of Marketing*, 48(Fall), pp. 62-74.

____________ (1990), "A Model of Distributior Firm and Manufacturer Firm Working

Relationship," *Journal of Marketing*, 54(Jan), pp. 42-58.

Barney, Jay B.(1986), "Strategic Factor Markets: Expectations, Luck and Business Strategy," *Management Science*, 332, pp. 1231-1241.

__________(1986), "The Debate between Traditional Management Theory and Organizations and Economic Analysis," *Academy of Management Review*, 15(3), pp. 382-394.

Berry, Leonard L.(1993), "Playing Fair in Retailing," *Arthur Anderson Retailing Issues Newsletter*(March), 5, p. 2.

Berry, Leonard L.and John P. Parasuraman(1991), *Marketing Service: Competing Through Quality*, Lexington, MA: Free Press.

Blodgett, J. G.(1994), "The Effects of Perceived Justice on Complainants Patronage Intentions and Negative Word of Mouth Behavior," *Journal of Consumer Satisfaction, Dissatisfaction and Complaining Behavior*, 7, pp. 1-13.

Business Week(1992), "Learning from Japan," Japan 27, pp. 52-60.

Cronin, J. Joseph, Jr., Michael K. Brady, Richard R. Brand, Roscoe Highttower Jr., and Donald J. Shemwell(1997), "A Cross-sectional Test of the Effect and Conceptionalization of Services Value," *The Journal of Services Marketing*, 11(6), pp. 375-391.

Cronin, J. Joseph, Jr., and Steven A. Taylor(1992), "Measuring Service Quality: A Reexamination and Extension," *Journal of Marketing*, 56(July), pp. 55-68.

Dick, Alan S. and Kunal Basu(1994), "Customer Loyalty: Toward an Integrated Conceptual Framework," *Journal of Academy of Marketing Science*, 22(Spring), pp. 99-113.

Dollinger, Marc J., Peggy A. Golden, and Todd Saxton(1997), "The Effect of Reputaton on the Decision to Joint Venture," *Strategic Management Journal*, 18(2), pp. 127-140.

Donaldson, Lex(1990), " A Rational Basis for Criticisms of Industrial Organization Economics," *Academy of Management Review*, 15(3), PP. 394-401.

Dwyer, F. Robert, and Rosenmary R. Lagace(1986), "On the Nature and Role of Buyer-Seller Trust," *AMA Summer Educators Conference Proceedings*, T. Shimp et al. eds., Chicago: American Marketing Association, pp. 40-45.

Dwyer, F. Robert, Paul H. Schurr, and Sejo Oh(1987), "Developing Buyer-Seller Relationships," *Journal of Marketing*, 51(April), pp. 11-27.

Engel, James F., and Roger D. Blackwell(1982), Retailing Crowding: Theoretical and Strategic Implication," *Journal of Retailing*, 62(Winter), pp. 346-363.

Engel, James F., Roger D. Blackwell and Paul W. Miniard(1995), *Consumer Behavior*, 8th eds., The Dryden Press.

Enis, Ben M. and Gorden W. Paul(1970), "Store Loyalty as Basis for Market Segmentation," *Journal of Retailing*, 46(Fall), pp. 42-56.

Etgar, Michael(1979), "Sources and Effective Channels Conflict," *Journal of Retailing*, 14(Spring), pp. 61-78.

Fichman, M. and D. Levinthal(1991), "Honeymoons and the Liability of Adolesccence," *Academy of Management Review*, 16, pp. 442-468.

Fornell, Claes(1992), "A National Customer Satisfaction Barometer: The Swedish Experience," *Journal of Marketing*, 56(January), pp. 6-21.

Fornell, Claes, and Birger Wrnerfelt(1987), "Defensive Marketing Strategy by Customer Complaint Management: A Theoretical Analysis," *Journal of Marketing Research*, 24(November), pp. 337-346.

Fox, A.(1974), *Beyond Contrct: Work, Power and Trust Relationships*, London: Faber.

Ganesan; Sankar(1994), "Determinants of Longterm Orietation in Buyer-Seller Relationships," *Journal of Marketing*, 58(April), pp. 6-21.

Glen, D. M., M. P. Greaves & H. M. Anderson(1995), *Ecology and Integrated Farming Systems*, John Wiley & Son.

Green, P. E., Krieger, A. M., and M. K. Agarwal(1994), "Adaptive Conjoint, Analysis: Some Caveats and Suggestions," *Journal of Marketing Research*, 28, pp. 215-222.

Green, P. E., and V, Srinivasan(1990), "Conjoint Analysis in Marketing: New Developments with Implications for Research and Practice," *Journal of Marketing*, 54(4), pp. 215-222.

Grunig, J.E, and Todd Hunt(1984), *Managing Public Relations*, New York: Holt, Rinehart, and Winston. 박기순 · 박정순 · 최윤희(1989), 『현대PR의이론과 실제』, 탐구당.

Grunig, G.E., Grunig, L. A., Dozier, D. M., Ehling, W. p., Repper, F. C., and White, J.(1991), *Excellence in Public Relations and Communication Management*: Initial Data Report and Practical Guide. Sanfrancisco: IABC Research Foundation.

Grunig, G.E.(1992), *Excellence in Public Relations and Communication Management*, Hillsdale: Lawrence Erlbaum Associates Publishers.

Hair, J. F., R, E. Anderson, R. L., Tatham and B. J. Grablowsky(1995), *Multivariate Data Analysis*, Petroleum Publishing Company, Tulsa, Oklahoma.

Hirschman, Elizabeth C. and Morris B. Holbrook(1982), "Hedonic Consumption: Emerging

Concept, Method Propositions," *Journal of Marketing*, 46(Summer), pp. 92-101.

Holbrook, Morris B.(1994), "The nature of Customer Value: An Axiology of Services in the Consumption Experience in Service Quality," in *New Directions in Theory and Practice*, eds., Roland T. Rust and Richard L. Oliver, Sage Publications, pp. 21-71.

Jacoby, J. and R. W. Chesnut(1978), *Brand Loyalty Measurement and Management*, New York: Wiley.

Keller, K. L.(1993), "Conceptualizing, Measuring, and Managing Customer Based Brand Equity," *Journal of Marketing*, 57(January), pp. 1-22.

Kotler, Philip(1997), *Marketing Management*, Ninth ed., Prentice-Hall Inc.

Kuhfeld, W. F.(1994), *Multinominal Logit, Discrete Choice Modeling*, SAS Technical Support 273.

Larzelere, Robert E. and Ted L. Huston(1980), "The Dyadic Trust Scale: Toward Understanding Interpersonal Trust in Close Relationships," *Journal of Markeing and the Family*, 42(Aug), pp. 595-604.

Lampkin, N. H., and S., Padel(1994), *The Economics of Organic Farming: An International Perspective*, CAB International.

Luce, R. D., and J. W. Tukey(1964), "Simultaneous Conjoint Measurement: A New Type of Fundamental Measurement," *Journal of Mathematical Psychology*, 1, pp.1-27.

Mohr, Jakki and John R. Nevin(1990), "Communication Strategies in Marketing Channels: A Theorectical Perspective," *Journal of Marketing*, 54(Oct.), pp. 36- 51.

Mohr, Jakki and Robert Spekman(1994), "Characteristics of Partnership Success : Partnership Attributes, Communications Behavior, and Conflict Resolution Techniques," *Strategic Management Journal*, 15, pp. 135-152.

Moore, W. L., and M. B. Holbrook(1990), "Conjoint Analysis on Objects with Environmentally Correlated Attributes: The Questionable Importance of Representative Design," *Journal of Consumer Research*, 16, pp. 490-497.

Moorman, Christine, Rohit Deshpandé, and Gerald Zaltman(1993), "Factors Affecting Trust in Market Research Relationships," *Journal of Marketing*, 57(Jan.), pp. 81-101.

Moorman, Christine, Gerald Zaltman, and Rohit Deshpandé(1992), "Relationships between Providers and Users of Market Research: The Dynamics of Trust within and between Organization," *Journal of Marketing Research*, 29(Aug.), pp. 314-328.

Morgan, Robert M. and Shelby D. Hunt(1993), "The Commitment-Trust Theory of

Relationship Marketing," *Journal of Marketing*, 58(July), pp. 20-38.

Naumann, Earl(1995), *Creating Consumer Value: The Path to Sustainable Competitive Advantage*, Cincinnati, OH: Thomson Executive Press.

Oliver, C.(1988), "The Global Logic of Strategic Alliances," *Harvard Business Review*, (March/April), pp. 143-154.

Oliver, Terence A., Richard L. Oliver and Ian C. MacMillan(1992), "A Catastrophe Model for Developing Service Satisfaction Strategies," *Journal of Marketing*, 56(July), pp. 83-95.

Raj, S. P.(1982), "The Effects of Advertising on High and Low Loyalty Consumer Segment," *Journal of Consumer Research*, 9(June), pp. 77-89.

Reichheld, Frederick F. and W. Earl Sasser Jr.(1990), "Zero Defection: Quality Comes to Services," *Harvard Business Review*, 68(September-October), pp. 105-111.

Rotter, Julian B.(1971), "Generalized Experiences for Interpersonal Trust," *American Psychologist*, 26(May), pp. 443-452.

Scanzoni, John(1979), *Social Exchange and Behavioral Independence, in Social Exchange in Developing Relationships*, R. L. Burgess and T. L. Huston, eds., N.Y.: Academic Press.

Schurr, Paul H. and Julie L. Ozanne(1985), "Influences on Exchange Processes: Buyers' Preconceptions of a Seller's Trustworthiness and Bargaining Toughness," *Journal of Consumer Research*, 11(March), pp. 939-953.

Sherman, Stralford(1992), "Are Strategic Alliances Working?," *Fortune*(Sept.), pp. 77-78.

Smith, J, Brock, and Ddonald W. Barclay(1997), "The Effects of Organizational Differences and Trust on the Effectiveness of Selling Partner Relationships," *Journal of Marketing*, 61(Jan.), pp. 3-21.

Spekman, Robert C.(1988), "Strategic Supplier Selection: Understanding Longterm Buyer Relationships," *Business Horizons*, (July/Aug.), pp. 75-81.

Weigelt, Keith and Colin Camerer(1988), "Reputation and Corporate Strategy: A Review of Recent Theory and Application," *Strategic Management Journal*, 9, pp. 443-454.

Williamson, Oliver E.(1975), *Markets and Hierachies: Analysis and Antitrust Implications*, New York: The Free Press.

________________(1981), "The Economics of Organization: The Transaction Cost Approach," *American Journal of Sociology*, 87(3), pp. 548-577.

Wilson, David T.(1995), "An Integrated Model of Buyer-Seller Relationships," *Journal of the Academy of Marketing Science*, 23(Fall), pp. 335-345.

Wittink D. R., and P, Cattin(1989), "Commercial Use of Conjoint Analysis: an Update," *Journal of Marketing*, 53, pp. 91-96.

Zeithaml, Valarie A.(1988), "Consumer Perceptions of Price, Quality, and Value: A Means-End Model and Synthesis of Evidence," *Journal of Marketing*, 52(July), pp. 2-22.

Zeithaml, Valarie A. and M. J. Bitner(1996), *Services Marketing*, New York: McGraw-Hill Book Company.

Zeithaml, Valarie A. and Parasuraman, A., and Leonard L. Berry(1985), "Problems and Strategies in Service Marketing," *Journal of Marketing*, 49(Spring), pp. 33-46.

찾 아 보 기(가나다순)

【ㄱ】

가격 103

가리(K2O) 34

가치(value) 98, 163

가치기반 가격 107

개별 브랜드(individual brand) 90

거래비용 관점 173

경제개발협력기구(OECD) 29, 45

경제적 가치(economic value) 182

경험적 소비가치 101

고가격(skimming price) 79

고객가치 98, 101, 106, 164, 181

고객가치의 차원 111

고객관계관리(CRM) 160, 169

고객만족 139, 169, 185

고객만족변수 145

고객의 충성도(loyality) 88, 170

고객의견조사 85

고관여제품 167

고투입농법 31

공공정보 모형(public information) 135

공동물류센터 63

공동 브랜드(family brand) 90, 91

공정성(fairness) 138

관행농업 30, 40, 42

광고기능 88

광고활동 128

구매 후 행동과정 141

구매센터(buying center) 71

구전(worth-of mouth) 142

구전효과 151, 161, 171

국립농산물품질관리원 53

국제식품규격위원회(CODEX) 47

국제연합식량농업기구(FAO) 29

국제유기농업운동연맹 57

국제화(internationalization) 22

글로벌화(globalization) 22

긍정적인 명성(positive reputation) 127, 137

기능성 농산물17

기대효과 22

기억 용이성(memorability) 81

기업브랜드 90

기업의 신뢰 127

기업형 브랜드 81, 157, 181

기후변화협약 45

【ㄴ】

녹색식품 49

농산물 브랜드 96

농산물 생산업자 브랜드 91, 158, 181

농산물 마케팅 19

농산물의 고부가가치화 23

농산물의 지역 브랜드화 97

농약 37

농약 안정성조사 39

농약 잔류허용기준 39

농업환경지표개발 45
농협 61
농협 브랜드 91, 158, 181

【ㄷ】
단어연상기법 85
단위면적당 농약 사용량 38
대체상품 18
도·농공동체운동 62
도하개발아젠다(DDA) 19

【ㄹ】
라이프스타일 113, 167, 183
라이프스타일 특성과 행동특징 120
라이프스타일의 제 차원 117
로고 86
LOV 접근방법

【ㅁ】
마케팅 노력 96
마케팅 능력 126, 161, 171, 177, 183
마케팅촉진능력 126
명성 137
명성효과 162
무농약 농산물 33
무농약 재배 28

【ㅂ】
반복구매 행동 142
VALS 2 119
VALS 프로그램 119
B형(농협브랜드) 91
보조 인지(brand recognition) 75
보호 가능성(protectability) 82
부정적 명성(negative reputations) 138
브랜드 기능 88
브랜드 네임 75
브랜드 이미지(brand image) 76
브랜드 인지도 75
브랜드 자산(brand equity) 72, 90, 164
브랜드 자산의 구성요소 81
브랜드 전략별 장·단점 95
브랜드 충성도 79, 148
브랜드명 83
브랜드명 대안 85
브랜드명 선정 84
브랜드 수식어(brand modifier) 90
브랜드 연상(brand association) 76, 88
브랜드의 범주 73
브랜드의 유형 88, 92, 157
브랜드 인지(brand awareness) 88
브레인 스토밍(brain storming) 85
비보조 상기(brand recall) 75
비영리기관의 마케팅 70

【ㅅ】
사용상황 108
사용실감(perception) 140
사이코그래픽스(psychographics) 117, 159
산림원칙성명 45
산업재 마케팅 70
산지 직거래운동 62
상기(recall) 75
상표 72

상품의 브랜드 73
생명기술(BT)산업 19, 25
생물다양성협약 45
생산자 60
생산자단체 60
생활협동조합 62
서비스(SERVICE) 71
서비스 품질 107
서비스마케팅(service marketing) 71, 131
서비스의 기본적인 특징 131
세계무역기구(WTO) 18, 45
소비가치(consumption) 106
소비경험 101, 106
소비목적 108
소비자 주도형 67
소비재 마케팅 70
수경재배농법 28
수단적 가치(instrumental value) 99
식량재생산과정 40
식품의약품안전청 39
신뢰(trust) 129, 161
신뢰성계수(Cronbach' s α) 192
신용(credibility) 130, 172
심벌 86
쌍방균형모형 135
쌍방불균형모형 135

【ㅇ】
I love 米 18
언론대행모형(press agentry) 135
언론대행업자들(press agents) 135
AIO 분석방법 116
AIO 조사목록 120
에코팜 49
영리기관의 마케팅 70
5점 구간척도(interval scale) 180
우수성 182
워드마크(word mark) 86
유기농법의 전환기 43
유기농산물 33
유기농산물 품질인증기준 51
유기농업 28, 50
유의미성(meaningfulness) 81
유통경로 65
유통업체 브랜드 91, 158, 181
EPN 살충제 38
인산(P_2O_5) 34

【ㅈ】
자사 브랜드 92
재구매의도 145
저농약 농산물 33
저농약, 저비료재배 28
저투입지속형농업 29
적응 가능성(adaptability) 82
적응수준이론(adaption level theory) 143
전문업체 주도형 67
전문유통업체 63
전이성(transferability) 82
전처리(前處理) 농산물 18
전환기 유기농산물 33
전환기간 43
전환기농업 28
점포쇼핑경험 105

정농회 50
제품계열별 공동 브랜드명 전략 93
제품의 식별기능 88
제품품질 107
조작적 정의 179
주문자 브랜드 전략 94
지각된 가치(perceived value) 88, 105, 106
지각된 품질 78
지방 브랜드(local brand) 91
지방자치단체 브랜드 158, 181
지속가능한 농업 30
지위 상징(status symbol) 83
직교회전법(Vari-Max) 192
질소질(N) 34
집약농업 14

【ㅊ】
청과물 유통경로 66
최종가치(terminal value) 99
최초 상기(top of mind) 76
추천시비량 35
출처표시 기능 88
친환경농산물 26, 27, 28, 166
친환경농산물 마케팅 69
친환경농산물 브랜드 166
친환경농산물 브랜드 유형 180
친환경농산물 인증표시 31
친환경농산물의 유통 58
친환경농산물의 유통경로 60, 64
친환경농업 19, 40
친환경농업단체 52

【ㅋ】
캐릭터 87
커뮤니케이션 127, 133, 162, 174

【ㅌ】
탐색비용(searching costs) 138
태도적 접근방법 148, 161
토양개량제 44
통합공동 브랜드 전략 93

【ㅍ】
편리성 182
표본설계 186
표장 72
품질보증 기능 88
품질인증 농산물 18
프랜차이즈(franchise) 63
PR 128, 134, 175
PR 4모형 135, 175

【ㅎ】
한국마케팅학회 69
한국유기자연농업연구회 50
행동적 접근방법 148, 160
호의(benevolence) 130, 172
혼합 브랜드명 전략 93
화학비료 34
화학비료 소비율 35
환경보전형 농업 28
환경조화형 농업 28
환경친화적 농업 28
환경호르몬 42

권기대(權奇大)

(현) 국립공주대학교 산업시스템공학과 교수

연세대학교 경영학박사(마케팅 : 유통 및 물류)

학위논문 : A Study on the Effects of Relationship Characteristics upon the Buyer-Seller Partnership in Distribution Channels

주요경력 : 대구한의대 교수 및 연세대학교 · 가톨릭대 · 강원대 · 서경대 · 용인대 강사 역임

주요활동 : (현) 국토연구원 U-행정복합도시 자문교수, 대구광역시 물류정책위원회 심의위원,
(전) (재)경북테크노파크 중소기업지원센터장, (사)여성경제인협회 대구경북지회 자문교수, 대한경영학회 마케팅분과 편집위원장, 경북체신청고객대표위원, 대구경실련 경제정의 연구소 운영위원 역임

수　　상 : 2005년 국립공주대 연구우수교수 선정
2005년 최우수논문발표상(산업경영시스템학회)
2002년 최우수논문상(한국전략마케팅학회)

〈저 서〉

『경영학 : 시장지향적 관점에서』(대표저자) (삼우사, 2005)

『고등학교 전자상거래일반』(공저) (명성출판사, 2004)

『마케팅 : 생활사례와 전략적 관점에서』 (삼우사, 2004)

『인터넷마케팅』 (삼우사, 2003)

『벤처기업-대기업의 성공적인 협력모델』(주저자) (집문당, 2002)

『지식정보화시대의 경영학이해』(주저자) (삼우사, 2002)

『유통경영론』 (두남출판사, 1999)

『물류관리론』 (두남출판사, 1999)

〈주요 논문〉

"친환경적 농산물브랜드유형 및 고객가치가 고객만족에의 영향과 농산물마케팅전략", 『성곡논총』 (2004. 12, Vol.35)

"친환경농산물브랜드유형에 따른 구매자특성과 라이프스타일분석", 『농업경영정책연구』, Vol.32(2) (2005, 06월)

"소비자의 한약재료 브랜드 선택이 고객가치에 미치는 영향", 『식품유통연구』 (2003. 12월), Vol.20(3) 등 100여 편 논문 발표.

농산물 마케팅전략 : 친환경농산물 브랜드를 중심으로

2006년 4월 20일 초판 인쇄
2006년 4월 25일 초판 발행

저 자 권 기 대
발행인 조 병 철
발행처 삼 우 사
서울특별시 용산구 청파동3가 82-1
전화 718-8553 Fax 718-8554
등록 1994. 9. 23. 제17-189호

정가 18,000원

ISBN 89-91083-41-2